❶编写组人员在编书总部——丽水学院中药材产业科技创新服务平台合影。前排左起：余乐、余华丽、范蕾、刘敏、李水福、林敏云、毛菊华、王伟影；后排左起：姚国平、袁宙新、郑哲斌

❷编写组人员在浙江中强医药有限公司"丽九味"商标前合影，左起：姚国平、范蕾、李水福、肖建中、郑哲斌、林敏云、刘敏

❸编写组人员在浙江中强医药有限公司合影，左起：姚国平、刘敏、李水福、肖建中、郑哲斌、林敏云、范蕾

❹在天津《中草药》编委会会场,本书主编之一李水福(左一)与肖培根院士(中间)和戴德雄总经理(右一)合影

❺在全国民族医药学会畲医药分会成立大会上,雷后兴(中间)当选为会长,李水福(左一)当选为副会长,鄢连和(右一)当选为秘书长

❻编写组人员在莲都区仙峡谷铁皮石斛基地,左起:李水福、钟洪伟、基地周总、袁宙新、范蕾

❼编写组人员在龙泉唯珍堂铁皮石斛基地，左起：范蕾、潘祝伟、袁宙新、李水福、刘丽仙、吴纪贤

❽编写组人员在青田海口掌覆康覆盆子种植基地，左起：范蕾、王一安、朱晓晓、李水福、袁宙新、董杰

❾编写组人员在浙江汉邦中药材研究院三叶青基地，左起：李水福、雷后兴、钟洪伟、袁宙新

⑩编写组人员在浙江汉邦生物科技有限公司松坑口三叶青基地，左起：袁宙新、雷后兴、张晓芹、李水福、钟洪伟

⑪编写组人员在中国庆元香菇博物馆，左起：叶端炉、袁宙新、李慧珍、李水福、刘丽仙、田伟强、苏瑛桂

丽水特色中药

第二辑

主 编◎范 蕾 钟洪伟 李水福 雷后兴

中国农业科学技术出版社

图书在版编目（CIP）数据

丽水特色中药. 第二辑 / 范蕾等主编. —北京：中国农业科学
技术出版社，2020. 11

ISBN 978-7-5116-5072-6

Ⅰ. ①丽… Ⅱ. ①范… Ⅲ. ①中药材—介绍—丽水 Ⅳ. ①R282

中国版本图书馆 CIP 数据核字（2020）第 219959 号

责任编辑　闫庆健
文字加工　李功伟
责任校对　马广洋

出 版 者　中国农业科学技术出版社
　　　　　　北京市中关村南大街12号　　邮编：100081
电　　话　（010）82106632（编辑室）　（010）82109702（发行部）
　　　　　　（010）82109709（读者服务部）
传　　真　（010）82106650
网　　址　http://www.castp.cn
经 销 者　各地新华书店
印 刷 者　北京建宏印刷有限公司
开　　本　850mm×1 168mm　1/32
印　　张　12　　彩插16面
字　　数　312千字
版　　次　2020年11月第1版　　2020年11月第1次印刷
定　　价　70.00元

《丽水特色中药》丛书编纂委员会

《丽水特色中药（第二辑）》编写组人员

主　编：范　蕾　钟洪伟　李水福　雷后兴

副主编：张晓芹　刘　敏　袁宙新　毛菊华　刘丽仙　郑勇飞

编写者：（按姓氏笔画排列）

王伟影　王陈华　王　斌　王慧玉　方兆祥　宁文艳

叶纪沟　叶关毅　叶　坚　叶垚敏　叶端炉　刘帅英

朱美晓　华金渭　纪晓燕　余华丽　张丽萍　张　依

张奕星　张敬裴　钟铠瑞　苏瑛桂　李伟根　李晓峰

李慧珍　吴小山　吴永勤　吴旭珍　吴查青　吴　俊

陈张金　陈海泉　宋剑锋　邹小华　林　超　林　娜

尚伟庆　胡译尹　胡　珍　胡　磊　骆松梅　彭德伟

雷伟武　董　杰　潘　莉

摄　影：曹新安　程科军　应国华　钟建平　谢建军

内容简介

　　《丽水特色中药》丛书第二辑，编写了全丽水9县市区代表性中药（简称丽水九地药）。丽水市地处浙西南山区，辖莲都、龙泉、青田、缙云、云和、庆元、遂昌、松阳、景宁九个县（市、区），除收入丛书第一辑的"丽九味"特色中药外，本书重点编著莲都三叶青、景宁的栀子、白山毛桃根、云和的地稔、龙泉的铁皮石斛、遂昌的菊米和青钱柳、松阳的小香勾、青田覆盆子、缙云的西红花、庆元的香菇等特色中药材。对这丽水九地药，每种按本草考证与历史沿革、植物形态与分布、栽培、化学成分、药理与毒理、质量体系、性味归经与临床应用、丽水资源利用与开发、总结与展望九节编写，较全面系统地汇总了9个县市区13种中药（包括内含的畲药）有关资料，紧密结合本土历史与现实，重视质量、资源利用、产品开发以及发展前景，旨在科普丽水特色中药材知识，创建并推广丽水特色中药材品牌，为丽水医药行业高质量绿色健康发展以及推向全国乃至世界提供全面、详细、前瞻性的研究资料。

主编简介

范蕾，女，副主任中药师，丽水市第二届"绿谷新秀"、丽水市138第二层次人才工程培养人员、丽水市药学会秘书长、浙江省药学会理事、中药与天然药物专业委员会委员。从事中药材（饮片）及中成药的质量研究、成分分析工作15年，发表论文近20篇，主持或参与多个省、市级课题，获得省科技进步奖二等奖、市科技进步二等奖等多项荣誉。

钟洪伟，工程师、健康管理师，浙江汉邦生物科技有限公司总经理，浙江汉邦珍稀中药材研究院执行院长。

李水福，浙江松阳人，1982年2月毕业于浙江医科大学，36年一直在丽水市食品药品检验所工作，1999年晋升为主任中药师。2017年4月退休。曾经为《中草药》《中国现代应用药学》《中国药业》和《中国民族医药杂志》编委，中国民族医药学会畲医药分会副会长，省中医药学会中药分会常务理事，省药学会中药与天然药物专委会委员。已在省级以上专业刊物发表科技论文200多篇，主编出版《中国畲族医药学》和《整合畲药学研究》，《畲药物种DNA条形码鉴别》和《中药传统鉴别术语图解》副主编，荣获中华中医药学会科技奖三等奖、浙江省科学技术进步三等奖、浙江省中医药科技创新奖一等奖、省卫生厅优秀成果三等奖和2018年"梁希林业科学技术"三等奖，等多种奖项，2011年被省药学会评为首届浙江省医药科技奖。

雷后兴，男，畲族，1961年8月出生，主任医师，教授，硕士研究生导师，丽水市中医院名誉院长。全国政协委员，享受国务院政府特殊津贴，现任中国民族医药学会常务理事，中国民族医药学会畲医药分会会长，浙江省畲族文化研究会理事。绿谷特级名医。畲医药传承人，全国畲族医药研究学术带头人。

前　言

　　《丽水特色中药》丛书第一辑为浙江中强医药有限公司商标注册的"丽九味"，即经丽水市市场局组织专家初评出（未发布）的"丽九味"为灵芝、薏苡仁、灰树花、厚朴、食凉茶、莲子、浙贝母、延胡索、黄精九种特色中药。本书为丛书第二辑，编写全丽水九县市区代表性中药（除丽九味已书品种外），也即丽水九地药。

　　丽水市地处浙西南山区，辖莲都、龙泉、青田、缙云、云和、庆元、遂昌、松阳、景宁九个县（市、区），总面积1.73万km²，生态环境优越，有"秀山丽水、养生福地、长寿之乡"的美誉。丽水境内地形复杂多变，地势高低悬殊，气候垂直差异明显，中药材资源丰富，蕴藏量大，各县优势品种突出。除收入第一辑的"丽九味"特色中药外，丽水各地还有诸多代表性中药，如莲都三叶青、景宁的栀子、白山毛桃根、云和的地稔、龙泉的铁皮石斛、遂昌的菊米和青钱柳、松阳的小香勾、青田覆盆子、缙云的西红花、庆元的香菇等，现将这11种特色中药材及相关的两味畲药作为丽水九地药编著成第二辑。遂昌、缙云分别被省中药材产业协会评为"浙江中药材产业基地"，遂昌菊米获国家地理标志注册商标，本润覆盆子获国家原生态农产品基地，龙泉唯珍堂铁皮石斛生态博览园、缙云西红花养生园获"浙江省中医药文化养生旅游示范基地"。此外，作为畲族的主要集居地，畲民还积累了具有民族特色的畲族医药，其中不乏一些应用广泛且极具开发潜力的品种，如地稔、白山毛桃根、搁公扭根等。

　　本书较全面系统汇总了丽水"九地药"的有关资料，旨在科普全丽水九县市区各自特色中药材，推进全丽水特色中药全境发展，进一步创建丽水特色中药材各县市区品牌，为丽水振兴中医药事业提供参考。全书以品种为章，每章包含本草考证与历史沿革、植物形态与分布、栽培、化学成分、药理与毒理、质量体系、临床应用指南、丽水资源利用与开发、总结与展望共九节。内容较全面、翔实，构架新颖，图文并茂，体现药材文化与地域文化，特别强调特色中药的质量标准与产品研发，是丽水特色药材资源普查、应用开发、文化科普的优质参考书。

本书编著得到了丽水市有关领导与相关部门的大力支持，得到了浙江汉邦生物科技有限公司、丽水市质量检验检测研究院、丽水市中医院及丽水中强医药有限公司等单位的大力支持，在本书出版之际表示最诚挚的感谢！

因受时间、精力与水平等限制，我们搜集的资料可能不够全面，编著经验不够丰富，思路不够开阔，设想不够完善，导致书中有些不妥甚至错漏之处，祈望同仁批评指正。

《丽水特色中药（第二辑）》编写组

2020年5月

目　录

莲都区

莲都区隶属于浙江省丽水市，位于浙江省西南部，瓯江中游，处在括苍山、洞宫山、仙霞岭3山脉之间，地形属浙南中山区，以丘陵山地为主，间有小块河谷平原。其中平原主要有碧湖平原和城郊平原，低丘和高丘占全区总面积的57%，低山、中山面积占全区总面积的30.2%。东与青田县毗邻，南与云和县、景宁畲族自治县接壤，西与松阳县相连，西北与武义县交界，东北与缙云县连接。境内河流皆属瓯江水系，属亚热带季风气候，温暖湿润，雨量充沛，四季分明，具有明显的山地立体气候特征。全区总面积1 502.10 km²，辖5个乡4个镇6个街道，户籍人口约42万。

莲都区名的由来是因丽水城依山傍溪，在环山之中，形如莲瓣，宋代以后别名莲城，丽水又特产"处州白莲"，定"莲都"为市辖区区名，意欲将美丽的莲都建成繁华的都市。由于莲都区优越的地理和气候，其境内野生动植物丰富。木本植物有93科278属655种，主要分布在山间、山脚坡地、溪坎路旁多被野草覆盖。列入国家重点保护的植物有11科12种，属二级重点保护植物有伯乐树（钟萼木）、香果树、银杏、鹅掌楸、华东黄杉、长叶榧等6种。动物种类较多，其中脊椎动物有5纲，37目，76科，400多种。哺乳纲动物属国家一类保护的有黑麂；属国家二类保护的有穿山甲、大灵猫、水獭、猕猴、九江狸、野山羊等。爬行纲动物属国家一类保护动物为鼋。两栖纲动物属国家二类保护动物有大鲵。

依托于优越的地理气候，莲都区内也开展了特色中药材的栽培工作，除处州白莲外，还有三叶青、柳叶蜡梅和铁皮石斛等中药种植面积最广，其基地大多设在莲都区大港头镇。本章重点介绍现阶段最热门的抗菌抗肿瘤植物药——三叶青。

第二辑

SanYeQing

三叶青

三叶青 | SanYeQing
Radix Tetrastigme

本品为葡萄科植物三叶崖爬藤*Tetrastigma hemsleyanum Diels* et Gilg的新鲜或干燥块根。别名：蛇附子、石猴子、金线吊葫芦、小扁藤、三叶扁藤[1]等。

第一节　本草考证与历史沿革

一、本草考证

1.品种考证

三叶青为传统民间用药，始载于清代植物学专著《植物名实图考》[1]。该书载药物名为蛇附子，记载为："蛇附子产建昌。蔓生，茎如初生小竹，有节。一枝三叶，叶长有尖，圆齿疏纹。对叶大生须，须就地生，根大如麦冬。俚医以治小儿高热、止腹痛，取浆，冲服。"该文献同时记载另一药物名为石猴子，述为"石猴子产南安。蔓生细茎，茎距根近处有粗节，手指大，如麦冬，黑褐色。节间有细须缭绕，短枝三叶，叶微似月季花叶。"该特征描述和附图形态与蛇附子极为近似。考证现代文献[2]记载内容，结合此古籍的描述和附图，认定蛇附子（石猴子）即是三叶青。

阅现存文献，首次以三叶青名收载的，是我国1959年出版的《中药志》第2册[3]，指出其原植物为三叶崖爬藤，属于葡萄科植物，但未明确其植物属。直至1975年，人民卫生出版社出版的《全国中草药汇编》[4]首次指出，三叶青植物基原为葡萄科崖爬藤属植物三叶崖爬藤T. hemsleyanum，以块根或全草入药。

《中华本草》记载蛇附子的性状特征，为多年生常绿草质攀缘藤本，茎长可达10m。块根纺锤形、椭圆形或卵圆形，表面棕褐色，内面白色，单个或数个相连呈串珠状。茎枝细弱，无毛，具纵棱，着地节生根。卷须与叶对生，不分枝。掌状复叶互生，叶柄长2~4cm，小叶3，草质，中央小叶较两侧者略大，狭椭圆形至狭卵状椭圆形，顶端短渐尖至渐尖，基部宽楔形，两侧小叶基偏斜，叶缘生刺状疏齿，两面均无毛，或仅在下面中脉上被毛。花单性，雌雄异株，聚伞花序腋生，花小，黄绿色；花萼齿小，卵形；花瓣4，近卵形。浆果球形，熟时红褐色至黑色。花期5—8月，果期8—10月，见表1。

表1　三叶青及常用异名文献收录统计

植物名称	文献年份	文献名称	植物基原
三叶青	1959	《中药志》第2册	葡萄科
	1975	《全国中草药汇编》	葡萄科
	1977	《中草药学讲义》	葡萄科
	1986	《浙江省中药炮制规范》	葡萄科
	1990	《民间常用草药》	葡萄科（图）
	1992	《中草药彩色图谱与验方》	葡萄科（图）
	1994	《常用中草药彩色图谱与验方》	葡萄科（图）
	1994	《中药别名辞典》	葡萄科
	1995	《中药采收鉴别应用全书》	葡萄科
	1996	《中国药材学》上	葡萄科
	1999	《中华本草》	豆科
	1999	《中药炮制大全》	葡萄科

（续表）

植物名称	文献年份	文献名称	植物基原
三叶青	2001	《现代本草纲目》	葡萄科
	2006	《中药大辞典》上册	豆科
	2012	《浙江地道药材概论》	葡萄科
蛇附子	1848	《植物名实图考》	（图）
	1999	《中华本草》	葡萄科（图）
	2007	《云南天然药物图鉴》	葡萄科
	2010	《中国天然药物彩色图集》第1卷	葡萄科
	2014	《香港中草药大全》1	葡萄科
	2015	《黔本草》第1卷	葡萄科
石猴子	1848	《植物名实图考》	（图）
	1972	《湖南药物志》第2辑	葡萄科（图）
	1976	《草医草药简便验方汇编》2	葡萄科（图）
金钱吊葫芦	1964	《江西民间常用受益草药》赣南地区	防己科
	1969	《赣中草药》	防己科
	1970	《恩施中草药手册》	葡萄科（图）
	1970	《昆明民间常用草药》	桔梗科（图）
	1971	《云南思茅中草药选》	防己科（图）
	1990	《民间常用草药》	葡萄科（图）
	2005	《云南天然药物图鉴》第3卷	桔梗科（图）
	2005	《中草药识别应用图谱》	豆科（图）
	2010	《云南白药武定基地中草药》	桔梗科（图）
	2011	《中国中草药图典》	豆科（图）
	不详	《德兴百味草药临床应用简介》	葡萄科

2.用药部位考证

《中华本草》[5]中记载蛇附子来源于葡萄科植物三叶崖爬藤Tetrastigma hemsleyanum Diels et Gilg的块根。民间也多以其块根入药，目前众多针对蛇附子（三叶青）的研究也主要是针对块根。如《浙江药用植物志》[6]《浙江民间常用草药》[7]和《福建药物志》[8]中均记载为块根入药。值得注意的是，文献中亦有以三叶青全草、茎、叶入药的文献记载。如《广西本草选编》《中国植物志》《台湾常用药用植物图鉴（Ⅱ）》《海南植物志》[9]均记载以全株入药；而《台湾药用植物图鉴》[10]中亦有其茎和鲜叶作药用的记载。因此，蛇附子的入药部位应该是块根，而该植物的其他部位另作其他药用。

3.性味功效考证

《中华药海》记载："蛇附子，入肺、心、肝、肾经。功效解毒消肿，泄热定惊，活血散瘀，祛风除湿。主治咽喉肿痛、痈疖疔毒、虫蛇咬伤、小儿热感惊厥、惊风、妇人经水不调、跌打损伤、风湿腰痛、关节屈伸不利等。"[11]上述对该药的性味、功效、主治的描述与《中华本草》《湖南药物志》[12]所述基本相同。《浙江药用植物志》[13]中亦有"苦、辛、凉"的记载，但其功效则与《江西草药》所述更为相似，都是"清热解毒，祛风化痰"。此外，《全国中草药汇编》《广西本草选编》《中国瑶药学》均记载其性味"微苦，平"，前两者与《中华本草》记记载的功用基本一致；后者所述功效则偏重于"舒筋活络，消肿止痛"。另《植物名实图考》载："石猴子，气味甘，温。"《福建药物志》载："三叶青，微甘，凉。"可见，两者所载三叶青的性味与以上所述均不同，但两者所介绍的功效与应用与《中华本草》的描述一致；另外，《植物名实图考》中记载的蛇附子和石猴子的应用完全不同，前者以治小儿高热、止腹痛为主，后者以治跌打损伤、无名肿毒、妇人经水不调为主，推测可能是因为两者入药部位不同或是地域应用不同所致。另外，《台湾药用植物图鉴》中的三脚鳖草和《台湾常用药用植物图鉴（Ⅱ）》（第二版）中的三叶葡萄均具有利湿、祛瘀、消肿、解毒之功效，均可用于治疗风湿关节痛、乳痈、肿毒、皮肤病等。可见对于来源于三叶崖爬藤Tetrastigma hemsleyanum Diels etGilg的蛇附子，从古至今海峡两岸对其性味功效的认识基本一致。

二、历史沿革

目前，三叶青野生资源濒临灭绝，人工栽培难度大，其药用部位地下块根生长慢，需要3～5年才能达到商品药材的要求。2011年三叶青被列入"浙江省首批农作物种质资源保护名录"，不同产区、不同种质三叶青的外观性状（大叶/小叶，紫藤/青藤）、地下块根产量以及有效成分含量存在明显差异。

浙江气候条件适宜于三叶青生长，随着人工种植技术的突破，种植面积不断扩大，2017年，全省种植三叶青面积已达0.8万余亩（1亩≈667m²，15亩=1hm²，全书同），年产值达1.5亿余元，种植企业及产业合作社基地达50余家，现主要分布在金华、丽水、宁波、台州等地。

2013年，丽水市莲都区绿谷三叶青珍稀植物研究所经过数年研究，优选了2个块茎形成周期短、适应性强、抗性强、产量稳定的三叶青优质资源，制定适合丽水市生态环境下的三叶青林套种规范化种植栽培技术、大田规范化种植栽培技术、种苗繁殖技术各一套。项目成果为丽水市三叶青的栽培产业奠定了良好的基础。近年来，丽水市莲都区、遂昌县、龙泉市均开展了大规模的三叶青栽培种植工作，栽培面积也在逐年增加，三叶青栽培产业在丽水呈现出蓬勃的前景。

第二节　植物形态与分布

一、植物形态

草质藤本。小枝纤细，有纵棱纹，无毛或被疏柔毛。卷须不分枝，相隔2节间断与叶对生。叶为3小叶，小叶披针形、长椭圆披针形或卵披针形，长3～10cm，宽1.5～3cm，顶端渐尖，稀急尖，基部楔形或圆形，侧生小叶基部不对称，近圆形，边缘每侧有4～6个锯齿，锯齿细或有时较粗，上面绿色，下面浅绿色，两面均无毛；侧脉5～6对，网脉两面不明显，无毛；叶柄长2～7.5cm，中央小叶柄长0.5～1.8cm，侧生小叶柄较短，长0.3～0.5cm，无毛或被疏柔毛。花序腋生，长1～5cm，比叶柄短、近等长或较叶柄长，下部有节，节上有苞片，或假顶生而基部无节和苞片，二级分枝通常4，集生成伞形，花二歧状着生在分枝末端；花序梗长1.2～2.5cm，被短柔毛；花梗长1～2.5mm，通常被灰色短柔毛；花蕾卵圆形，高1.5～2mm，顶端圆形；萼碟形，萼齿细小，卵状三角形；花瓣4，卵圆形，高1.3～1.8mm，顶端有小角，外展，无毛；雄蕊4，花药黄色；花盘明显，4浅裂；子房陷在花盘中呈短圆锥状，花柱短，柱头4裂。果实近球形或倒卵球形，直径约0.6cm，有种子1颗；种子倒卵椭圆形，顶端微凹，基部圆钝，表面光滑，种脐在种子背面中部向上呈椭圆形，腹面两侧洼穴呈沟状，从下部近1/4处向上斜展直达种子顶端。花期4—6月，果期8—11月[14]。

二、分布

三叶青主要分布在我国江苏、浙江、江西、福建、台湾、广东、广西、湖北、湖南、四川、贵州、云南、西藏等地。生于山坡灌丛、山谷、溪边林下岩石缝中，海拔300～1 300m[14]。浙江丽水各县市均有分布，其中莲都、遂昌、龙泉已经开展大规模栽培种植产业。

第三节 栽 培

一、生态环境条件

在自然情况下，三叶青主要生长在海拔300m以上的阴湿山坡、山沟或溪谷旁林下，根茎处要有树叶覆盖，需散光照射和湿润的气候。根部周围要有细水渗出，较耐旱，但忌积水；喜凉爽气候，在18～25℃环境生长健壮，在10℃时生长停滞；三叶青具有极强的地域选择性，在富含腐殖质或石灰质的土壤种植最佳。三叶青年生长过程具有明显的规律，萌芽期在每年的3—4月、快速生长期5—7月、高温缓慢生长期8—9月、秋快速生长期10—11月、低温休眠期12月至翌年3月。

栽培基地宜选择生态良好，海拔200～800m，全年温度在-5～38℃，排水良好的熟化梯田，禁选低洼排水不良、雨季易积水的大田或刚开垦的山地；水源清洁，远离污染源。

二、大田栽培模式[15]

1.选地与定植时间

海拔应在200～800m、坡度<45°、阴坡或人工隐蔽处、年均温-5～38℃、光照照度在2 000～2 300lx的高畦；基地应近水源、灌溉方便、土层深厚、肥沃疏松、富含腐殖质和有机质、保水保肥性能良好、土壤酸碱度适中，以壤土沙壤土为宜。大田栽培定植最佳时间一般在每年3月底至5月初，此时日均气温已上升到10℃以上，保证土壤表层10cm左右无冰冻。

2.整地与处理措施

2—3月，先用拖拉机进行深度翻耕，后人工进行精细翻耕，每亩农田施腐熟半年以上的兔粪1 250kg、硫酸钾25kg、钙镁磷肥50kg，再做沟宽45cm、垄宽80cm的高垄准备种植。种植株距

25～30cm，每垄种2行，每亩定植苗2 800～3 500株。垄之间开排水沟，使沟沟相通，排水良好。7月前在田间可搭制1.8m高仿生态三叶青连栋钢架、毛竹遮阳大棚，遮光率50%～65%，出梅后加盖抗老化优质新料遮阳黑纱；9月下旬至翌年5月上旬将遮阳网收拢，增加三叶青光照时间；12月到翌年2月采用稻草覆盖，防止三叶青冻死。夏季高温、秋季干旱、冬季早春霜冻季节喷淋弥雾。

3.田间管理

每年中耕除草2次，第一次于3月下旬至4月中旬，第二次于10月中下旬。中耕除草应注意不伤根、不压苗。三叶青种植后的第二年起，每年11月上旬至翌年3月中旬，中耕除草后，在离每株三叶青根部10cm处，每株施用高磷肥、钾三元复合肥100g。

三、林下仿生套种栽培模式

1.选地

三叶青套种经济林可选择毛竹、板栗、杜英、猕猴桃、成龄香榧等，郁闭度要求达到60%～80%，土层厚度>30cm，含腐殖质丰富，酸性土壤，坡度<30°、排涝较好。

2.基质配比及控根容器的选择

三叶青林下套种，一般就地取材，将林下地表20cm的表层土翻耕，按照每亩1 000kg的有机肥、磷、草木灰50kg或三元复合肥（N：P：K=12：18：21）50kg混合均匀撒在土地上，搅拌。林下种植通常采用容器控根种植模式，控根栽培容器目前选择口径30～35cm，高30cm，材质为无纺布或塑料底材质。将混合均匀的基质装入栽培容器内，每个容器种植1年生种苗3棵，呈三角形状排列，首植后洒透水，每公顷放袋4 500个。

3.定植

林下套种一般在4月中旬至6月上旬，随起苗随栽，种苗注意保湿。

4.田间管理

每年7—9月架设遮阳率30%的遮阳网，保持空气湿度50%，冬季注意覆草保暖。

四、采收加工

三叶青种植3~4年后，藤的颜色呈褐色，块根表皮呈金黄色或褐色时可采收，可在晚秋或初冬采挖。取三叶青地下块茎，除去杂质、洗净、干燥或切厚片干燥。

第四节 化学成分

三叶青中化学成分种类繁多，研究较多的化学成分包括黄酮类、三萜及甾体类、酚酸类和脂肪酸类化合物等，目前认为黄酮类化合物是其主要有效活性成分。

一、黄酮类成分

三叶青根、茎、叶中均含有黄酮类成分[16-18]。主要包括：原花青素B1、原花青素B2、儿茶素、芦丁、槲皮素、槲皮苷、异槲皮苷、紫云英苷、山奈酚等。李瑛琦等[19]从三叶青乙酸乙酯提取物中分离获得3个黄酮类化合物，分别为山奈酚、槲皮素和山奈酚-3-O-新橙皮糖苷。刘东[20]利用多种分离材料和方法对三叶青的化学成分进行了较为系统的研究，分离鉴定了4种黄酮类化合物，分别是芹菜素-6-α-L-吡喃鼠李糖（1-4）-α-L-吡喃阿拉伯糖苷、芹菜素-8-α-L-吡喃鼠李糖（1-4）-α-L-吡喃阿拉伯糖苷、山奈酚-7-氧-鼠李糖基-3-氧-葡萄糖苷和芹菜素-6,8-二葡萄糖苷，其中前2个黄酮碳苷为新化合物。郭晓江[21]从三叶青块根中分离鉴定了10个化合物，其中5个为黄酮类化合物，包括香橙素、山奈酚-3-O-β-D-葡萄糖苷、槲皮素苷、烟花苷和刺槐素。曾婷[22]从三叶青块根中分离获得鼠李柠檬素、大黄素、大黄素-8-氧-β-D-吡喃葡萄糖苷和蜈蚣苔素-8-氧-β-D-吡喃葡萄糖苷等黄酮类化合物。许文等[23]建立了一种超高效液相色谱串联三重四级杆质谱法，可同时测定三叶青中原花青素B1、原花青素B2、儿茶素和异槲皮苷等10种黄酮类成分，为三叶青质量的综合评价提供了参考。陈丽芸[24]对三叶青的乙醚提取部位进行分析，分离鉴定了10个单体化合物，其中包括异槲皮苷、山奈酚和槲皮素3个黄酮类化合物。林婧等[25]在三叶青的全草中分离鉴定了13个化合物，其中10个为黄酮类化合物，其中芹菜素、荭草素和异荭草素等7个化合物为首次从该植物中分离得到。此外，刘冬等[26]还从三叶青近缘属植物狭叶崖爬藤中分离得到2个黄烷醇类化合物儿茶素和7-氧-没食子酰基-儿茶素。刘江波等[27]对三叶青总黄酮的提取工艺进行了优化研究，极大地提高了总黄酮的提取效率。不同产期三叶青中黄酮类成分差异较大，根据笔者前期研究发现，广西产三叶青根中黄酮类成分含量较高，浙产三叶青根中黄酮类成分含量较低。

二、三萜及甾体类化合物

三萜类和甾体类化合物是三叶青次生代谢产物的重要组成部分，目前已从中分离获得结构明确的化合物有7个。刘东等[27]从三叶青的石油醚萃取物中分离鉴定了4个三萜类和甾体类化合物，其中蒲公英萜酮和蒲公英萜醇属于三萜类化合物，β-谷甾醇和麦角甾醇属于植物甾体类化合物。杨大坚等[28]从三叶青中分离鉴定了3个甾体类化合物，分别是6-氧-苯甲酰基胡萝卜苷、胡萝卜苷和β-谷甾醇，其中6-氧-苯甲酰基胡萝卜苷为首次从天然物中获得。刘东[26]利用多种光谱组合技术，在三叶青属植物中首次分离鉴定了甾体类化合物α-香树脂醇。多位学者在三叶青的醇提物中均发现了β-谷甾醇的存在，证明了该甾体化合物在三叶青中分布的广泛性。

三、糖类

三叶青中的糖主要包括单糖、低聚糖和多糖，饶君凤等[29]采用 CarboPac PA10分析柱（4mm×250mm）分离，10mmol/L氢氧化钠淋洗，流速为1.0mL/min，采用脉冲安培法测定三叶青多糖中岩藻糖、鼠李糖、阿拉伯糖、甘露糖、葡萄糖和半乳糖含量。胡轶娟等[30]还从三叶青的石油醚提取物中分离到4种糖类成分。熊科辉等[31]研究了不同干燥方法对三叶青多糖含量的影响，为三叶青药材后续加工工艺的开发提供了原始数据。

四、酚酸类

三叶青叶中含有多种酚酸类成分，主要包括：新绿原酸、绿原酸、隐绿原酸、异荭草苷、荭草苷、牡荆素鼠李糖苷、牡荆苷、异牡荆苷、柠檬酸、葡萄糖没食子鞣苷、原儿茶酸葡萄糖苷、表没食子儿茶素、咖啡酸等[32]。Liu等[33]从三叶青中分离鉴定了13种酚酸类化合物，包括3-咖啡酰奎尼酸、5-咖啡酰奎尼酸和5-阿魏酰奎宁酸等，其结果表明三叶青酚酸类化合物在体外显示了良好的抗氧化活性。陈丽芸[24]从三叶青的乙醚提取物中分离获得了原儿茶酸、水杨酸、对羟基苯甲酸和对羟基肉桂酸4种酚酸类成分。傅志勤等[34]在三叶青的块根中分离获得了水杨酸、苯甲酸、氧化白藜芦醇、绿原酸和原儿茶酸等多种酚酸类成分，多种化合物的体外抗氧化活性优于维生素C。其他在三叶青中发现的酚酸类化合物包括儿茶酚、白藜芦醇、反式虎杖苷和白皮杉醇葡萄苷等。

五、氨基酸类

付金娥等[35]以三叶青为原料、门冬氨酸为标准品，通过正交试验对微波消解提取三叶青总游离氨基酸的工艺条件进行优化，并利用紫外分光光度计测定其含量，565nm是门冬氨酸标准溶液和三叶青供试液的最佳测定波长；门冬氨酸质量浓度在0.001～0.014mg/mL范围内与吸光值呈良好的线性关系（R^2=0.999 1）。

第五节　药理与毒理

一、药理作用

1.抗肿瘤作用

三叶青提取物已被多方证明能抑制多种癌症细胞增殖，如对肝癌细胞H22[36, 37]、Hep G-2[38]、SMMC-7721[39]、VX2瘤株[40]，Lewis肺癌细胞株[41, 42]及肺癌细胞A549[43, 44]、白血病细胞HL60[45]、K562[46]、黑色素瘤细胞A375[47, 48]、胃癌细胞SGC-7901[49]、结肠癌细胞系RKO细胞[50]等的抑制作用。其中乙酸乙酯提取物的抗肿瘤效果较为明显。

2.抗氧化

许海顺等[51]研究发现，三叶青清除DPPH自由基能力、还原能力和总抗氧化能力均随总黄酮和总多酚浓度的增加而上升；乙醇提取物的5种洗脱物抗氧化能力与所含总黄酮和总多酚的量有一定相关性；傅志勤等[52]从蛇附子80%甲醇提取物中分离得到14个化合物，分别鉴定为山奈酚①、槲皮素②、水杨酸③、苯甲酸④、氧化白藜芦醇⑤、儿茶素⑥、表儿茶素⑦、表没食子儿茶素⑧、原花青素B2 ⑨、原花青素B1 ⑩、绿原酸⑪、原儿茶醛⑫、对羟基苯甲酸⑬、原儿茶酸⑭；其中化合物2、8、9、10、12抗氧化活性IC_{50}值分别为14.15、14.19、15.99、12.4、15.98μmol/L，优于阳性药维生素C（IC_{50}值为23.0μmol/L）。

3.抗菌

熊艳等[53]研究发现，三叶青氯仿萃取物对金黄色葡萄球菌

（LMA 1213）以及枯草芽胞杆菌（LMA0106）的抑制能力最强，MIC值为62.5μg/mL；乙酸乙酯萃取物对大肠杆菌（LMA1226）、沙门氏菌（LMA0217）、肺炎克雷伯杆菌（LMA 0725）的抑制作用较强，MIC值的范围在125～250μg/mL；氯仿萃取物对霉菌的抑制作用最强，MIC值的范围在31.3～125μg/mL。

4.抗病毒

杨学楼等[54]发现三叶青含氮碱A、含酮物F和粗全浸提取物S1、S24种提取物在体内与体外均显示出不同程度的抗病毒功效，其中，A和F对于流感病毒PR3株和仙台病毒（小白鼠肺适应株）表现出更强的抗病毒作用；杨雄志等[55]研究结果显示：三叶青乙酸乙酯部位具有较强抗乙肝病毒活性，可显著降低HBV的DNA复制水平。杨大坚等[28]研究报道三叶青（破石珠）脂溶性组分存在显著抗出血热及抗其他病毒功效，但在其文献中未罗列相应研究数据。董宜旋等[56]发现三叶青提取物体外对人类免疫缺陷病毒（HIV-1病毒株）活性有一定的抑制作用，且可能是通过抑制HIV-1病毒至细胞及HIV-1逆转录酶活性达到抗HIV活性的目的。

5.解热、镇痛、抗炎

资古明等[57]给小鼠腹腔注射不同剂量的三叶青块根提取物后，在苯醌法及热板法致痛模型上均有较强的镇痛作用；小鼠的腹腔毛细血管通透性明显减低；高剂量能明显抑制二甲苯引起小鼠耳肿胀现象；连续低剂量注射可以有效抑制棉球肉芽肿。黄真等[58]以三叶青水提液给小鼠灌胃，能明显抑制小鼠腹腔毛细血管的通透性变化、耳肿胀和大鼠足跖肿胀；减少扭体模型小鼠的扭体次数，提高热板模型的痛阈值；对干酵母和2，4-二硝基苯酚致大鼠发热模型有较强的解热作用。另有研究表明[59]，三叶青口服给药后，能抑制CIA小鼠的足爪肿胀，明显延缓疾病起始时间，降低关节炎发生率和关节评分；病理切片显示给药后关节炎症得到有效改善，滑膜增生减轻，炎性细胞浸润减少，维持了正常的关节结构；且起效的同时又不影响小鼠的体质量，对其免疫器官无毒性。吕江明等[60]通过实验证明，采自湖南吉首市郊三叶青水提物对小鼠在体和离体痛经模型上都有良好的作用，高剂量组的效应与常用镇痛药作用相当，提示其痛经抑制作用可能与镇痛相关。

6.抗肝损伤

伍昭龙等[61]对采自湖南吉首市郊三叶青研究中发现，其水煎液可以明显抑制CCl4所致大鼠血清中谷丙转氨酶（ALT）、谷草转氨酶（AST）和丙氨酸转氨酶（ALP）等指标升高，提高肝脏的解毒能力，从而减轻CCl4导致的肝损伤。张同远等[62]研究表明，服用三叶青可使慢性肝损伤大鼠血清中ALT、AST、HA（透明质酸）、LN（黏连蛋白）及T-Bili（总胆红素）水平下降，抑制血清TP（总蛋白）、ALB（白蛋白）水平及A/G（白蛋白/球蛋白比例）下降，提高大鼠存活率，提示三叶青具有良好的保肝降酶作用。同时发现，服用三叶青可以有效抑制HA、LN的异常增高，提示三叶青可能具有一定的抗肝纤维化的作用。

7.免疫调节

丁钢强等[63]研究发现三叶青乙酸乙酯提取物可通过促进小鼠体内TFN-α、TNF-γ免疫相关细胞因子含量的增高和单核—巨噬细胞吞噬功能的增强实现小鼠免疫能力的提升、促进ConA诱导小鼠脾淋巴细胞增殖、左后足跖部厚度差24h测量值的增大、溶血空斑数及小鼠腹腔巨噬细胞吞噬指数（吞噬鸡红细胞、吞噬碳末）的提高。王志俊[64]通过研究证实三叶青冻干粉能提高小鼠自然杀伤细胞（NK细胞）的杀伤活性和腹腔巨噬细胞对于鸡红细胞的吞噬能力，同时发现三叶青野生品种与人工种植品种在免疫提升方面效果相仿。

二、毒理

资古明等[65]相关研究显示三叶青含氮提取物（THDN）对于小

鼠的LD$_{50}$剂量为（450.8±81.9）g生药/kg。江月仙等[66, 67]先后开展了三叶青的急性毒性研究：急性毒性研究中，大鼠和小鼠经口急性毒性半数致死剂量（LD$_{50}$），雌雄两性别均大于100g/kg体重和大于40.0g/kg体质量；依分级标准判定三叶青属实际无毒；第二阶段A-mes试验、小鼠的骨髓细胞微核及精子畸形试验的结果均呈现阴性，证明三叶青未显示具备致突变性；长期毒理学研究发现：饲喂三叶青30d大鼠未出现中毒症状，大鼠解剖及组织学观察未见异常病变，对大鼠体重、进食量、食物利用率、血象、血生化均无明显影响，说明三叶青长期服用是安全无毒的。钟晓明[68]对三叶青的急性毒性试验研究也表明，三叶青用于临床是安全的。综合上述实验可以看出三叶青的临床应用是安全的。

第六节　质量体系

一、标准收载情况

三叶青在《中药志》《中药大辞典》《全国中草药汇编》中均有收载，其性味微苦，归经平，无毒，具有清热解毒、活血散结、消炎止痛、祛风化痰、理气健脾等功效，被誉为"植物抗生素"，是中国特有的珍稀药用植物。1994年出版的《浙江省炮制规范（1994年版）》将三叶青药材及三叶青粉的质量标准列入其中。2005年，浙江省食品药品检验研究院将浙江三叶青列入2005年版《浙江省中药炮制规范》。2009年湖南出版的《湖南省中药材标准（2009年版）》又收载了三叶青的质量标准。2012年，福建省药检所将"三叶青饮片的质量标准"列入《福建省中药饮片炮制规范》。浙江省又将三叶青收载于2015年版《浙江省中药炮制规范》中。

二、药材性状

浙江产地三叶青：本品块根呈纺锤形、卵圆形、葫芦形或椭圆形，单枚或数枚相连呈珠状，一般长1.5～6cm，直径0.7～3cm。表面棕褐色，多数较光滑，或有皱纹，少数具皮孔状的小瘤状突起，有时还有凹陷，其内残留棕褐色细根。质硬而脆，断面平坦而粗糙，类白色或灰棕色，可见棕色形成层环。气微，味甘[69]。

广西产地三叶青：块根较大，呈圆形或椭圆形或不规则形状，一般长2.0～4.5cm，直径1.0～2.5cm，表面棕褐色，多数有皱纹和皮孔样小瘤状突起，有须根痕。质硬而脆，断面平坦而较光滑，粉红色，粉性，水浸液黏性不足。气微，味微甜。

两者性状比较：广西产地三叶青个体较大，多数表面有皱纹，断面粉红色，水浸液黏性不足；而浙产三叶青个体较小，较圆整，光滑，断面类白色，水浸液有明显黏性。

三、炮制

取原药材，润软，切厚片，干燥[70]。

四、饮片性状

浙江产地三叶青：为类圆形或不规则形的厚片，直径0.5～4cm。表面红棕色至棕褐色。切面类白色或粉红色。质松脆，粉性。气微，味微甘[70]。

广西产地三叶青：为圆形或椭圆形或不规则形的厚片，直径2.0～4.5cm。表面棕褐色。质硬而脆，断面平坦而较光滑，粉红色，粉性。气微，味微甜。

五、有效性、安全性的质量控制

1.鉴别

（1）显微鉴别

横切面：浙产三叶青块根横切面木栓层薄，常为4～5层木栓细

胞。皮层散有直径206～385μm的黏液细胞，细胞内有长21～104μm
的针晶束，部分皮层细胞含棕色物。黏液细胞方形或类圆形，直径
206～385μm，内含黏液质，有的可见成束或散在的草酸钙针晶，
长38～104μm，偶见草酸钙簇晶，直径21～65μm，聚缘纹孔导
管、梯纹导管，直径20～61μm，维管束排列成"＞＜"形[3]。

广西产三叶青皮层较宽，可见维管束呈辐射状排列。

粉末：本品粉末淡灰色（浙产）或淡粉红色（广西产），
木栓细胞深黄棕色，表面观呈多角形；导管多为具缘纹孔，
直径15～120μm；草酸钙簇晶存在于黏液细胞中或散在，直径
20～35μm；草酸钙针晶存在于黏液细胞中或散在，长50～120μm，
纤细；淀粉粒卵圆形、类圆形、椭圆形或肾形，直径5～15μm[69]
（图1）。

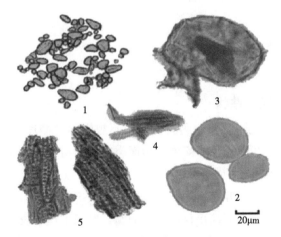

图1　显微特征图

1-淀粉粒；2-黏液细胞；3-草酸钙针晶束；4-纤维；5-具缘纹孔导管

（2）理化鉴别

取本品1g，加70%乙醇10mL，加热回流10min，滤过，滤液加
三氯化铁试液2滴，生成墨绿色沉淀[4]。

取本品2g，加75%乙醇20mL，超声处理20min，静置15min，

过滤，取滤液1mL，加镁粉少许及稀盐酸3～5滴，水浴中放置3～5min，溶液显红色呈现正反应[6]。

取本品粉末5g，加水10mL，水浴中放置30min，滤过，取滤液1mL，加入50%α-萘酚乙醇液2～3滴，摇匀，沿试管壁缓缓加入浓硫酸1mL，两液交界处显棕黄色呈现正反应[6]。

（3）薄层鉴别[69]

供试品溶液的制备。取本品粉末（过四号筛）2g，加稀乙醇50mL，加热回流1.5h，放冷，滤过，滤液蒸至无醇味，加水10mL，用石油醚（30～60℃）洗涤2次，每次20mL，弃去石油醚液，水液加乙酸乙酯振摇提取2次，每次20mL，合并乙酸乙酯液，蒸干，残渣加乙醇2mL使溶解，作为供试品溶液。

对照品溶液的制备。称取芦丁对照品适量，精密称定，加乙醇制成每1mL含2mg的溶液，作为对照品溶液。

对照药材溶液的制备。取三叶青对照药材2g，精密称定，按照1中步骤制备成对照药材溶液。

薄层色谱的展开。照薄层色谱法（中国药典2015年版四部通则0502）试验，吸取上述供试品溶液和对照药材溶液各10μL、对照品溶液5μL，分别点于同一硅胶G薄层板上，以乙酸乙酯—甲酸—水（8∶1∶1）为展开剂，展开，取出，晾干。

显色检视。喷以三氯化铝试液，待乙醇挥干后，置紫外光灯（365nm）下检视。供试品色谱中，在与对照药材色谱和对照品色谱相应的位置上，显相同颜色的荧光斑点。

结果。同时比较不同厂家的薄层板和不同温湿度条件，其中，青岛产薄层板生产厂家为青岛海洋化工厂分厂，批号：20150316，展距：8cm，温度：18℃，相对湿度：50%。烟台产薄层板生产厂家为烟台市化学工业研究所，批号：146527，展距：8cm，温度：35℃，相对湿度：75%。结果色谱图中均斑点清晰、分离效果较好，青岛产薄层板斑点更圆整（图2、图3）。

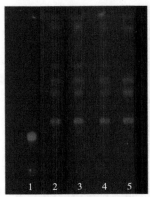

图2　青岛产薄层板TLC　　图3　烟台产薄层板TLC
　　　鉴别图谱　　　　　　　　　鉴别图谱

1. 芦丁对照品；2-4. 供试品1-3　　1. 芦丁对照品；2-4. 供试品
　号；5. 三叶青对照药材　　　　　4-6号；5. 三叶青对照药材

（4）真伪鉴别

　　市场上三叶青的常见伪品为土圞儿（Apios fortunei Maxim），民间俗称地栗子、黄皮三叶青，极易混淆，土圞儿为豆科植物土圞儿的块根，因此应注重二者的真伪鉴别。具体鉴别点见表2。

表2　三叶青与土圞儿的鉴别

		三叶青	土圞儿
原植物形态	块根	草质攀援藤本	缠绕草本
	表面	深棕色	土黄色
	叶	掌状复叶互生，小叶3，叶边缘疏生具腺状尖头的小锯齿，无毛或变无毛卷须对生	单数羽状复叶互生，小叶3～7，叶全缘，两面均被白色短毛，有托叶
	花	聚伞花序腋生，花瓣4，卵形外面顶部有角状突起，雄蕊3，雌蕊1，柱头4裂，星状展开	花冠蝶形，有旗瓣、翼瓣、龙骨瓣。雄蕊10，雌蕊1，花柱细长，柱头细小
	果	浆果球形，直径约6mm，种子1颗	荚果条状扁平，长5～8mm，种子多数

（续表）

		三叶青	土圞儿
药材性状	外表面	棕褐色至红棕色，有的皱缩，有须根痕、小瘤状突起或凹陷，有的较光滑	土黄色，有的可见横向突起的皮孔及点状须根痕
	断面	黄白色或淡粉红色，可见棕色形成层环，有时可见放射状维管束	黄白色，形成层环和维管束不清楚
显微特征	横切面	皮层散有直径36~136μm的黏液细胞，内含草酸钙针晶束，部分皮层细胞含棕色物，韧皮部较狭窄，纤维断续略成环，形成层环和射线均较清晰，木质部导管稍多，伴有纤维，散有含针晶束的黏液细胞	未见黏液细胞和棕色物，韧皮部极狭窄，纤维断续成环，层环和射线均不明显，木质导管稀少，仅在中心和近韧皮部处稍多，无纤维，无黏液细胞
	粉末	粉末灰棕色或淡粉色，淀粉粒直径7~55μm，复粒偶见，2~3分粒组成，纤维壁厚，黏液细胞较多，类圆形或椭圆形，直径36~110μm，有些长可径可达200μm，无色，内含黏液质，有的可见草酸钙针晶束，针晶成束或散在，长45~100μm，簇晶少见，直径10~39μm，导管具缘纹孔	淡黄白色，淀粉粒直径5~20μm，复粒较多，多由2~3分粒组成，少数4~6分粒，韧皮纤维壁薄，有的壁撕裂状，少数似刺状物，有的具纵或斜向纹理，未见黏液细胞和针晶束，少见棱晶，导管网纹，稀见具缘纹孔，偶见管胞

2.检查[69, 71]

参照《中国药典》2015年版四部通则对三叶青进行水分、灰分、酸不溶性灰分、水溶性浸出物、醇溶性浸出物、重金属及有害元素进行检查，建议三叶青相关标准如下。

①水分不得过13.0%；②总灰分不得过10%，其中浙产三叶青总灰分不得过8%；③酸不溶性灰分不得过3%；④用70%乙醇做溶剂，醇溶性浸出物不得少于12%；⑤其中浙产三叶青不得少于7.5%；⑥浙产三叶青中铅不得过5mg/kg，镉不得过0.3mg/kg，砷不

得过2mg/kg，汞不得过0.2mg/kg，铜不得过20mg/kg。

3.含量测定

（1）HPLC-ELSD法测定三叶青药材中胡萝卜苷和β-谷甾醇[72]

采用HPLC-ELSD法，岛津VPN-ODS C18柱（150mm×4.6mm，5μm）为色谱柱，以甲醇为流动相，体积流量为0.7mL/min，柱温为30℃；漂移管温度60℃，氮气体积流量1.8L/min；胡萝卜苷和β-谷甾醇分别在0.1～2.0μg和0.2～4.0μg范围内呈良好线性关系，回归方程分别为Y=0.696X+2.737，r=0.999 7；Y=0.752X+2.909，r=0.999 6。平均回收率分别为99.32%、100.13%。

（2）UFLC-DAD法测定三叶青药材中原花青素B1和儿茶素[73]

采用菲罗门Kinetex C18色谱柱（4.6mm×100mm，2.6μm），流动相为乙腈（B）-0.1%甲酸（A）梯度洗脱，流速0.4mL/min，二极管阵列检测器的检测波长为278nm，柱温30℃。结果：原花青素B1和儿茶素的线性范围分别为1.25～12.35μg/mL（r=0.999 2）、1.85～18.28μg/mL（r=0.999 0），平均加样回收率分别为97.71%（RSD=2.80%）、99.64%（RSD=2.90%）。

（3）UHPLC法测定三叶青叶中8种酚类成分[74]

采用UHPLC法，Welch UHPLC Ultimate XB-C18色谱柱（4.6mm×150mm，2.7μm），流动相为乙腈-0.1%甲酸（含5%甲醇）水梯度洗脱，流速0.4mL/min，柱温30℃，采用国家药典委员会"相似度评价软件2004AB"处理分析，建立41批不同产地三叶青叶的指纹图谱，共标定15个共有峰并对不同产地进行聚类分析，然后选择其中8个主要的酚类成分（新绿原酸、绿原酸、隐绿原酸、异荭草苷、荭草苷、牡荆素鼠李糖苷、牡荆苷、异牡荆苷）作为定量指标，建立UHPLC同时测定8种主要酚类成分含量的方法，经方法学验证该研究建立的三叶青叶指纹图谱8种酚类成分含量测定方法简便有效、灵敏、准确，可为综合评价三叶青叶的质量提供参考。

（4）UPLC-MS/MS定性分析及HPLC含量测定法测定三叶青叶中黄酮类成分[75]

采用超高效液相色谱-串联质谱（UPLC-MS/MS）对三叶青叶化学成分进行鉴定，色谱柱为C18 Luna Omega（2.1mm×100mm，1.6μm）；流动相：乙腈-水（50∶50，V/V）；流速0.4mL/min；柱温35℃；进样量5μL；全扫描模式扫描。采用高效液相色谱法（HPLC）同时测定三叶青叶中5种碳苷黄酮的含量。色谱柱为Ultimate XB C18（250mm×4.6mm，5μm）；流动相为乙腈-0.2% H_3PO_4（10∶90，V/V）；流速为1mL/min；检测波长为350nm；室温；进样量20μL。结果三叶青叶中共鉴定出6个化学成分，其中5个黄酮成分的保留时间、光谱图和质谱碎片离子信息与对照品一致，分别为异荭草素、荭草素、牡荆素鼠李糖苷、牡荆素、异牡荆素。HPLC测定8个不同产地来源的样品中上述5种成分含量，各成分线性关系良好（r>0.999 7），加样回收率在95.0%～105.0%。

六、质量评价

1.栽培三叶青的品质评价

何孝金等[76]研究发现，栽培三叶青的多糖和低聚糖的含量略高于野生三叶青，总黄酮的含量基本一致，总糖和还原糖的含量略低于野生三叶青，且栽培三叶青和野生三叶青的总黄酮、多糖、总糖、还原糖、低聚糖的含量差距在18.0%的范围内。栽培三叶青的总黄酮和总糖的变异系数略低于野生三叶青，多糖的变异系数低于野生三叶青5倍，还原糖和低聚糖的变异系数略高于野生三叶青。因此栽培与野生三叶青的各种成分含量差异较小，栽培三叶青的变异系数总体优于野生三叶青，以栽培代替野生作为三叶青的药用来源是可行的，这不仅有利于保护野生种质资源，使其不被破坏甚至灭绝，而且有利于三叶青的进一步开发与研究。

2.不同产地三叶青中27种矿质元素的综合评价

吴浩等[77]研究发现，不同产区样品间各元素含有量差异较大，主成分分析得3个主成分，其累计方差贡献率达80.70%。第一主成分的方差贡献率为36.33%，其中Ca、Cu、Ni、Ba、Al、K有较高的载荷值，为三叶青的特征元素。聚类分析显示不同产地三叶青中矿质元素呈现一定的选择性累积和地域差异。西部地区三叶青样品的矿质元素与东部地区的差异较大，广西与其他产区样品差异最大，单独聚为一类；浙江、福建、江西等东南产区的样品差异较小，聚为一大类。说明在矿质元素方面，不同产区三叶青的质量差异较大。

3.不同月份三叶青中8种有效成分含量变化[78]

采用Zorbax SB C18色谱柱（4.6mm×250mm，5μm）；流动相乙腈（A）-0.1%磷酸水溶液（B），梯度洗脱（0～30min，10%～30%A；30～40min，30%～95%A；40～45min，95%A；45～60min，95%～10%A）；流速0.8mL/min；检测波长320nm；柱温25℃。结果：绿原酸、芦丁、虎杖苷、山奈酚-3-O-芸香糖苷、紫云英苷、白藜芦醇、槲皮素和山奈酚分别在13.7～549mg/L（r=0.999 0），12.6～253mg/L（r=0.999 1），15.8～316mg/L（r=0.999 0），14.7～147mg/L（r=0.999 2），8.8～88mg/L（r=0.999 1），7.9～79mg/L（r=0.999 5），8.6～172mg/L（r=0.999 1），8.9～89mg/L（r=0.999 4）与峰面积线性关系好，有良好的准确度、精密度和重复性。7，8月绿原酸、芦丁、山奈酚-3-O-芸香糖苷和虎杖苷的相对含量最高；6月槲皮素的相对含量最高；4，5月白藜芦醇和山奈酚的相对含量高；11月紫云英苷的相对含量最高。

一般认为浙产三叶青质佳疗效好，市场价格比广西产三叶青高约十倍，故有将广西产三叶青幼小者冒充或混淆作浙产三叶青，应注意商品鉴别。

第七节 临床应用指南

一、性味与归经

《浙江省中药炮制规范》2015年版：微苦，平。归肝、肺经。

二、功能主治

清热解毒，消肿止痛，化痰散结。用于小儿高热惊风，百日咳，疮痈痰咳，毒蛇咬伤。

三、用法用量

3～6g；鲜三叶青9～15g。

四、注意事项

写三叶青、金丝吊葫芦均付三叶青；写三叶青粉付三叶青粉；写鲜三叶青付鲜三叶青。三叶青、三叶青粉置干燥处，防蛀；鲜三叶青置冷处保存。

五、附方

1.治外伤出血

三叶青块根适量，晒干研磨，撒敷包扎。（《江西草药》）

2.治跌打损伤

三叶青干粉20g，黄酒送服，每天二次，七日为一疗程。

3.治扭挫伤

三叶青、醡浆草、香附子各适量，捣烂加热外敷。（《全国中草药汇编》）

4.治小儿风热、惊风、疝气痛

三叶青块根10～15g，水煎服。（《浙江民间常用草药》）

5.治各种癌症

取地胆草40g、韩信草50g、雪见草15g、淡竹叶30g、六月雪

30g，煎汁送服三叶青块根干粉30g，每日一剂，七日为一疗程，对早、中期癌症患者有很好的疗效。

6.治肺结核

三叶青藤30g、摩萝50g、凌霄花根10g、石仙桃20g、白茅根20g，每日一剂，猪肺为饮水煎服，十五日为一疗程。对已有抗药性或咳血的肺结核患者均有特效。

7.治前列腺炎

三叶青藤30g、地胆草30g、韩信草30g、柳叶百前20g、淫羊藿根20g、车前草15g。每日一剂，水煎服，七日为一疗程，直至痊愈。

8.治胆囊炎、胆石症

三叶青藤30g、韩信草30g、地胆草30g、连线草20g、土黄柏根15g、鬼针草15g、绵茵陈15g、胡颓根20g，每日一剂，水煎服，七日为一疗程。具有消炎排石之独特功效。

9.治胃炎及十二指肠溃疡

鲜三叶青块根50g。去皮加糖捣成糊状，空腹吞服，每日二次。于服药后二小时再进食，七日为一疗程。

10.蛇伤（毒蛇咬伤）

三叶青适量，加水研磨敷患处。

11.小儿高热

三叶青全草（15～30g），水煎服。

12.感冒

三叶青根2～3粒（打碎），板蓝根20g，水煎服。

13.百日咳

三叶青（3～9g），水煎服。

第八节　丽水资源利用与开发

一、资源蕴藏情况

三叶青常生长于阴湿山坡、山溪谷旁，主要分布于浙江、江西、福建、湖北、湖南、广东等省畲族集聚区。就药性而言，浙江产三叶青属上品，近年市场对其需求量急增，野生资源被滥采、滥挖现象日趋严重。三叶青喜凉爽气候，多生于山坡林下、灌丛、山谷等含腐殖质丰富或石灰质的土壤上，常爬在石壁上，海拔300～1 300m。适温在25℃左右生长健壮，冬季气温降至10℃时生长停滞，年均温度16～22℃，土壤pH值6～8。耐旱，忌积水。三叶青野生资源极少，就浙江省内而言，温州、丽水、衢州等市的山区县野生资源相对较多。

三叶青对生长环境要求相对苛刻，达到药用价值一般需3～5年的生长期。由于市场需求的不断扩大，人们过度采挖，造成野生资源急剧下降。20世纪80—90年代，磐安药农一天能挖半斤到一斤的新鲜三叶青，21世纪初期，一天还能挖一两，现在仅偶尔能挖到一两株，目前浙江省内野生资源蕴藏量约13.76t。

随着三叶青用途及应用领域的扩大，特别是在抗恶性肿瘤方面的应用，三叶青野生资源远远满足不了市场需求。自20世纪90年代末，人们就开始致力于三叶青野生抚育和仿野生栽培。目前浙江省内人工种三叶青约104.55hm^2，预计产量173.91t。

丽水市近年来也积极开展三叶青栽培种植工作，据2014年数据统计，丽水市莲都区、云和县、遂昌县均有三叶青种植，多以产育基地为主，总种植面积达到21hm^2，产量预估达47 250kg，近几年，莲都区、遂昌县、龙泉市等三叶青种植基地规模扩大，种植模式和基地面积大幅度增长，具体数据待统计。

丽水市遂昌县以金竹镇青苗中草药专业合作社和金竹叶村山茶油专业合作社两基地为基础，先后开展实施：1）浙江省科技厅《油茶林下仿野生栽培三叶青技术研究与示范基地》项目，开展良种选育和栽培模式研究工作；2）建立与浙江省林业科学院合作，引进浙江、江西等五个种源，开展不同基质、不同栽培模式试验基地1个，面积1.467hm²；2017年被国家标准化管理委员会列为第九批国家农业标准化示范项目《油茶林下仿野生中药材栽培标准化示范区》；3）编写完成《林下仿野生三叶青栽培技术手册》，实施应用国家专利2项等。

二、基地建设情况

1.丽水莲都浙江汉邦生物科技有限公司三叶青基地

该基地对三叶青用5年时间进行深度开发，总投资1.9亿元，其中：一期已投资0.2亿元，建立三叶青母本园5亩，种苗繁殖基地500亩，公司除开发浙产三叶青外，还对西红花、铁皮枫斗、七叶一枝花、八角金盘等野生珍稀药材进行研究开发，在林下套种三叶青1 350亩，二期投入为继续扩大种植基地2 000亩投资0.6亿元，建立三叶青产品深度加工企业投资为0.7亿元。已与浙江中医药大学、浙江省农业科学院、浙江省林业科学院、丽水学院、浙江省丽水中药科技服务创新平台、丽水市科技局、丽水市农业科学研究院、丽水市林业科学研究院、丽水市食品药品检验所等10余所高等院所建立紧密型协作关系。积极开展三叶青、藏红花、黄精、铁皮石斛等珍稀中药材及其产品的研发、深加工和销售等方面的工作，公司将以习近平总书记提出的"绿水青山就是金山银山"的发展战略，搞好规划，分布实施。充分利用种植基地西坑口村、松坑口村良好的生态环境，打造以中药养生为主题的药用植物园，集生态养生、生态旅游、生态高端名宿、生态药膳食疗、生态科普知识宣传为一体的综合性生态休闲养生养老基地，实现产业多元化发展，满足社会需求。

2.遂昌县金竹镇青苗中草药专业合作社

该合作社依托浙江农林大学和浙江五养堂药业有限公司等的技术优势，经过几年的研究摸索，掌握一整套对野生三叶青移栽种植的经验，建立了种苗选育、园艺栽培、三叶青野外种植技术等专业为主的技术队伍，与国内多家药企建立了密切的合作关系，形成了以三叶青为主的产供销一条龙，基地还有现代化的轻基质网袋三叶青育苗设备和设施流水生产线一套，育苗连栋大棚2 000m²，基地面积24hm²。

3.金竹叶村山茶油专业合作社

该合作社为油茶林下三叶青仿野生栽培基地为省级林下示范基地，实施面积达到26hm²以上；全县三叶青84hm²。

三、研究机构及专利申报情况

1.浙江汉邦生物科技有限公司

浙江汉邦生物科技有限公司（原丽水市汉方生物科技有限公司）于2012年9月成立，公司注册资金500万元。主要从事珍稀中药材选育、种植、产品研发、加工及产品销售经营等。公司先后投入5 000余万元，分别在丽水市大港头镇西坑口自然村、石候村、碧湖镇松坑口村建设三个种植基地，种植面积达到2 000余亩，主要种植三叶青、藏红花、黄精、铁皮石斛等名贵中药材。

为进一步推进中药材产业化进程，公司从三叶青品种入手，从品种选育、栽培标准、质量检验、产品深加工等方面进行深度研究开发。已开展多年的三叶青种质种苗繁育和栽培技术等试验研究。由丽水市莲都区绿谷三叶青珍稀植物研究所（已并入本公司）申报的"三叶青地下药用块茎的繁殖方法"（ZL201210252098.0）、"三叶青的高效仿野生栽培方法"（CN201210426679.1）、"三叶青微粉及其制备方法和应用"（ZL201210422478.4）、"一种高含三叶青黄酮、多糖、山奈酚绿色三叶青茶及其制作方法"（ZL201210252136.2）四项技术已获国家发明专利技术。并参与起草丽水市地方标准（DB 3311）"三叶青生产技术规程"。

公司在莲都区莲城镇马跃村建有10亩三叶青、金线莲、银线莲、阴地蕨为主的珍稀药用植物种植资源库。先后与浙江中医药大学、浙江医药高等专科学校、浙江省农业科学院、浙江省林业科学院、丽水学院、浙江省丽水中药科技服务创新平台等10余所高等院所建立紧密型协作关系，积极开展三叶青的产品研发、深加工和销售等方面的工作。

2.浙江丽水市莲都区三叶青珍稀植物研究所

浙江丽水市莲都区三叶青珍稀植物研究所成立于2000年，是一家专业从事浙江三叶青资源研究、三叶青开发、三叶青种植及产品销售的珍稀药用植物民营研究机构。研究所通过对浙江范围野生三叶青资源系统的筛选、人工驯化、人工培育的研究，已优选出2个生长适应性强、品质优良、适合人工栽培的品种。目前，研究所已建立2亩三叶青种资质源基因库和30余亩的生产基地。浙江丽水市莲都区三叶青珍稀植物研究所已成功解决三叶青人工繁殖、栽培、地下块茎形成等系列的技术难题。

3.丽水市畲族医药研究所

丽水市于2008年11月成立了由雷后兴任所长的丽水市畲族医药研究所，2011—2014年，雷后兴等主持申报的"十二五"国家科技支撑计划项目（2012BAI27B06-7）；浙江省中医药科学研究基金计划（2011ZA115），对三叶青在畲民中的应用情况、三叶青的资源分布和野生蕴藏量进行了调研和总结，发现三叶青对于小儿高热和各种癌症具有较好民间治疗效果，但三叶青野生资源蕴藏量急遽下降，需要着重对其进行资源保护，研究结果为三叶青的推广应用和资源保护奠定了良好的基础。

4.丽水市食品药品检验所

在李水福所长的带领下，丽水市食品药品检验所针对三叶青的药材性状、理化性质、含量测定、功能主治等方面进行了研究，通过大量数据考证，最终初步制定了浙产三叶青的质量标准，为三叶青的临床应用和开发奠定了法定标准基础。

四、产品开发前景

1.三叶青超微粉

浙江汉邦生物科技有限公司利用最新超微粉碎技术，已经研发出三叶青超微粉，可以直接开水冲服，生物利用度较佳。对于小儿高热，化脓性扁桃体炎，疱疹等具有较好的治疗效果。

2.中成药

三叶青是多种中成药（如华佗风痛宝胶囊、排石利胆胶囊、结石康胶囊、金丝地甲胶囊、金芪片等）的主要药味，也被开发成保健品。

3.外用药

三叶青作为一种草药，直接用于治疗外科伤口感染，疗效显而易见，病人在用药后的24h内，可见伤口周围的组织红肿明显消退，体温及局部组织温度下降，伤口分泌物减少，干燥，结痂，愈合迅速，效果明显，优于西药的抗生素，且无副作用，无抗药性，被称为"植物抗生素"。

4.医院制剂

三叶青具有较好的抗肿瘤、抗病毒作用。丽水市中医院前期以三叶青和浙贝母为组方，制作成临床抗肿瘤协定处方"青贝散"，临床用于各种肿瘤的治疗。

5.日化用品

三叶青具有较好的抗炎、抗氧化作用，清热效果较佳，因此可将其开发成日化用品。目前浙江汉邦生物科技有限公司，已经将三叶青开发成牙膏和手工皂，市场应用具有较好的前景。

6.观赏植物

畲药三叶青兼具药用和观赏两大功能，一方面大规模生产作为制药原料，另一方面还可以做成小盆栽。丽水市龙泉市部分三叶青栽培基地，已经将三叶青制作成盆栽形式，产生了较好的经济效益。

第九节　总结与展望

三叶青对生长环境要求相对苛刻，达到药用价值一般需3~5年的生长期。由于市场需求的不断扩大，人们过度采挖，造成三叶青野生资源急剧下降。20世纪80—90年代，磐安药农一天能挖半斤（1斤=0.5kg，全书同）到一斤的三叶青，21世纪初期，一天还能挖一两，现在仅偶尔能挖到一两株。目前浙江省内三叶青野生资源蕴藏量约13.76t。

随着三叶青用途及应用领域的扩大，特别是在抗恶性肿瘤方面的应用，其野生资源远远满足不了市场需求。自20世纪90年代末，人们就开始致力于三叶青野生抚育和仿野生栽培。据不完全统计，2013年浙江省内人工种植三叶青约104.55hm²，预计产量173.91t。从2011—2013年三叶青市场需求量分析及预测显示，人工种植三叶青将出现快速增长趋势，且种植品种以价高的紫藤金线吊葫芦为主。

三叶青据藤的颜色分为紫藤和青藤，福建、浙江、江西主产紫藤金线吊葫芦，广西主产青藤。紫藤三叶青即畲族民间常用药，以浙江产的品质最好。

近年来，三叶青由于其较好的退烧效果和抗恶性肿瘤作用而被广泛应用，除了中药饮片，以三叶青为原材料的各种中成药也相继进入临床使用，原来的民间用药随之而来的商品化开发的日趋成熟，可见三叶青未来的市场不容小觑。

浙产三叶青一直以疗效佳而闻名，然而其野生资源较少，地下部分生长周期较长，因此如何提高三叶青产量是三叶青产业可持续发展的关键。丽水市地处浙江省西南部，素有九山半水半分田之美誉，其地理和气候环境均适合三叶青生长。目前丽水莲都区、龙泉市、遂昌县等地区均开展了三叶青林下栽培技术，有力的助推了三叶青的进一步发展，特别是作为林下经济目的意义更大。

近年以来，政府政策效应的逐渐显现以及国际经济形势的好转，导致三叶青市场需求膨胀。此外，三叶青野生资源不足，人工繁育生产不太容易，其价格不断攀升，已经从2005年的150元/kg涨到了600～800元/kg。据了解，浙江艾克野生植物有限公司生产的金丝地甲胶囊，杭州天惠医药科技有限公司开发的抗癌专利制剂"金芪片""三叶青颗粒""三叶青粉"等产品均以三叶青为主要原料。目前由于三叶青野生抚育和仿野生栽培时间不长，种植规模不够大，产量有限，造成很多科研单位和制药企业因资源关系无法进行深入的产品开发。虽然畲药野生三叶青的储量不足，但随着野生抚育和仿野生栽培技术的日益成熟，其药材量将大大增加，越来越多以三叶青为原料的产品将会问世，这对保障人类健康具有十分重要的意义。

下一步，丽水的科研工作者们将着重开发丽水产三叶青的基础研究，如安全性试验、抗菌和抑菌试验，探讨三叶青抗病毒、抗肿瘤的作用机制，并加快产品研发，医院制剂研发，尽早助推三叶青在全国的应用。特别值得关注的是三叶青地上部分资源量相对较丰富，且民间应用常将地上部分一起入药，采用地上部分做药用资源可以有效保护三叶青资源。因此，最值得期待的是将三叶青地上部分作新资源食品研发，可制作茶剂对上呼吸道感染有效；还可制备消字号抗菌制剂或抑菌制剂，如漱口液、软膏和粉剂等对口腔咽喉疾患等均有较好效果，还有手工皂与牙膏等日化品。总而言之，向药食两用方向发展前景必定很好。

参考文献

[1] 吴其濬. 植物名实图考[M]. 北京：商务印书馆，1957：114.

[2] 国家中医药管理局《中华本草》编委会. 中华本草[M]. 第4册. 上海：上海科学技术出版社，1999：541.

[3] 中国医学科学院药物研究所. 中药志[M]. 第2册. 北京：人民卫生出版社，1959：219.

[4] 《全国中草药汇编》编写组. 全国中草药汇编. 上册[M]. 北京：人民卫生出版社，1975：31.

[5] 国家中医药管理局《中华本草》编委会. 中华本草[M]. 第5册. 上海：上海科学技术出版社，1999：296-297.

[6] 浙江药用植物志编写组. 浙江药用植物志[M]. 下册. 杭州：浙江科学技术出版社，1980：797.

[7] 浙江省革命委员会生产指挥组卫生办公室. 浙江民间常用草药[M]. 第一集. 杭州：浙江人民出版社，1969：88-89.

[8] 福建省医药研究所. 福建药物志[M]. 福州：福建人民出版社，1979：311-312.

[9] 广东省植物研究所. 海南植物志[M]. 第三卷. 北京：科学出版社，1974：23.

[10] 张宪昌. 台湾药用植物图鉴[M]. 台中：晨星出版有限公司，2007：201.

[11] 冉先德. 中华药海[M]. 下册. 哈尔滨：哈尔滨出版社，1993：1 682-1 683.

[12] 蔡光先. 湖南药物志[M]. 长沙：湖南科学技术出版社，2004：4 071-4 072.

[13] 浙江药用植物志编写组. 浙江药用植物志[M]. 下册. 杭州：浙江科学技术出版社，1980：797.

[14] 中国科学院中国植物志编辑委员会. 中国植物志[M]. 第48卷. 第2册. 北京：科学出版社，1998：122.

[15] 彭昕，王志安. 中国三叶青资源研究与利用[M]. 北京：中国轻工业出版社，2018.

[16] 李江，王亚凤，何瑞杰，等. 三叶青藤正丁醇部位化学成分的研究[J]. 中成药，2018，40（7）：1 539-1 542.

[17] 孙崇鲁，吴浩，楼天灵，等. UPLC-Q-TOF-MS法分析三叶青地上部分化学成分[J]. 中成药，2018，40（6）：1 424-1 429.

[18] 范世明，谢心月，曾繁天，等. 三叶青叶化学成分鉴定及其总黄酮含量测定研究[J]. 药物分析杂志，2017，37（8）：1 481-1 488.

[19] 李瑛琦，陆文超，于治国. 三叶青的化学成分研究[J]. 中草药，2003（11）：25-26.

[20] 刘东，杨峻山. 中国特有植物三叶青化学成分的研究[J]. 中国中药杂志，1999（10）：35-36，62.

[21] 郭晓江. 两种药用植物的化学成分及生物活性研究[D]. 济南：山东大学，2013.

[22] 曾婷. 石猴子化学成分的研究[D]. 赣州：赣南师范学院，2013.

[23] 许文，傅志勤，林婧，等. UPLC-MS/MS法同时测定三叶青中10种黄酮类成分[J]. 药学学报，2014，49（12）：1 711-1 717.

[24] 陈丽芸. 三叶青化学成分及抗肿瘤活性研究[D]. 福州：福建中医药大学，2014.

[25] 林婧，纪明妹，黄泽豪，等. 三叶青的化学成分及其体外抗肿瘤活性研究[J]. 中国药学杂志，2015，50（8）：658-663.

[26] 刘东，杨峻山. 中国特有植物三叶青化学成分的研究[J]. 中国中药杂志，1999（10）：35-36，62.

[27] 刘江波，傅婷婷，吕秀阳. 大孔树脂分离纯化三叶青总黄酮的工艺研究[J]. 中国药学杂志，2011，46（4）：287-292.

[28] 杨大坚，刘红亚，李新中，等. 破石珠化学成分研究[J]. 中国中药杂志，1998，23（7）：419.

[29] 饶君凤，吕伟德，倪承珠，等. 离子色谱法测定三叶青多糖中单糖组成[J]. 亚太传统医药，2016，12（12）：42-44.

[30] 胡轶娟，程林，浦锦宝，等. 三叶青石油醚萃取物的GC-MS分析[J]. 中国中医药科技，2013，20（1）：46-47.

[31] 熊科辉，吴学谦，许海顺，等. 不同干燥方法对三叶青活性成分含量的影响[J]. 中国药业，2015，24（8）：48-50.

[32] Ding FuJuan，Liu JiangTing，Du RuiKun，et al. Qualitative and Quantitative Analysis for the Chemical Constituents of Tetrastigma hemsleyanum Diels et Gilg Using Ultra-High Performance Liquid Chromatography/Hybrid Quadrupole-Orbitrap Mass Spectrometry and Preliminary Screening for Anti-Influenza Virus Components.[J]. Evidence-based complementary and alternative medicine：eCAM，2019，2019.

[33] Liu D，Yang J.[A study on chemical components of Tetrastigma hemsleyanum Diels et Gilg. Native to China].[J]. Zhongguo Zhong yao za zhi=Zhongguo zhongyao zazhi=China journal of Chinese materia medica，1999，24（10）.

[34] 傅志勤，黄泽豪，林婧，等. 蛇附子化学成分及抗氧化活性研究[J]. 中草药，2015，46（11）：1 583-1 588.

[35] 付金娥，韦树根，冀晓雯，等. 微波消解—紫外分光光度法测定三叶青总游离氨基酸[J]. 南方农业学报，2015，46（2）：303-307.

[36] 倪克锋，丁志山，黄挺，等. 三叶青黄酮对H22荷瘤小鼠瘤体的抑制作用及其机理研究[J]. 浙江中医药大学学报，2008，32（6）：732.

[37] 倪克锋，金波，蒋福升，等. 三叶青黄酮对H22荷瘤小鼠TIMP-2mRNA表达的影响[J]. 中国中医药科技，2009，16（3）：195.

[38] 钢强，郑军献，魏克民，等. 三叶青提取物对肝癌细胞Hep G2及原代大鼠肝细胞的体外毒作用研究[J]. 浙江预防医学，2005，17（9）：1.

[39] 张立明，樊瑞军，杨凤琴. 三叶青黄酮诱导SMMC-7721肝癌细胞凋亡的实验研究[J]. 时珍国医国药，2010，21（11）：2 850.

[40] 贾玉柱，劳群，祁克信，等. 三叶青提取物联合介入治疗兔VX2肝癌模型多层螺旋CT表现及肝功能动态分析[J]. 医学研究杂志，2012，41（4）：56.

[41] 李华美，魏克民. 三叶青乙酸乙酯提取物对小鼠Lewis肺癌的抑制作用[J]. 医学研究杂志，2012，41（9）：112.

[42] 李华美，浦锦宝，郑军献，等. 三叶青乙酸乙酯提取物对小鼠Lewis肺癌移植性肿瘤的抑制作用及免疫功能的影响[J]. 中国中医药科技，2012，19（3）：229.

[43] 程伟，陆曙梅. 三叶青提取物对肺癌A549细胞的体外抑制作用[J]. 中国实验方剂学杂志，2007，13（10）：53.

[44] 曾娟，周婷，童雪晴，等. 三叶青提取物诱导肺癌A549株细胞凋亡的研究[J]. 临床肺科杂志，2012，17（4）：682.

[45] 徐彩菊，吴平国，姚亚萍，等. 三叶青提取物对白血病HL60细胞增殖抑制作用研究[J]. 浙江预防医学，2011，23（4）：20.

[46] 徐彩菊，吴平谷，孟佳，等. 三叶青提取物对白血病K562细胞增殖的抑制作用[J]. 中国卫生检验杂志，2010，20（11）：2 801.

[47] 吕雯婷，顾书畅，丁丽，等. 三叶青提取物对A375细胞增殖、酪氨酸酶活性及黑色素合成的影响[J]. 今日药学，2011，21（10）：624.

[48] 丁丽，纪其雄. 三叶青脂溶性提取物对A375细胞增殖及黑色素合成的影响[J]. 时珍国医国药，2012，23（4）：962.

[49] 冯正权，倪克锋，何煜，等. 三叶青黄酮诱导SGC-7901胃癌细胞凋亡的实验研究[J]. 中国临床药理学与治疗学，2006，11（6）：669.

[50] 汪珍，冯健，王晓华，等. 三叶青提取物对人结肠癌细胞系RKO细胞凋亡的影响[J]. 浙江中医药大学学报，2008，32（3）：321.

[51] 许海顺，吴学谦，熊科辉，等. 三叶青不同洗脱组分的抗氧化活性研究[J]. 中华中医药学刊，2015，33（8）：1 968-1 971，2 068.

[52] 傅志勤，黄泽豪，林婧，等. 蛇附子化学成分及抗氧化活性研究[J]. 中草药，2015，46（11）：1 583-1 588.

[53] 熊艳. 三叶青萃取物的生物活性及其诱导HeLa细胞凋亡机理研究[D].

长沙：湖南农业大学，2015.

[54] 杨学楼，罗经，孙松柏，等. 中药三叶青抗病毒作用的研究[J]. 湖北中医杂志，1989，3（4）：40−41.

[55] 杨雄志，巫军. 三叶青提取物抗乙肝病毒活性的研究[J]. 南京中医药大学学报，2009，25（4）：294−296.

[56] 董宜旋，李静. 三叶青提取物抗人类免疫缺陷病毒活性研究[J]. 辽宁中医杂志，2016，43（10）：2 173−2 175.

[57] 资古明，吉兰，胡建成，等. 金线吊葫芦消炎镇痛的药理研究[J]. 中草药，1989，20（2）：27.

[58] 黄真，毛庆秋，魏佳平. 三叶青提取物抗炎、镇痛及解热作用的实验研究[J]. 中国新药杂志，2005，14（7）：861.

[59] 吴安安，倪荷芳. 三叶青对小鼠 Ⅱ 型胶原关节炎的影响[J]. 南京中医药大学学报，2007，23（5）：307.

[60] 吕江明，李春艳，贾薇，等. 三叶青水提物抑制小鼠痛经作用[J]. 广州医药，2011，42（4）：39.

[61] 伍昭龙，吕江明，李春艳，等. 三叶青对CCl4致肝损伤大鼠血清五项生化指标水平的影响[J]. 甘肃中医学院学报，2006，23（4）：11.

[62] 张同远，倪荷芳. 三叶青抗慢性肝损伤实验研究[J]. 南京中医药大学学报，2008，24（1）：37.

[63] 丁钢强，徐彩菊，孟佳，等. 三叶青对小鼠细胞因子及免疫功能的影响[J]. 中国卫生检验杂志，2008，18（9）：1 724−1 726.

[64] 王志俊. 人工种植与野生三叶青冻干粉增强免疫功能的比较[J]. 浙江中杂志，2012，47（12）：922−923.

[65] 资古明，吉兰，胡建成，等. 金线吊葫芦消炎镇痛的药理研究[J]. 中草药，1989，20（2）：27−29.

[66] 月仙，郭伟娣. 三叶青的毒理学研究[J]. 中华医学研究杂志，2005，5（8）：63−65.

[67] 江月仙，徐爱文. 三叶青的长期毒理学研究[J]. 中国保健杂志，2005，13（16）：26−28.

[67] 钟晓明，毛庆秋，黄真，等. 三叶青提取物对四氯化碳致急性肝损伤小鼠的保护作用及急性毒性实验[J]. 中成药，2006，28（3）：422-424.

[68] 崔伟亮，李慧芬，周洪雷，等. 三叶青质量标准研究[J]. 辽宁中医杂志，2019，46（1）：109-111.

[69] 崔伟亮，李慧芬，周洪雷，等. 三叶青质量标准研究[J]. 辽宁中医杂志，2019，46（1）：109-111.

[70] 浙江省食品药品监督管理局. 浙江省中药炮制规范[M]. 北京：中国医药科技出版社，2015：5.

[71] 余乐，刘敏，陈张金，等. 浙产三叶青的质量控制研究[J]. 中国现代应用药学，2018，35（8）：1 194-1 198.

[72] 丁丽，章璐幸，邱彦. HPLC-ELSD法同时测定三叶青中胡萝卜苷和β-谷甾醇的含量[J]. 安徽医药，2015，19（11）：2 083-2 084.

[73] 于虹敏，贺文达，刘巧，等. UFLC-DAD法同时测定三叶青中原花青素B1和儿茶素含量[J]. 辽宁中医药大学学报，2016，18（1）：71-73.

[74] 范世明，徐惠龙，谢心月，等. 三叶青叶指纹图谱研究及8种酚类成分含量测定[J]. 中国中药杂志，2016，41（21）：3 975-3 981.

[75] 邓思珊，刘洪旭，马丽红，等. 三叶青叶黄酮类化学成分的UPLC-MS/MS定性分析及HPLC含量测定[J]. 中国医药导报，2018，15（33）：80-84，88.

[76] 何孝金. 三叶青有效成分测定方法的优化及栽培三叶青的品质评价[D]. 福州：福建农林大学，2015.

[77] 吴浩，常欣，桑旭峰，等. 不同产地三叶青中27种矿质元素的综合评价[J]. 中成药，2018，40（11）：2 475-2 480.

[78] 李士敏，孙崇鲁，张煜炯，等. 不同月份三叶青中8种有效成分含量变化[J]. 中国实验方剂学杂志，2019，25（19）：117-123.

龙泉市

  龙泉市位于浙江省西南部的浙闽赣边界，东邻温州经济技术开发区，西接武夷山国家级风景旅游区，是浙江省入江西、福建的主要通道，素有"瓯婺八闽通衢""驿马要道，商旅咽喉"之称，历来为浙、闽、赣毗邻地区商贸重镇，更有"处州十县好龙泉"的美誉。龙泉于唐乾元二年（公元759年）置县，1990年12月撤县设市，县域面积3 059km²，辖4个街道8个镇7个乡，人口29万人。

  龙泉自古人文昌盛，是著名的青瓷之都、宝剑之邦，还是世界香菇栽培发源地。全市森林覆盖率84.2%，空气质量优良率常年保持在99%以上，空气负氧离子浓度最高达12万个/cm³，PM2.5年均值仅25μg/m³左右，荣膺"中国天然氧吧""百佳深呼吸小城"称号，是江浙之巅、三江之源的生态绿城，是国家级生态示范区、国家森林城市、浙江省生态市和浙江省园林城市、国家卫生城市、国家重点生态功能区、省生态市和环保模范城市。

  龙泉市中药材资源丰富，有动植物药材1 374种，其中植物药有233科1 269种，植物药中草本植物有814种，是"中华灵芝第一乡""中国原生态灵芝栽培示范区"、浙江省农业特色优势产业食用菌产业强县。段木灵芝年产量达到85 000m³（包括龙泉芝农带菌种、带技术在全国各地栽培量），年产孢子粉1 935t，年产干芝3 380t，一产产值达3.5亿元。全县种植中药材6 000亩，形成了以灵芝、铁皮石斛、温郁金、何首乌、浙贝母、三叶青、元胡等药材为主导，黄精、覆盆子、七叶一枝花等新兴品种为补充的中药材产业发展格局。本章重点介绍最受老百姓青睐的民间仙草——铁皮石斛。

第二辑

铁
TiePiShiHu

皮石斛

铁皮石斛 | TiePiShiHu
DENDROBII OFFICINALIS CAULIS

本品为兰科植物铁皮石斛*Dendrobium officinale Kimum et Migo*的干燥茎。11月至翌年3月采收，除去杂质，剪去部分须根，边加热边扭成螺旋形或弹簧状，烘干；或切成段，干燥或低温烘干，前者习称"铁皮枫斗"；后者习称"铁皮石斛"。又称黑节草（中国高等植物图鉴），云南铁皮（云南）。

第一节　本草考证与历史沿革

一、本草考证

铁皮石斛是我国古文献中最早记载的兰科植物之一，位列中国九大仙草之首，为兰科多年生附生草本植物，始载于《神农本草经》，在《本草纲目》中被列为上品[1]。国际药用植物界称其为"药界大熊猫"，有"药中黄金"的美誉，民间称其为"救命仙草"[3]。铁皮石斛是石斛中的极品，受到历代医家和医学典籍的推崇，《神农本草经》就有关于石斛的记载：味甘、平，主伤中；除痹，下气，补五脏虚劳羸瘦，强阴。久服厚肠胃；轻身延年[2]。魏晋《明医别录》记载："无毒。主益精，补内绝不足，平胃气，长肌肉，逐皮肤邪热痱气，脚膝疼冷痹弱。久服定志，除惊。"南北朝-陶弘景《本草经集注》记载："味甘，平，无毒。""生石上，细实，桑灰汤沃之，色如金，形似蚱蜢者为佳。"唐-孙思邈《千金翼方》记载："味甘，平，无毒。主伤中，除痹下气，补五脏虚劳，羸瘦，强阴，益精，补内绝，平胃气，长肌肉，逐皮肤邪热、痱气，脚膝疼冷痹弱。久服厚肠胃，轻身延年，定志除惊。"宋·唐慎微《证类本草》记载："石斛，味甘，平，无毒——真石斛，治胃中虚热有功。"明·李时珍《本草纲目》系统总结了石斛的功效："味甘，平，无毒。主伤中，除痹下气，补五脏虚劳羸弱，强阴益精。补内绝不足，平胃气，长肌肉，逐皮肤邪热痱气，脚膝疼冷痹弱，久服厚肠胃，定志除惊。轻身延年。益气除热，治男子腰脚软弱，健阳，逐皮肤风痹，骨中久冷，补肾益力。壮筋骨，暖水脏，益智清气。治发热自汗，痈疽排脓内塞。"并记载有："每以二钱入生姜一片，水煎代茶，甚清肺补脾也。"清·赵学敏《本草纲目拾遗》记载："清胃，除虚热，生津。已劳损，以之代茶，开胃健脾，功同参芪。定惊疗风，能镇涎痰，解暑。甘芳降气。"《中药大辞典》记载："性味甘淡，微咸、寒。入胃、肺、肾经。生精益胃，清热养阴。用于久病伤津，口干烦渴，病后虚热，阴伤目暗。"

二、历史沿革

铁皮石斛应用历史悠久，距今有1 800年的历史。约1 500年前，南北朝梁代陶弘景《神农本草经集注》记载"今用石斛出始兴"，即指今天广东的韶关地区；北宋官方的《本草图经》，成书于1061年，进一步指出石斛"今荆湖、川、广州郡及温、台州亦有之，以广南者为佳。"由此可见，在北宋时期，广东、广西、浙江等地已是铁皮石斛的道地产区[4]。在民间，人们将新鲜的铁皮石斛原汁喂入身体极虚的人的口中，可使其起死回生，一般在婴儿出生时生命危在旦夕或者生命垂危的病患才能够用铁皮石斛去保命。由于毁灭性采挖、生存环境的破坏以及自身繁殖能力低下，铁皮石斛野生资源基本枯竭，1987年国务院将其列为国家二级保护植物。20世纪90年代中期人工栽培取得成功，进入21世纪以来，在品种选育、组织培养、设施栽培、产品开发等产业化关键技术各方面均取得了突破性进展。

第二节　植物形态与分布

一、植物形态

茎直立，圆柱形，长9～35cm，粗2～4mm，不分枝，具多节，节间长1.3～1.7cm，常在中部以上互生3～5枚叶；叶二列，纸质，长圆状披针形，长3～7cm，宽9～15mm，先端钝并且多少钩转，基部下延为抱茎的鞘，边缘和中肋常带淡紫色；叶鞘常具紫斑，老时其上缘与茎松离而张开，并且与节留下1个环状铁青的间隙。总状花序常从落了叶的老茎上部发出，具2～3朵花；花序柄长5～10mm，基部具2～3枚短鞘；花序轴回折状弯曲，长2～4cm；花苞片干膜质，浅白色，卵形，长5～7mm，先端稍钝；花梗和子房长2～2.5cm；萼片和花瓣黄绿色，近相似，长圆状披针形，长约1.8cm，宽4～5mm，先端锐尖，具5条脉；侧萼片基部较宽阔，宽约1cm；萼囊圆锥形，长约5mm，末端圆形；唇瓣白色，基部具1个绿色或黄色的胼胝体，卵状披针形，比萼片稍短，中部反折，先端急尖，不裂或不明显3裂，中部以下两侧具紫红色条纹，边缘多少波状；唇盘密布细乳突状的毛，并且在中部以上具1个紫红色斑块；蕊柱黄绿色，长约3mm，先端两侧各具1个紫点；蕊柱足黄绿色带紫红色条纹，疏生毛；药帽白色，长卵状三角形，长约2.3mm，顶端近锐尖并且2裂。花期3—6月。

二、分布

铁皮石斛为石斛属中著名药用植物之一，其野生资源多分布于热带、亚热带地区，如东亚、东南亚、澳大利亚等国家。在我国，野生石斛属植物有76种2个变种，其中野生铁皮石斛有36个品种2个变种，主要分布于温带和亚热带地区，如云南、贵州、浙江、湖南、广西等省区，不同地理环境和气候条件造成了铁皮石斛的资源多样性。野生铁皮石斛对生长环境要求苛刻，生长于高山悬崖、岩缝或树干等处，受小气候环境（温度、湿度等）影响明显。野生铁皮石斛原产于云南的罗平、师宗、文山，安徽的霍山，湖北的老河口、神农架，广西的西林、隆林、乐业，贵州的兴义、安龙、兴仁，浙江的乐清、丽水等地，铁皮石斛适宜在凉爽、湿润、空气畅通的环境生长。生于海拔达1 600m的山地半阴湿的岩石上，喜温暖湿润气候和半阴半阳的环境，不耐寒。

从20世纪50年代开始，人们掠夺式采挖（连根拔起）野生铁皮石斛，导致现今野生铁皮石斛资源濒临枯竭。《濒临野生动植物种国际贸易公约》（CITES）已将世界上所有野生兰科植物列入了保护范围，我国野生兰科资源也逐渐稀有，铁皮石斛在1987年就被我国列入《国家重点保护野生药材物种名录》三级保护，1992年出版的《中国植物红皮书：稀有濒危植物》将铁皮石斛收载为濒危植物。目前，世界自然保护联盟已将铁皮石斛列为极度濒危，在《珍稀濒危、国家重点保护野生植物名录》中铁皮石斛属于国家Ⅰ级保护植物[5]。

第三节　栽　培

一、生态环境条件

铁皮石斛一般分布于海拔高度1 000～3 400m，年平均气温18～21℃，相对湿度为70%～90%，最适空气湿度为80%以上，年降水量约1 000mm以上的热带或亚热带原始森林及类似的温暖湿润的环境中。铁皮石斛的一部分根附生于岩石表面或树皮上，起固定和支持作用，并从附主表面吸取水分和养料；另一部分根为裸露气生根，从多湿的空气中的露水、雾气吸收水分，依靠自身叶绿素进行光合作用。随着环境条件的变化，铁皮石斛对强光敏感，光合积累有限，高光强、高温和低湿度会抑制石斛生长。铁皮石斛通常生于散射光充足、湿度较大的林中树上或林缘悬崖岩石上。铁皮石斛周围常有瓦韦、卷柏、石韦、紫金牛、苔藓和地衣等植物有利于石斛生长的有益伴生植物[6]。

二、栽培方式

目前，可见到的种植方式有仿野生栽培（包括贴石栽培、贴树栽培、石墙栽培、岩壁栽培等）、设施栽培（包括盆栽、地栽、架空苗床种植等）两种方式[7]。仿野生栽培技术是指充分利用自然条件，将铁皮石斛种植在活树、段木、岩壁或林下等自然环境中，或者辅以人工措施，不施肥料，不用农药，模仿野生铁皮石斛在自然环境中附生生长的一种栽培方法[9]。树栽时可选择树皮厚、水分含量高、树冠浓密、叶草质或蜡质，树皮有纵沟的阔叶树种（如黄葛树、梨树、樟树等）作为栽培附主；石栽则选择质地粗糙，松泡易吸潮，表面附着腐殖土或苔藓的石块作为栽植附主；腐殖土栽培时，选择在较阴湿的树林下，用砖或石砌成高15cm的高厢，将腐殖土、细砂和碎石拌匀填入厢内，平整后即可栽植，厢面上搭100～120cm高的遮阴棚。近年来，为追求健康安全的中药栽种模式，仿野生栽培越来越多，但最为常见的还是以设施栽培为主。

三、场地选择

种植基地选择时要根据铁皮石斛生长特性，选择空气湿度高、通风良好、冬季温度在0℃以上的地区进行种植。一般来说，大棚高度主要依据种植基地夏季的最高温度来定，温度越高的地方，要求大棚的高度越高；大棚设施要具有调节温度、光照强度和空气湿度的功能，并且还要有防止虫害和鼠害的功能；通常情况下将大棚建造成锯齿形模式，采用遮光率为75%左右的遮阳网覆盖，最好有外遮阳网和内遮阳网2层活动的遮阳网；防虫网以30目左右为宜。一般苗床架高40~60cm，宽1.4m左右。苗床架底部置网状物或钻孔水泥瓦，以承载种植用基质，苗床深5~10cm均可[7]。

铁皮石斛栽培多是使用"基质栽培"，虽然不会直接接触土壤，但是对土壤的处理却是必不可少的。因此在搭建栽培钢床前，需要将土壤深翻翻松，然后进行大太阳曝晒，再在土壤表层撒上生石灰进行消毒。栽培钢床的搭建也要利于排水和通风，最好是采用网状钢床底板，避免使用封闭的钢床底板，如此才利于铁皮石斛根系生长；通风降温设施要求，由于铁皮石斛对温度和湿度的要求比较高，因此铁皮石斛的栽培一定要配备齐通风设施和降温设施。如果是封闭式的大棚栽培，就要在大棚内安装排风扇以促进棚内的空气流通。然后在栽培钢床上部装配喷淋降温设施，用以降低夏季铁皮石斛的生长温度。还可以装上遮阳网，以防止铁皮石斛被太阳光直射，且降低温度[8]。

四、组织培养

铁皮石斛在自然条件下繁殖率较低，因为铁皮石斛的种子没有胚乳，不能给幼苗提供应有的营养成分，因此在自然条件下铁皮石斛的繁殖能力十分弱。我国的专家经过多年的研究，已经掌握了相对成熟的铁皮石斛组织快繁。就目前而言，主要是通过无菌萌发，试管苗原球茎发生，试管苗器官发生3种方式进行铁皮石斛的组织快繁。这3种方式对于大批量地进行铁皮石斛的栽培具有关键性作用。一般来说，铁皮石斛种苗的繁育是放在特制的瓶子中进行的。由于铁皮石斛对自然环境的要求比较苛刻，而铁皮石斛在瓶子中并未实实在在接触自然环境，因此组培苗在进行栽培前都要经过

14～21d时间的炼苗。即把组培苗迁移到炼苗室，使种苗能够慢慢适应自然环境的一些变化。直到组培苗的叶子变得绿油油了以后就可以栽培了。

铁皮石斛还能够采用扦插繁育的方式进行繁育，即选择较为粗壮、色泽嫩绿、根系发达的植株作为种株，然后将其中的一些枯枝、断枝剪掉，并将种株切开，分成7根左右的若干小丛种植[8]。

五、栽培基质

在铁皮石斛栽培技术中，基质的选择直接关系到铁皮石斛的成活率、生长状况、繁殖程度和最终产量。铁皮石斛的栽培基质宜选用锯木粉、树皮、甘蔗渣等物质，因为这类物质有疏松透气、排水效果极好、又不容易发霉的特点，十分适合用来栽培铁皮石斛。通常在栽培钢床上铺设4～6cm厚的基质，一般底下的基质相对粗一些，越往上应越细腻。但是在栽培前必须用多菌灵或其他药物进行消毒[8]。

六、栽培管理

1.移栽

由于铁皮石斛栽植对温度具有较高的要求，为此，栽植时间的选择显得尤为重要，温度过高或者过低均会影响铁皮石斛的生长状态。一般而言，最佳栽植时间在4—5月。

2.温度与光照

铁皮石斛的生长温度为15～28℃，而夏季大多数地区的温度能够达到35℃左右，大棚内须通风散热，通过喷雾降温保湿，然后将温度保持在15～28℃[8]。在幼苗期，大棚须盖折光率为70%～80%的遮阳网，成苗期则为60%～70%为宜。相反，若在冬季温度太低的话，则要做好保温措施，可采用加盖二道膜、无纺布等方式进行越冬保温，以防铁皮石斛被冻伤[9]。

3.水分管理

栽种后视植株生长情况，控制基质含水量在55%左右，如遇高温干旱，可在早晚喷雾降温。多雨季节应及时清沟排水以降低湿度。刚移栽的石斛苗对水分最敏感，此时一般应控制基质的含水量在60%~70%为宜，具体操作时以手抓基质有湿感但不滴水为宜。移栽后7d内（幼苗尚未发新根）空气湿度保持在90%左右，7d后，植株开始发生新根，空气湿度保持在70%~80%。夏秋高温季节则尽量控制水分，以基质含水量在40%~50%为宜；进入11月以后的冬季，气温逐渐降低，温度在10℃以下时铁皮石斛基本停止生长，进入休眠状态，此时对水分的要求很低，应控制基质含水量在30%以内。

4.施肥[9]

栽种一周后，可施保苗肥；栽种一个月后，每亩施腐熟的有机肥200~300kg；10月下旬喷施一次0.2%磷酸二氢钾；翌年开春后追施有机肥，每亩100~200kg。铁皮石斛应薄肥勤施，最佳施肥季节为春、秋两季，春季施肥时间应在气温回升到10℃左右，秋季施肥应以气温回落到30℃内进行为宜。基肥可选用蚕沙菜饼颗粒肥、纯蚕沙、羊粪等，叶面肥可选用有机液肥、海藻精、蝇蛆蛋白肥。

5.病虫害防治[9]

铁皮石斛主要害虫有蜗牛、蛞蝓、斜纹夜蛾、蛴螬、短额负蝗等，主要病害有黑斑病、灰霉病、白绢病等。

蜗牛和蛞蝓：虫害发生前，将茶籽饼与基肥混合在一起使用，或单用茶籽饼洒在苗床上预防，为害期用四氯乙醛颗粒剂撒施。

斜纹夜蛾：在幼虫低龄期选用高效低毒低残留农药进行喷雾防治，药剂可选用斜纹夜蛾核型多角体病毒、棉铃虫核型多角体病毒、苏云金杆菌等。

黑斑病：在发病初期选用50%咪鲜胺锰盐可湿性粉剂1 000~1 200倍液，或25%咪鲜胺可湿性粉剂1 000~1 200倍液，喷雾防治。

灰霉病：加强棚内通风。发病初期及时选用50%乙烯菌核利可湿性粉剂1 000～1 200倍液喷雾，喷完后尽量通风，保证夜间叶片不带水滴。

白绢病：用50%异菌脲可湿性粉剂1 000～1 200倍液处理基质。发现病株立即拔除烧毁，并用生石灰粉处理病穴。

七、采收加工

（一）采收

一般生产2～3年后采收，鲜品采收以当年11月至翌年5月为宜，加工铁皮枫斗（干条）的原料宜在1—5月采收。可实行采旧留新，即采收3年及3年以上的铁皮石斛茎干，留下3年生以下的铁皮石斛以供生长繁殖或全草采收的方式。

（二）初加工

采收的铁皮石斛鲜条可通过挑选、除杂、去须根等步骤，置阴凉处加工为铁皮石斛鲜品。去叶后按长短、粗细分类包装，可加工为铁皮石斛鲜茎；取鲜茎清洗切断，置50～85℃烘箱烘至水分不高于12%，可制成铁皮石斛干条；取鲜茎，剪成6～12cm的椴条，置50～85℃烘箱内烘焙至软化，并在软化过程中尽可能除去残留叶鞘，然后经卷曲加工、烘干定型成螺旋形或弹簧状的枫斗，即为铁皮枫斗。

第四节　化学成分

目前已确定铁皮石斛的化学成分有：多糖、生物碱、联苄类化合物和菲类化合物、酚类、氨基酸、木质素、矿质元素、挥发油等[10]。

一、多糖

多糖是铁皮石斛的主要有效成分。铁皮石斛中水溶性多糖的含量高达23%。水溶性多糖是铁皮石斛最重要的活性物质之一。有资料显示，将铁皮石斛进行分离纯化，可得到三种结构的多糖。这三种结构的多糖均为O-乙酰葡萄甘露聚糖[11]。王世林[12]等从铁皮石斛中分离得到黑节草多糖Ⅰ、黑节草多糖Ⅱ、黑节草多糖Ⅲ；华允芬[13]等分离纯化出DOP-2-A1、DOP-3-A1、DOP-4-A1、DOP-5-A1、DOP-6-A1；以及DCPP1a-1和DCPP3c-1。

二、联苄类化合物和菲类化合物

目前，临床上对铁皮石斛的有效成分进行提取，可分离出联苄类、倍半萜类、鼓槌菲、毛兰素及香豆素等化学成分[11]。在人们分离出的23种联苄类化合物和7种菲类化合物中，其中7种菲类化合物分别为：Chrysotoxene、Confusarin、EpheranthoB、Denbinobin、Moscatin、2，7-dihydroxy-3，4，6-methoxyphenanthrene、Nudo。由于各学者在分离铁皮石斛中化学成分时使用的设备和试剂不同。因此，各学者分离出来的联苄类化合物和菲类化合物也有限[14]。吕英俊等[15]从铁皮石斛中分离出5种联苄类化合物。这5种联苄类化合物分别为：dendrobibenzyl，chrysotobibenzyl，erianin，chrysotoxine，den-drocanol。李榕生等[8]从铁皮石斛中分离出2，3，4，7-四甲氧基菲、1，5-二羟基-1，2，3，4-四甲氧基菲、2，5-二羟基-3，4-二甲氧基菲、2，7-二羟基-3，4，8-三甲氧基菲、2，5-二羟基-3，4-二甲氧基菲、3，5-二羟基-2，4-二甲氧基菲。

三、生物碱

生物碱是普遍存在于各种石斛中的一种成分。1981年就有学者对11种石斛中生物碱的含量和种类进行过测定。研究人员已从各种石斛中分离出29种生物碱。在这29种生物碱中，有16种倍半萜类生物碱[14]。石斛碱型倍半萜类生物碱是石斛属植物特有的，其中的石斛碱是最早被发现并研究的一个化合物[10]，诸燕等[16]对人工栽培的铁皮石斛与市场购买的铁皮枫斗药材总生物碱进行分析表明，其生物碱含量在0.019 0% ~ 0.043 0%。与金钗石斛相比，铁皮石斛中生物碱的数量和含量均较低，但其所含有生物碱的质量较好。人工栽培的铁皮石斛中生物碱的含量要稍高于野生的铁皮石斛[11]。

四、酚类和木质素

Guan等[17]从铁皮石斛中分离鉴定了松柏醇、香草醇、穆坪马兜铃酰胺、顺式阿魏酰对羟基苯乙胺、反式桂皮酰对羟基苯乙胺；以及从其乙醇提取物中得到ω-hydroxypropioguaiacone、5，5′-二甲氧基-落叶松脂素、丁香树脂酚-4-O-β-D-葡萄糖苷。

五、氨基酸

游离氨基酸是铁皮石斛中的主要活性成分之一。有研究资料显示，铁皮石斛中含有全部人体必需的氨基酸。在这些必需的氨基酸中，以天冬氨酸、谷氨酸、甘氨酸、缬氨酸及亮氨酸这5种氨基酸的含量为最高[3]。野生的铁皮石斛与人工栽培的铁皮石斛中氨基酸的含量相近。随着铁皮石斛生长时间变长，其中氨基酸的含量也有所增加[11]。

六、微量元素

研究资料显示，铁皮石斛中含有丰富的铜、锌、铁、锰、钙、镁及钾等人体必需的微量元素，且其微量元素的含量普遍高于其他中草药。铁皮石斛的原球茎时通过对铁皮石斛的种子进行无菌培养后得到的一种组织培养物。在铁皮石斛原球茎中，除铜以外的微量元素的含量均高于其他石斛材料。因此，铁皮石斛原球茎在滋补方面具有较高的应用价值[11]。

第五节 药理与毒理

一、药理作用[11]

（一）免疫调节作用

铁皮石斛含有的水溶性多糖具有增强免疫力的作用。有研究发现，铁皮石斛中的有效成分多糖可增加模型小鼠外周血白细胞的数量，并诱导其淋巴细胞分泌移动抑制因子、白细胞介素-2等多种细胞因子。经临床研究证实，由铁皮石斛和西洋参制成的复方制剂具有益气活血、养阴生津的作用。铁皮枫斗颗粒为铁皮石斛与西洋参的复方制剂。此药具有较强的抗辐射作用，能促进放疗患者造血功能的恢复，提高其免疫力。目前，临床上常对恶性肿瘤患者使用铁皮枫斗颗粒进行辅助治疗，以减轻其放疗的副反应，提高其生存的质量。

（二）抗肿瘤作用

铁皮石斛含有的联苄类化合物及菲类化合物均具有抗肿瘤的作用。在这些联苄类化合物及菲类化合物中，鼓槌菲和毛兰素抗肿瘤活性的作用最为显著。有试验结果证实，铁皮石斛的水提取物可不同程度的抑制肝癌、宫颈癌、鼻咽癌等多种肿瘤细胞株的增殖。铁皮石斛含有的多糖成分还可提高其抗肿瘤成分的药效。

（三）降血糖作用

陆春雷等[18]的实验数据表明，铁皮石斛不会影响正常小鼠体内血糖和胰岛素的水平，但可增强链脲佐菌素性糖尿病（STZ-DM）大鼠体内胰岛素 β 细胞分泌胰岛素的功能，抑制其胰岛 α 细胞分泌胰高血糖素，进而发挥降糖的作用。除此之外，铁皮石斛可降低高血糖小鼠肝糖原的水平，起到胰外降糖的作用。有研究资料显示，由铁皮石斛、黄芪、五味子及枸杞制成的铁皮石斛合剂能明显地降低肾上腺素性高血糖模型小鼠的血糖水平。与苯乙双胍相比，铁皮石斛降血糖的效果更好。

（四）抗氧化、抗衰老作用

经研究发现，铁皮石斛组织培养物中的多糖能提高过氧化物酶（POD）、超氧化物歧化酶（SOD）及过氧化氢酶（CAT）的水平，并具有清除活性氧、自由基的作用。梁楚燕等[19]研究发现，铁皮石斛圆球茎中的多糖DCPP1a-1具有清除活性氧、超氧阴离子、羟自由基的作用，可抑制过氧化物丙二醛的生成，避免丙二醛对肝线粒体的损伤。除此之外，多糖DCPP1a-1还具有低毒、安全性高等优点。有动物实验证实，对采用D-半乳糖进行诱导发生衰老的模型小鼠使用铁皮石斛进行治疗，可显著地改善其记忆及学习能力，延缓其器官组织的萎缩和病变，进而起到延缓其衰老的作用。因此，铁皮石斛可被用于开发具有抗衰老功效的药物或保健品。

（五）抗肝损伤作用

有临床试验证实，铁皮石斛具有保护肝脏的作用。其含有的6种多糖能促进人体内酒精的代谢，减少酒精对肝脏的损伤。铁皮石斛还具有改善慢性乙肝患者的肝功能，促进其ALT（丙氨酸氨基转移酶）的水平恢复正常，提高其HBV-DNA（乙肝病毒基因）的转阴率等作用。

（六）其他作用

有研究资料显示，铁皮石斛具有抗疲劳的作用。此药可降低小鼠运动后的血乳酸及血清尿素氮的水平，延长其负重游泳的时间，增加其运动的耐力和抗疲劳的能力。有其他动物实验证实，铁皮石斛具有益胃生津的作用，可促进大鼠唾液和胃液的分泌，提高其肠胃的运动功能及排粪的功能，维护其消化系统正常的功能。除此之外，铁皮石斛的鲜汁还具有一定的镇痛作用，可提高小鼠的痛阈值。

二、毒理作用

铁皮石斛水煎剂对大鼠、小鼠经口LD50均大于20.0g/kg。在小鼠微核试验、Ames试验和精子畸形试验中均未见致突变作用。

第六节 质量体系

一、收载情况

（一）药材标准

《中国药典》2015年版一部

《香港中药材标准》第七期

（二）饮片标准

四川省中药饮片炮制规范2015年版、天津市中药饮片炮制规范2012年版、浙江省中药饮片炮制规范2015年版

（三）食品标准

2020年6月1日，浙江省卫健委发布标准：《浙江省食品安全地方标准干制铁皮石化花》（DB 33/3011—2020），《浙江省食品安全地方标准干制铁皮石斛叶》（DB 33/3012—2020）

二、药材性状

（一）《中国药典》2015年版一部[20]

1.铁皮枫斗

呈螺旋形或弹簧状，通常2～6个旋纹，茎拉直后长3.5～8cm，直径0.2～0.54cm，表面黄绿色或略带金黄色，有细纵皱纹，节明显，节上有时可见残留的灰白色叶鞘；一端可见茎基部六下的短须根，质坚实、易折断，断面平坦，灰白色至灰绿色，略角质装，气味，味淡，嚼之有黏性。

2.铁皮石斛

呈圆柱形的段，长短不等。

（二）《香港中药材标准》第七期

呈螺旋形或弹簧状，通常有2～6个旋纹，直径5～13mm。铁皮石斛呈圆柱形，略弯曲，直径1～4.5mm；表面黄绿色至暗黄色，有细纵皱纹；节明显，节上有时残留灰白色叶鞘。质坚实。断面平坦，灰白色，略角质装。气微，味苦，嚼之有黏性。

三、炮制

（一）浙江省中药饮片炮制规范2015年版[21]

鲜铁皮石斛：临用洗净，切断。

（二）四川省中药饮片炮制规范2015年版

除去杂质，洗净，润透，切斜片，干燥。

（三）天津市中药饮片炮制规范2012年版

除去杂质。

四、饮片性状

（一）浙江省中药饮片炮制规范2015年版

呈圆柱形，直径0.2～0.4cm，表面黄绿色，有时可见淡紫色斑点，光滑或有纵纹，节明显，色较深，节上可见带紫色斑点的膜质叶鞘。质柔软，肉质状，易折断，断面黄绿色。气微，味淡，嚼之有黏性。

（二）四川省中药饮片炮制规范2015年版

呈不规则条形的片。表面暗黄绿色或略带金黄色，有细纵皱纹，有时可见残留的灰白色叶鞘。切面灰白色至灰绿色，略角质状，有多数散在的筋脉点。气微，味淡，嚼之有黏性。

五、有效性、安全性的质量控制

收集《中国药典》、全国各省市中药材标准及饮片炮制规范、台湾、香港中药材标准等质量规范，按鉴别、检查、浸出物、含量测定，列表3、表4如下。

表3　有效性、安全性质量控制项目汇总表

标准名称	鉴别	检查	浸出物	含量测定
《中国药典》2015年版一部	显微鉴别横切面；薄层色谱鉴别（以铁皮石斛对照药材作为对照）	水分（不得过12.0%）；总灰分（不得过6.0%）；甘露糖与葡萄糖峰面积比（应为2.4~8.0）	醇溶性热浸法（不得少于6.5%）	多糖用紫外分光光度法，按干燥品计算，含铁皮石斛多糖以无水葡萄糖（$C_6H_{12}O_6$）计，不得少于25.0%。甘露糖用高效液相色谱法，按干燥品计算，含甘露糖（$C_6H_{12}O_6$）为13.0%~38.0%
《香港中药材标准》第七期	显微鉴别（横切切面、粉末）；薄层色谱鉴别（柚皮素对照品为对照）；高效液相色谱指纹图谱鉴别（供试品与柚皮素峰保留时间相差应不大于2.0%。供试品应有与对照指纹图谱相对保留时间范围内一致的4个特征峰）	重金属（砷、镉、铅、汞分别不多于2.0mg/kg、0.3mg/kg、5.0mg/kg、0.2mg/kg）、农药残留（详见表2）、霉菌毒素（黄曲霉素 B_1 不多于5μg/kg、总黄曲霉素不多于10μg/kg）、杂质（不多于1.0%）、总灰分（不多于4.5%）、酸不溶性灰分（不多于0.5%）、水分（不多于12.0%）	水溶性浸出物（不得少于26.0%）、醇溶性浸出物（不得少于5.0%）	多糖采用紫外分光光度法，按干燥品计算，含多糖以无水葡萄糖（$C_6H_{12}O_6$）计，不少于25%
《浙江省中药炮制规范》2015年版	显微鉴别、薄层色谱同《中国药典》2015年版一部	总灰分同《中国药典》2015年版一部，以干燥品计，不得过6.0%	同《中国药典》2015年版一部，以干燥品计，不得少于5.0%	多糖同《中国药典》2015年版一部

（续表）

标准名称	鉴别	检查	浸出物	含量测定
《四川省中药饮片炮制规范》2015年版	薄层色谱同《中国药典》2015年版一部	水分、总灰分、甘露糖与葡萄糖峰面积比同《中国药典》2015年版一部	同《中国药典》2015年版一部	多糖同《中国药典》2015年版一部
《天津市中药饮片炮制规范》2012年版	同《中国药典》2015年版一部	同《中国药典》2015年版一部	同《中国药典》2015年版一部	同《中国药典》2015年版一部

表4　《香港中药材标准》第九期农残限量标准

有机氯农药	限度（不多于）
艾氏剂及狄氏剂（两者之和）	0.05mg/kg
氯丹（顺-氯丹、反-氯丹与氧氯丹之和）	0.05mg/kg
滴滴涕（4，4'-滴滴依、4，4'-滴滴滴、2，4'-滴滴涕与4，4'-滴滴涕之和）	1.0mg/kg
异狄氏剂	0.05mg/kg
七氯（七氯、环氧七氯之和）	0.05mg/kg
六氯苯	0.1mg/kg
六六六（α，β，δ等异构体之和）	0.3mg/kg
林丹（γ-六六六）	0.6mg/kg
五氯硝基苯（五氯硝基苯、五氯苯胺与甲基五氯苯硫醚之和）	1.0mg/kg

六、质量评价

（一）质量情况

铁皮石斛标准控制有多种含量测定，特别是还有成分含量比值，说明不是一种成分含量高就行了，中药需考虑多种成分含量及比值。2016年丽水市食品药品检验所成立课题组对丽水本地种植的铁皮石斛开展调查研究，余华丽[22]等通过实验发现，铁皮石斛种植3~5年的根，从11月到翌年开花前（3月底）采集生长3年以上的茎，各指标性含量均符合药典规定，品质较优，应严格控制种植年限与采收季节。李俊[23]等采用高效液相色谱法建立不同品种、产地铁皮石斛的指纹图谱，通过聚类分析发现，品种类型、栽培基质的不同对铁皮石斛化学成分和质量差异影响较大。徐丽红[24]等通过对不同栽培方式下铁皮石斛多糖、甘露糖、黄酮等指标的测定，比较不同栽培方式下铁皮石斛药效成分含量的差异，发现石头仿野生和林下仿野生栽培的铁皮石斛多糖和甘露糖含量极显著地高于其他栽培方式。吕朝耕[25]等研究建立了铁皮石斛中9个有机酸类成分的UPLC-MS/MS测定分析方法，发现丁香酸、香草酸、对羟基苯甲酸、对羟基肉桂酸、苯甲酸、没食子酸、原儿茶酸、肉桂酸、水杨酸9种有机酸成分在铁皮石斛中有较广泛的分布，且不同样品间含量差异显著，部分有机酸类成分分布存在一定特异性。

陈美春[26]等建立了不完全消解—电感耦合等离子体质谱法快速测定铁皮石斛中Cr、Mn、Fe、Ni、Cu、Zn、As、Pb、Cd9种元素，操作简单、分析速度快、灵敏度高。王鹏思[27]等为了较全面系统地了解铁皮石斛真实的农药残留状况，建立了高效液相色谱串联质谱（HPLC-MS/MS）法同时测定鲜铁皮石斛中多菌灵、吡虫啉、苯醚甲环唑、3-羟基克百威、特丁硫磷亚砜等141种农药及代谢物残留的分析方法，为铁皮石斛药材中多类别农药残留的例行检测、风险评估等研究提供了一种高效、可靠的分析手段。

（二）混伪品

铁皮石斛是由上百种石斛中单独列出的一种最优质使用最多的品种，原始近缘种极多，现又随着铁皮石斛药用价值的不断提高，使得人们对之过度采挖，导致野生资源濒临枯竭。由于石斛药材在化学成分和组织结构上具有一定的相似性，石斛属植物来源众多、产地各异，同名异物与同物异名情况十分严重，使种的鉴定和质量评价工作较困难，民间药用石斛品种较复杂且规格不统一，市场上出现了药材以次充好，以假乱真的现象。刚节石斛、白平头、水草枫斗、紫皮石斛、岩珠石斛等石斛属的伪劣产品充斥市场，严重影响了浙江省铁皮石斛产业的持续发展和广大消费者的身心健康。

王少平[28]等为研究铁皮石斛的质量评价及其真伪的鉴别方法，结合指纹图谱及铁皮石斛成分柚皮素的含量测定，比较铁皮石斛及其伪品的化学成分的差异性，证实正品铁皮石斛指纹图谱之间有较大相似性，与伪品有较大差异性，且柚皮素含量有一定差异。建立的铁皮石斛指纹图谱技术结合柚皮素含量可为铁皮石斛真伪的鉴别提供技术支持。

娄勇军等[29]应用ITS2序列差异对铁皮石斛（Dendrobiumofficinale）和类似石斛品种进行归类分析，提取9批石斛药材品种的DNA，采用ITS2通用引物进行PCR扩展，测序。对ITS2序列进行BLAST序列比对，BioEdit软件进行ClustalW多重对比，针对差异序列设计特异引物，PCR扩增，通过琼脂糖电泳进行铁皮石斛特定品种的鉴别，建立快速分析鉴别特定铁皮石斛的方法。

第七节 临床应用指南

一、性味

《中国药典》2015年版一部：甘，微寒。

《本经》：味甘，平。

《别录》：无毒。

《纲目》：气平，味甘、淡、微咸。

《青岛中草药手册》：性温，味淡、微辛。

二、归经

《中国药典》2015年版一部：归胃、肾经。

《本草经疏》：入足阳明、足少阴，亦入手少阴。

三、功能主治

《中国药典》2015年版一部：益胃生津，滋阴清热。用于热病津伤，口干烦渴，胃阴不足，食少干呕，病后虚热不退，阴虚火旺，骨蒸劳热，目暗不明，筋骨痿软。

《本经》：主伤中，除痹，下气，补五脏虚劳羸瘦，强阴，久服厚肠胃，轻身延年。

《纲目》：治发热自汗，痈疽排脓内塞。

《本草备要》：疗梦遗滑精。

《药性论》：益气除热。主治男子腰脚软弱，健阳，逐皮肌风痹，骨中久冷，虚损，补肾积精，腰痛，养肾气，益力。

四、用法用量

6～12g。

五、注意

《本草经集注》：陆英为之使。恶凝水石、巴豆。畏僵蚕、雷丸。

《百草镜》：惟胃肾有虚热者宜之，徐而无火者忌用。

六、附方

（一）大补益散

《千金翼方》卷十五。组成：肉苁蓉、干枣肉、石斛各8两，枸杞子1斤，菟丝子、续断、远志（去心）各5两，天雄（炮，去皮）3两，干地黄10两。主治：虚劳不足，乏力少食。虚劳脱营，失精多惊，营卫耗夺。用量用法：酒服方寸匕，日二。制备方法：上捣筛为散。

（二）人参汤《普济方》卷二十

组成：人参、石斛（去根）、白术、桂（去粗皮）、泽泻各1两，黄芪、五味子、陈皮（汤浸去白，焙）、白茯苓（去黑皮）各1两半，草豆蔻（去皮）3枚。主治：治脾气久虚，遍身浮肿，四肢不举，腹胀满闷，及大病后气虚未平。用量用法：每服三钱匕，水一盏，生姜三片，枣一枚（擘破），同煎至六分，食前去滓温服。制备方法：上粗捣筛。

（三）谷仙散《圣济总录》卷八十九

组成：石斛（去根）、肉苁蓉（酒浸，切，焙）、杜仲（去粗皮，锉，炒）、菟丝子（酒浸，别捣）、远志（去心）、菖蒲、麦冬（去心，焙）、白马茎（切，焙）、防风（去叉）、萆薢、柏实、续断、山芋、蛇床子、泽泻、细辛（去苗叶）、天雄（炮裂，去皮脐）。主治：虚劳羸瘦，目风泪出，耳作蝉鸣，口中干燥，饮食多呕，或时下利腹中雷鸣，阴下痒湿，不能久立，四肢烦疼。用量用法：每服3钱匕，温酒调下。制备方法：上一十七味等份，捣罗为散。

（四）冬季补肾肾沥汤《太平圣惠方》卷七

组成：石斛1两（去根），五味子3分，黄芪3分（锉），熟干地黄1两，人参3分（去芦头），桑螵蛸半两（微炙），附子1两（炮裂、去皮脐），防风半两（去芦头），白龙骨1两，肉苁蓉1两（酒浸，去麸皮，微炙），磁石2两（捣碎，水淘去赤汁，以帛绢包之），椒（去目及闭口者，微炒去汗）、桂心、甘草（炙微赤，锉）各半两。主治：肾虚。功效：补肾。用量用法：每服5钱，水1大盏，以羊肾1对（切去脂膜），加生姜半分，大枣3枚，每与磁石包子同煎至6分，去滓，食前温服。制备方法：上为散。

（五）石斛散《圣济总录》卷一一〇

组成：石斛（去根）、淫羊藿（锉）各1两，苍术（米泔浸，切，焙）半两。主治：眼目昼视精明，暮夜昏暗，视不见物，名曰雀目。用量用法：每服3钱匕，空心米饮调服，1日2次。制备方法：上三味，捣罗为散。

（六）石斛地黄煎《备急千金要方》卷三

组成：石斛4两，生地黄汁8升，桃仁半升，桂心2两，甘草4两，大黄8两，紫菀4两，麦冬2升，茯苓1斤，醇酒8升（一方用人参3两）。主治：妇人虚羸短气，胸逆满闷，风气。用量用法：先食，酒服如弹子丸，日三；不知，稍加至2丸。制备方法：上为末，于铜器中，炭火上熬，纳鹿角胶1斤，耗得1斗次纳饴3斤、白蜜3升和调，更于铜器中，釜上煎微耗，以生竹搅，无令著，耗令相得，药成。

（七）防风汤《千金翼方》卷十七

组成：防风、石斛、杜仲（炙）、前胡各4分，薏苡仁半斤，秦艽、丹参、五加皮、附子（炮，去皮）、橘皮、白术、白前各3分，防己2分，麻仁（熬取脂）1升。主治：调利之后未平复，间为外风伤，脚中痛酸，转为脚气。用量用法：上咬咀，以水一斗升，煮取三升，分三服。

（八）石斛散《太平圣惠方》卷五十三

组成：石斛1两（去根，锉），肉苁蓉1两（酒浸1宿，刮去皱皮，炙干），麦冬2两（去心，焙，白蒺藜半两（微炒），甘草半两（炙微赤，锉）干姜3分（炮裂，锉），桂心半两，熟干地黄2两，续断1两，黄芪3分（锉）。主治：大渴后，虚乏脚弱，小便数。用量用法：每服4钱，以水1中盏，煎至6分，去滓，食前温服。制备方法：上为散。

（九）玉石清胃汤《医醇賸义》卷二

组成：玉竹3钱，石膏4钱，花粉2钱，石斛3钱，生地黄5钱，人参1钱，麦冬2钱，蛤粉4钱，山药3钱，茯苓2钱。主治：胃受燥热，津液干枯，渴饮杀谷。用量用法：甘蔗汁半杯冲服。

（十）石斛散《备千金要方》卷十九

组成：石斛10分，牛膝2分，附子、杜仲各4分，芍药、松脂、柏子仁、石龙芮、泽泻、萆薢、云母粉、防风山茱萸、菟丝子、细辛、桂心各3分。主治：饮酒等得之大风，四肢不收，不能自反覆，两肩中疼痛，身重胫急筋肿，不可以行，时寒时热，足腊如似刀刺，身不能自任，腰以下冷，不足无气，子精虚，众脉寒，阴下湿，茎消，令人不乐，恍惚时悲。此方除风、轻身、益气、明目、强阴、令人有子，补不足。用量用法：酒服方寸匕，日再。亦可为丸，以枣膏丸如梧子，酒服七丸。制备方法：上治下筛。

第八节　丽水资源利用与开发

一、资源蕴藏量

现有铁皮石斛产品基本均为人工栽培，野生资源基本枯竭。自20世纪90年代起，浙江省在全国率先成功实现了铁皮石斛人工栽培、规模化种植和产业化开发。历经二十多年培育和发展，浙江省已成为铁皮石斛主产省，形成了科研、种植、加工、生产、销售系列产业链。全省种植基地面积3.5万亩，主要分布在杭州、金华、台州、温州、丽水等地，产业产值达40亿元以上，引领全国铁皮石斛产业的发展。

二、基地建设情况

（一）浙江龙泉维珍堂农业科技有限公司

先以龙泉市科远铁皮石斛专业合作社之名建立于2010年11月，专业从事铁皮石斛的研发、种植、销售，2011年建立唯珍堂铁皮石斛原生种植地，主要是因为龙泉周村地处山谷、空气、水源、生态气候环境条件适合铁皮石斛生长的原始生态环境，同时周村还是龙泉市饮用水源保护区，没有受任何工业污染，是种植铁皮石斛理想区域。现有铁皮石斛基地面积360亩，果树种植石斛一般每亩可收100kg。基地种植的铁皮石斛严格按照GAP标准，实行有机化栽培，更引用山涧活泉水浇灌，所施用肥料均为绿色有机农肥；其中野外原生态培植的铁皮石斛，让其在自然环境中成长，吸收空气中的养分，采用物理灭虫，所产出的铁皮石斛品质堪比野生铁皮石斛。唯珍堂龙泉铁皮石斛基地五年先后投入3 600多万元，2015年8月成立浙江龙泉唯珍堂农业科技有限公司，年销售达1 800万元，产品有铁皮枫斗、铁皮石斛鲜条、铁皮石斛花、石斛烤条、铁皮石斛微粉、铁皮石斛酒、石斛饼、石斛茶等主要销售给国字号药业等高端市场，产品不仅深受当地消费者喜爱，吸引全国各地上海、北京、深圳等地客商慕名而来，且远销海外。合作社在浙江温州雁荡山境内及福建武夷山深处、厦门等地均有种植基地，总面积达1 200余亩。几年来，唯珍堂不断荣获得各类奖项：中国义乌国际森林博览会金奖、特色农产品金奖，"丽水药养行业规范达标单位""丽水山耕"丽水优秀农产品等诸多奖项，2015年参与制定浙江省铁皮石斛标准规范企业。获浙江中药材协会副会长单位，丽水中药协会副会长单位等殊荣。

2016年浙江省旅游局、浙江省卫生计生委、浙江省农业厅联合发文，命名17家单位为2016年度浙江省中医药文化养生旅游示范基地，唯珍堂铁皮石斛生态博览园榜上有名，这也是丽水市首个省级中医药文化养生旅游示范基地将传统的种植基地转化为开放式的参观采摘基地，传统的铁皮石斛也被加工改造，制成了口感清甜的铁皮石斛汁、观赏性的铁皮石斛盆栽等旅游产品。如今，唯珍堂是丽水市"农转旅"示范主体之一，成为农旅融合新亮点，为都市人体验"休闲养生旅游"提供了新的目的地，2016年接待游客两万余人。

（二）浙江丽水绿谷生态食品有限公司

该公司生产的"绿谷丽水"铁皮石斛优质、安全，成为丽水"仙草"标兵。公司主要从事铁皮石斛组培、种植和加工销售，是丽水市重点农业龙头企业，浙江省铁皮石斛产业科技创新联盟成员单位。公司的铁皮石斛种源优选自浙江农林大学"晶品1号"与自选育的"绿谷1号"，种植基质采用松树皮和碎石块，使用纯天然有机肥羊粪、蚕粪，种植过程中不使用农药、化肥、生长激素，严格按照GAP（良好农业规范）、有机生产标准管理，运用高科技手段，确保其生长过程中所需的温度、湿度、光照度等环节因素，在温室内部，营造最适宜铁皮石斛生长的仿野生环境。是一家专业从事铁皮石斛培育、种植、仓储、销售的公司，公司的铁皮石斛采用纯野生种孢培育、仿野生环境种植，保障石斛品质。现有铁皮石斛种植面积100余亩，其中纯野生铁皮石斛移植有20余亩。丽水市夫人山铁皮石斛专业合作社在夫人山上发展石斛产业，利用生态种植法，用最传统的土办法养护石斛形成了"中国·丽水铁皮石斛基地"。

（三）缙云县双峰绿园家庭农场

该农场创建的"铁皮石斛生态养生园"是一个以休闲养生、疗养、农业观光开发为宗旨，集科研、种植、乡野度假、旅游休闲为一体的四季生态养生观光园。该园坐落于缙云县新碧街道新西村龙湖自然村双峰山脚坑塘底区域，占地52亩，现有高标准、高科技含量铁皮石斛基地10亩，与浙江大学建立长期合作关系，以药膳推广、零距离体验铁皮石斛养生为基础，产品实现有机认证，且被评为丽水市道地中药材基地和中药材养生园。2012年成立缙云县天井源铁皮石斛专业合作社，专业从事铁皮石斛种植、销售，按照产、贮、销一体化的总体发展思路，引领缙云县中药材产业特别是铁皮石斛产业的发展，合作社通过与浙江大学农业技术推广中心合作，按照生产技术规范，安全质量要求进行管理，应用现代化农业设施进行石斛的标准化集约化生产，推广应用水肥一体化灌溉，废弃物树皮作为基质培养石斛，运用绿色防控措施防治病虫，生产过程不对环境产生不利影响。该模式既提高产品的品质安全，又能很好保护生态环境，对推进生态循环农业发展起到较好的示范带动作用。

全市铁皮石斛基地很多如庆元吴月琴铁皮石斛基地、龙泉龙之源铁皮石斛基地，青田、遂昌、松阳、云和和景宁等都有基地，可以说铁皮石斛是种植面最广、面积最大、影响最大的药食两用仙草。

三、产品开发

铁皮石斛因其独特的药用价值和保健功效，在医药治疗、养生保健、食品饮品、化妆产品等领域均被广泛应用，在部分地区铁皮石斛被列入了医保范围。

（一）中成药

单纯以铁皮石斛为原料的中药有天皇牌铁皮枫斗胶囊，铁皮石斛在临床上对于慢性咽炎、消化系统疾病、眼科疾病、血栓完备塞性疾病、关节炎等疾病具有一定的辅助疗效，对癌症也有一定的辅助治疗作用，特别是对癌症患者在放、化疗后出现的口渴、咽干及干呕等症状，具有很好的疗效，特别是近几年，铁皮石斛在消除癌症放疗、化疗后的副作用以及体能的恢复方面效果显著。铁皮石斛在医用上一般加工成为中成药，如石斛颗粒、石斛夜光丸、脉络宁注射液、通塞脉片及养阴口服液等[30]。石斛夜光丸是中医眼科临床常用的传统名贵中药，其具有滋阴补肾、清肝明目等功效。目前市售的石斛夜光丸配方多为调整用药，减去禁用且昂贵的犀牛角、羚羊角生产的石斛明目丸，石斛夜光丸可作为不同功效的滴眼液的辅助药剂，对眼科疾病治疗效果的提升有显著作用[31]。

（二）食品

经中华人民共和国国家知识产权局数据库检索，铁皮石斛相关发明专利中，已被授权的主要是时尚即食性食品，包括复合饮料（5个）、酒（4个）、酱菜、茶、复合米、原浆饮料、酸奶等共18个专利。已经申报在审中的时尚即食性食品专利包括豆羹、奶片、豆浆、果酱、饼干等多种形式。我国亚健康人群正不断年轻化，铁皮石斛的剂型将朝着方便快捷的时尚即食性食品形式发展[32]。龙泉唯珍堂公司也生产研制出铁皮石斛饮料、月饼、啤酒和铁皮石斛白酒。

（三）保健品

调查显示，我国以铁皮石斛为主要原料的养生保健产品近100个，主要涉及增强免疫力、缓解体力疲劳、抗氧化（延缓衰老）、清咽（清咽润喉）、辅助降血压、对辐射危害有辅助保护功能、对化学性肝损伤有辅助保护功能、抗突变8项主要功能。涵盖剂型有颗粒、胶囊、浸膏、片剂（含普通片剂、含片、咀嚼片）、丸剂、口服液、袋泡茶以及饮料。剂型分布以传统剂型为主，目前市场上流通的铁皮石斛相关保健食品主要有颗粒、胶囊、浸膏。为适合不同人群的需求，并走向国际市场，一些先进的制剂技术和食品加工方法可引入到铁皮石斛保健食品领域[33]。

（四）日化用品

铁皮石斛含有多糖、黄酮类和酚类等天然保湿、抗氧化活性成分，能有效抵御外界对皮肤的氧化作用，从而起到非常好的护肤效果。其相关的国产非特殊用途化妆品共有154种，主要种类包括：面膜、精华液、乳液、护手霜、洁面乳、精华水等12个种类。其中，面膜是SFDA批准最多的铁皮石斛相关化妆品，SFDA已批准品种106个（占68.8%）；其次是精华液，批准8个（占5.2%）。此外，牙膏、漱口水等相关专利已申报[32]，浙江龙泉唯珍堂还生产研制出铁皮石斛手工皂等。

（五）观赏价值

铁皮石斛的观赏价值极高，花姿优雅，玲珑可爱，花色鲜艳，气味芳香，被喻为"四大观赏洋花"之一，花朵剪下2~3d也不凋萎，生命力旺盛令人赞叹。铁皮石斛也被认为"秉性刚强，忠厚可亲"，西方社会人们常把她敬献给自己爱戴的尊长，被称之为"父亲节之花"。它有着"欢迎你，亲爱的"的花语，在欧美常用石斛花朵制成胸花，配上丝石竹和天冬草，表示"欢迎光临"。现在作装饰品、礼品很多，如盆栽观赏极普遍，特别是栽在石块上的名副其实的石斛更具特色，摆在家里、办公室增光添彩。至今已广泛用于大型宴会、开幕式剪彩典礼或招待贵宾。

此外，铁皮石斛传统的种植基地也可改造成开放式的参观园，如龙泉唯珍堂专造观光旅游大棚园，内有种在树上（铁皮石斛幼苗绑在梨树上生长）、石头上、树墩上、横竖条木上等铁皮石斛，花开时节好不热闹，吸引了众多游客前往参观，为都市人体验"休闲养生旅游"提供了新的目的地。

第九节　总结与展望

铁皮石斛最初被加工成枫斗作为药用或食用，这是古代人民为了解决石斛长短参差不齐、不便于存放等问题而创造发明出来的。目前鲜品和铁皮枫斗依然是主要的销售品，但鲜品不便于存放，枫斗价格高又易造成浪费，鲜品和枫斗均存在服用不方便、有效成分溶出少等问题。因此，发展铁皮石斛深加工产业，开发铁皮石斛保健品和药品，甚至以后作为食品原料来利用，实现产品高效利用，必定极大地扩展消费市场。铁皮石斛保健品开发的空间大，可开发的产品有很多[34]。其固有的多种功能性有效成分，使其具有增强免疫力、抗氧化等功能，铁皮石斛保健食品的开发，应在其初加工的基础上，大力加强对其深加工产品的开发，除了要学习中成药和其他保健品的剂型外，还应该注意吸取我国多种食品的制作方法，从而创造出更多方便食用的铁皮石斛保健产品。除了如铁皮石斛含片、铁皮石斛晶、铁皮石斛颗粒等多种保健品外，目前也逐渐涌现出以铁皮石斛为原料研究开发的功能性食品，如采用滋阴养生上品的铁皮石斛和具有类似功效的牛奶作为原料，开发具有养阴生津的功能性果冻。除了在食品行业，铁皮石斛在护肤品行业也有前景，对铁皮石斛多糖的保水机制进行研究开发，研制出铁皮石斛多糖保水护肤产品。还有最实用、最简便、显效最快的配方颗粒与膏方等产品。

此外，铁皮石斛的传统药用部位为茎，其他部位花、叶和根为非药用部位。在传统功效和现代药理学验证的基础上，充分开发利用茎以外的其他部位（花、叶、根），铁皮石斛产品的功效和形式将更为多样化，符合不同消费人群的需求。近年来，中医药越来越受到国际的普遍认可，而中药保健食品也必将成为未来国际市场的热点。加强对铁皮石斛保健品市场的监管，引导其向健康正规的方向发展，深入开展结合活性的铁皮石斛化学成分及质量控制研究，从而可以开发出具有物质组成明确、功能确切和质量可控特点的产品，可使铁皮石斛相关保健食品真正顺应国际市场需求，走向国际市场。

参考文献

[1] 王冉，陈博，杨齐.林下铁皮石斛栽培技术要点[J].南方农业，2019，13（9）：9-10.

[2] 杨丽丽，杨平飞，宋智琴，等.铁皮石斛绑缚梨树和杜仲树干仿野生栽培效果[J].农技服务，2019，36（7）：45-46.

[3] 代兴波，李琴，喻国胜.铁皮石斛种苗繁育及栽培技术[J].湖北林业科技，2018，47（1）：22-25.

[4] 梁芷韵，谢镇山，黄月纯，等.铁皮石斛黄酮苷类成分HPLC特征图谱优化及不同种源特征性分析[J].中国实验方剂学杂志，2019，25（1）：22-28.

[5] 周玉飞，康专苗，彭竹晶.珍稀濒危铁皮石斛的研究进展[J].基因组学与应用生物学，2018，37（4）：1 629-1 635.

[6] 陈英之，王晓峰，李良波，等.铁皮石斛品种资源适应性研究进展[J].大众科技，2017，19（216）：110-112.

[7] 韩秀香，何建齐，张珂恒，等.铁皮石斛大棚栽培技术[J].现代农业科技，2017，24（1）：78-81.

[8] 邓云贵.铁皮石斛种苗繁育及栽培技术[J].农业与技术，2018，38（24）：145.

[9] 何伯伟，李明焱，毛碧增.铁皮石斛全程标准化操作手册[S].杭州：浙江科学技术出版社，2016：11-12.

[10] 张帮磊，杨豪男，沈晓静，等.铁皮石斛化学成分及其药理功效研究进展[J].临床医药文献电子杂志，2019，6（54）：3-8.

[11] 张诗航.铁皮石斛化学成分及药理作用的研究进展[J].当代医药论丛，2018，16（20）：26-27.

[12] 王世林，郑光植，何静波，等.黑节草多糖的研究[J].云南植物研究，1988，10（4）：389-395.

[13] 华允芬.铁皮石斛多糖成分研究[D].杭州：浙江大学，2005.

[14] 范传颖，季艳琴.铁皮石斛化学成分及药理作用的研究进展[J].当代

医药论丛，2017，15（22）：40-41.

[15] 吕英俊，陈群. 铁皮石斛化学成分研究及其对HepG2细胞胆固醇代谢影响[J]. 中华中医药学刊，2016，34（1）：225-227.

[16] 诸燕，张爱莲，何伯伟，等. 铁皮石斛总生物碱含量变异规律[J]. 中国中药杂志，2010，35（18）：2 388-2 390.

[17] GUAN H J, ZHANG X, TU F J, et al. Studies on the chemicalcomposition of Dendrobium candidum[J]. Chin. Tradit. HerbalDrugs., 2009, 40（12）: 1 873-1 876.

[18] 陆春雷，潘兴寿，黄春合，等. 石斛辅助治疗Hbe Ag阳性慢性乙型肝炎患者临床疗效观察[J]. 成都医学院学报，2013，8（6）654-656.

[19] 梁楚燕，李焕彬，侯少贞，等. 铁皮石斛护肝及抗胃溃疡作用研究[J]. 世界科学技术-中医药现代化，中药研究，2013，15（2）：233-237.

[20] 国家药典委员会. 中国药典2015年版（一部）[S]. 北京：化学工业出版社，2015.

[21] 浙江省食品药品监督管理局. 浙江省中药炮制规范2015年版[S]. 北京：中国医药科技出版社，2015.

[22] 余华丽，范蕾，毛菊华，等. 丽水地产铁皮石斛中浸出物、多糖及甘露糖的测定[J]. 中国药师，2016，19（4）：761-763.

[23] 李俊，陈秀秀，王英瑛，等. 不同品种、产地和栽培基质铁皮石斛的指纹图谱研究[J]. 中药新药与临床药理，2019，30（2）：206-209.

[24] 徐丽红，周鑫，郑蔚然，等. 不同仿野生栽培铁皮石斛多品质指标的比较[J]. 浙江农业科学，2018，59（7）：1 253-1 257.

[25] 吕朝耕，杨健，康传志，等. UPLC-MS/MS测定铁皮石斛中9个有机酸成分含量[J]. 中药材，2017，40（6）：1 360-1 363.

[26] 陈美春，贾彦博，林斌，等. 不完全消解-电感耦合等离子体质谱法快速测定铁皮石斛中9种元素.[J]. 中国卫生检验杂志，2018，28（17）：2 068-2 070.

[27] 王鹏思，吴佩玲，薛健. 高效液相色谱串联质谱法同时测定鲜铁皮石斛中141种农药及代谢物残留.[J]. 中国现代中药，2019，9（17）：

145-148.

[28] 王少平，孙乙铭，姜艳，等. 基于指纹图谱及柚皮素含量对铁皮石斛及伪品的鉴定[J]. 浙江农业学报，2015，27（12）：2 199-2 205.

[29] 娄勇军，肖小春，陈伟鸿，等. 基于ITS2序列和特定引物区分铁皮石斛和伪品的PCR鉴别方法[J]. 中医药导报，2018，24（15）：49-52.

[30] 朱启发，黄娇丽. 铁皮石斛产品开发研究进展[J]. 现代农业科技，2015，3（9）：70-73.

[31] 祁宝玉，郝进. 试析石斛夜光丸方[J]. 中国中医眼科杂志，2004，14（3）：170-172. DOI：10.3969/j.issn.1002-4379.2004.03.025.

[32] 胡秦佳宝，朱亚雄. 铁皮石斛加工制品研究现状[J]. 保鲜与加工，2019，19（1）：159-164.

[33] 陈素红，颜美秋，吕圭源，等. 铁皮石斛保健食品开发现状与进展[J]. 中国药学杂志，2013，48（19）：1 625-1 628.

[34] 李宏杨，刘国民，杨志娟，等. 铁皮石斛研究开发综述与展望[J]. 安徽农业科学，2014. 42（34）：12 083-12 086.

遂昌县

遂昌县位于浙江省西南部，东靠武义县、松阳县，南接龙泉市，西邻江山市和福建省浦城县，北毗衢州衢江区、龙游县和金华婺城区，县域总面积2 539km²。全县森林覆盖率82.3%，居浙江省前列。拥有华东地区几近唯一的原始森林——九龙山国家级自然保护区和全国惟一以县级命名的森林公园——遂昌国家森林公园。全县共有河流1 467条，河道总长度2 838km，分属钱塘江、瓯江两大水系，遂昌又被称作"钱瓯之源"。县域水质优良，出境水质常年达Ⅱ类以上。境内地热资源丰富，湖山温泉单井日出水量全省第一。全县负氧离子每立方厘米含量达9 260个，高出世界清新空气标准6倍以上。"山也清，水也清，人在山阴道上行，春云处处生"，400年前汤显祖笔下的诗句正是遂昌原生态环境的生动写照。2013年5月被命名为国家生态文明建设示范区，是全市首批国家级生态县。县境气候属中亚热带季风类型，冬冷夏热，四季分明，雨量充沛，山地垂直气候差异明显。白马山、南尖岩、九龙山等高山地区终年无高温天气，是夏季避暑胜地。

遂昌是一个历史悠久县，县人民政府驻地妙高镇。该县三仁畲族乡好川文化遗址的考古发掘，是浙西南地区首次发现的新石器时代文化遗址，表明4 200年前，就有人类活动、生息、繁衍。据考证，遂昌夏、商、西周时属越，春秋属姑蔑，战国越亡属楚；秦统一中国后，分郡县两级，属会稽郡太末县；西汉分三级制，属扬州刺史部会稽郡太末县。中药材产业在遂昌县具有较长的历史，是遂昌县具优势的山区特色产业之一。根据2006年中药材资源调查，遂昌县中药资源十分丰富，野生药材繁多，蕴藏量大，1986年普查，共搜集到药用动、植物标本139科、833种、1 935份，其中国家一级重点保护植物有银杏、南方红豆杉等，国家二级重点保护野生药材有厚朴等。该县充分利用山区生态环境优势，着力推进三叶青、结香、菊米、青钱柳等中药材产业，2015年上述4个品种的产量和销售都已达到浙江省第一。目前，该县还在积极引进推广广西红花、铁皮石斛等一批珍稀名贵药材的种植。目前全县中药种植面积5万多亩，实现年产值1.2亿元。

遂昌是菊米之乡，独特的自然环境造就了优质的菊米品质，石练菊米更是声名远播。此处主要介绍最具遂昌特色的天然饮品——菊米和极具开发潜质的降糖植物药——青钱柳。

第二辑

菊米

JuMi

菊 米 | JuMi
Chrysanthemum meters

本品为菊科植物甘菊*Dendranthema lavandulifolium*（Fisch.ex Trautv.）Ling et Shin的干燥头状花序。别名：甘菊。

第一节　本草考证与历史沿革

一、本草考证

菊米是以野菊花的花蕾为原料，经杀青烘干制成，因干后的花蕾颜色绿中透黄，颗粒圆润，类似米粒状，故称为菊米。在我国民间，对野菊花花蕾的利用有着悠久的历史。魏文帝曹丕对菊米情有独钟，赞菊米为含乾坤之纯和，体芬芳之淑气。据清代医药学家赵学敏撰《增广本草纲目》第七卷中记载："处州出一种山中野菊，土人采其蕊干之，如半粒绿豆大，甚香而轻圆黄亮，对败毒、散疗、去风、清火、明目为第一，产遂昌县石练山中。"早在元朝当地农民就有采集野生菊蕾炒制后代茶饮用的习俗。菊米原产自浙江省遂昌县，"烟村十立接平皋，野菊茎青叶不毛；寄远偏珍菊花米，餐英我欲注离骚。"（摘自清光绪版《遂昌县志》）这是清代诗人徐景富的咏菊诗，诗中的菊花米讲的就是石练菊米。菊米因主产于遂昌县石练镇的练溪两岸，而俗称"石练菊米"，也被当地人称之为"路边草"。石练镇由于得天独厚的地理、气候环境，出产的菊米品质最佳，具有清热解毒、平肝降压、益肾补肾、预防感冒等功效。当地人常将菊米拌和在茶叶中制成菊米茶，既有茶叶的功效又有菊米的药理作用，冲泡后清香浓郁，饮后唇齿留香，心旷神怡，增添活力。

二、历史沿革

几百年来，山区群众一直饮用石练菊米茶，将其视为养身防病的珍品。由于交通、信息等原因，长期以来，石练菊米药用保健价值一直未被外界发现，仅仅在本地民间流传。自1997年开始采用现代化栽培技术大量栽培，建立了大规模的无公害农产品生产基地，1998年，第一家外资独资的菊米加工企业——浙江省石练菊米有限公司在遂昌石练镇成立，这也是浙江省首家开发绿色食品石练菊米的外资企业。随着菊米栽培加工技术的成熟和日趋普及，遂昌周边的县、市及湖南、湖北等省也开始不断涌现出菊米种植专业户和菊米产品加工销售企业，菊米产业在全国范围内呈现出一派欣欣向荣的景象。菊米的产业化在中国已具有一定的规模，产品远销省内外，出口到我国香港地区和比利时、日本和欧洲等国。2002年遂昌县被中国经济林协会授予"中国菊米之乡"称号，2006年"遂昌菊米"取得中国地理标志证明商标，2018年2月12日，中华人民共和国农业农村部正式批准对"遂昌菊米"实施农产品地理标志登记保护。目前，菊米被广泛用于保健饮品。

第二节　植物形态与分布

一、植物形态

多年生草本，高0.3～1.5m，有地下匍匐茎。茎直立，自中部以上多分枝或仅上部伞房状花序分枝。茎枝有稀疏的柔毛，但上部及花序梗上的毛稍多。基部和下部叶花期脱落。中部茎叶卵形、宽卵形或椭圆状卵形，长2～5cm，宽1.5～4.5cm。二回羽状分裂，一回全裂或几全裂，二回为半裂或浅裂。一回侧裂片2～3（4）对。最上部的叶或接花序下部的叶羽裂、3裂或不裂。全部叶两面同色或几同色，被稀疏或稍多的柔毛或上面几无毛。中部茎叶叶柄长0.5～1cm，柄基有分裂的叶耳或无耳。头状花序直径10～15（20）mm，通常多数在茎枝顶端排成疏松或稍紧密的复伞房花序。总苞碟形，直径5～7mm。总苞片约5层。外层线形或线状长圆形，长2.5mm，无毛或有稀柔毛；中内层卵形、长椭圆形至倒披针形，全部苞片顶端圆形，边缘白色或浅褐色膜质。舌状花黄色，舌片椭圆形，长5～7.5mm，端全缘或2～3个不明显的齿裂。瘦果长1.2～1.5mm。花果期5—11月[1]。

二、生境分布

遂昌县位于国家生态示范区丽水市境内，地处浙西南山区，光热水土生态条件优越，极有利菊树生长。全县菊米基地主要分布在石练、大柘、湖山、金竹、妙高、王村口、蔡源、黄沙腰等乡镇。

第三节　栽　培

浙江省地方标准（DB 33/T 668—2017）对菊米的规范化栽培进行了规定，该标准由浙江省质量技术监督局发布，2018年1月18日起实施[2]。

一、生态环境条件

菊米是短日照植物，喜凉爽湿润气候，较耐寒和瘠薄，适应性较广，抗逆性较强，对环境条件没有严格的要求。

二、栽培技术

（一）基地选择

选择耕层深厚、地力肥沃、质地沙壤、排灌方便、远离污染的平地或缓坡地。提倡轮作倒茬或水旱轮作，连作田块种植前可参照控制作物连作障碍的土壤处理技术规范（DB 33/T 965）进行土壤消毒。

（二）育苗

1.品种选择

宜选用当地传统地方品种，或经选育鉴定（认定）的优良品种。

2.育苗材料

选用生长健壮，无病虫害的枝条，按10～15 cm长度剪取枝条。提倡使用脱毒健康种苗。

3.苗圃选择

宜选择地势较平坦，肥沃且排水良好，中性或微酸性的沙质壤土地块。

4.苗床准备

结合深耕，每亩施入腐熟的农家肥1 000 kg或符合NY 525要求的有机肥400 kg。按畦面宽110～120 cm、畦高20 cm、沟宽30 cm整出扦插苗床，四周建排水沟。

5.育苗扦插

春插在4月中下旬进行，密度5万～6万株/亩；秋插在11月中下旬进行，密度8万～10万株/亩。深度为枝条的1/3，插后压实浇透水。提倡春插。

6.苗圃管理

保持苗床湿润，适时浇水。成活后及时追肥，以浇施为主，浓度控制在0.2%以下。人工除草1~2次。秋插苗床应搭小拱棚覆膜保湿，翌年3月后，晴天炼苗3~4次。

7.菊苗出圃

选择健壮无病虫，苗高15~25cm，具2~3个分枝的菊苗出圃。春插菊苗一般在6月中下旬出圃，秋插菊苗一般在翌年4月上旬出圃。起苗移栽时苗床要先浇透水。

（三）大田栽培

1.整地作畦

根据茬口安排，冬前深翻冻垡或夏季前茬收后立即深翻晒垡，耕深25~30cm。平地于移栽前2~3d，将土壤耙细耙匀、作畦，畦宽100~150cm，畦高20~25cm，沟宽30cm。缓坡地宜按每行大于1.5m标准做水平带，内做竹节沟，防止水土流失。

2.移栽定植

宜选择雨后阴天或晴天傍晚进行。如遇少雨天气，土壤不够湿润时需浇定根水。

3.定植密度

土壤肥力高的田块宜适当稀植，单行，株距35~40cm，每穴2~3株。土壤肥力低的田块宜适当密植，双行，株距25~30cm，每穴3~4株。

4.肥料使用

根据土壤肥力和目标产量，按照NY/T 496的规定进行合理平衡施肥。施肥时以有机肥为主，防止偏施重施氮肥。结合深翻施足基肥，一般每亩施用腐熟农家肥2 000~2 500kg、符合NY 525要求的有机肥1 000kg或饼肥200kg。栽后每隔10~15d施1次分枝肥，每次用复合肥（$N:P_2O_5:K_2O$比例为15:15:15）5kg。打顶时，结合除草每亩施复合肥（$N:P_2O_5:K_2O$比例为15:15:15）15kg。9月中旬现蕾期每亩施复合肥（$N:P_2O_5:K_2O$比例为15:15:15）10kg，并看苗情用0.2%磷酸二氢钾进行根外追肥。

5.水分管理

雨季及时清沟排水，做到雨停水干。干旱时浇水保苗，现蕾期注意灌水，保持土壤湿润。

6.中耕除草与培土

移栽后20～25d，中耕除草并培土5～7cm。后期视杂草生长及危害程度，适时除草。有条件的地方可铺草或覆盖地膜。

7.摘心打顶

苗高30cm时，开始摘心打顶，以后视生长情况适时进行，7月上旬前完成。后期长势过旺时，可于8月中旬进行3～5次修剪，修剪以圆弧形为宜。

（四）病虫害防治

遵循"预防为主，综合防治"的植保方针，优先采用农业防治、物理防治、生物防治措施，辅以安全合理的化学防治措施。

1.农业防治

提倡轮作，实行间作，合理密植，科学灌溉，平衡施肥，培育壮苗，及时中耕除草和清除病叶、挖除病株等。

2.物理防治

利用灯光等诱杀害虫。

3.生物防治

利用信息素等诱杀害虫。使用井冈霉素A等生物农药防治根腐病和叶枯病。

4.化学防治

农药的安全使用按农药安全使用规范总则（NY/T 1276）的规定执行。根据防治对象，合理选用高效、低毒、低残留农药，优先选用绿色食品农药使用准则（NY/T 393）中允许使用的脂溶性农药，现蕾后不得使用吡虫啉、啶虫脒等高水溶性农药。适期用药，最大限度减少化学农药施用；准确掌握用药剂量和施药次数，选择适宜药械和施药方法，严格执行安全间隔期，注意农药轮换使用。

（五）采收

10月中下旬至11月上旬，选择晴天露水干后分批采收。选择含苞未放的花蕾进行采收，采大留小，分批采摘。提倡用针梳式菊米采摘器等机械进行采摘。注意保持菊米完整，不夹带杂物。采摘时，用清洁、通风良好的竹筐等容器盛放菊米。采收后，及时运抵加工场所摊晾。运输工具清洁、干燥，严禁与有毒、有害、有异味的物品混合存放、运输。在装卸运输中轻装轻放，避免散落、损伤。采收结束后，剪取部分健壮茎枝作秋季育苗插穗。保留部分优质健壮茎枝割除后的宿根，浅耕除草并覆土2~3cm，待翌年新苗萌发生长后用于春插苗插穗。及时清除其余茎枝和宿根等，并带出园外集中处理。

（六）加工工艺

1.摊青

将采收的新鲜菊米薄摊，厚度3~5cm，摊晾3~5h，以晾干表面水。

2.杀青

使用滚筒式杀青机进行杀青。投料时温度应控制在120℃，4~6min，出料后应及时摊凉。

3.初烘

使用烘干机进行初烘，烘干时间2~3h，温度应控制在85~90℃。

4.回潮

六至七成干后进行摊晾回潮1h，促使菊米水分重新分布，以利于烘干。

5.烘干

使用烘干机进行烘干，温度应控制在75~85℃，以手捏不碎为宜。

三、石练菊米的特色栽培

遂昌县石练镇有规模较大的菊米种植基地，具有成熟的栽培技术，具体栽培方法为[3, 4]：菊米的繁殖以短穗扦插为主，根据不同的扦插时期，可分为冬插和春插。扦插前，选择土壤通透性好，土地肥沃的地块为苗床。苗床宽约为1.5m，并在0～15cm土层中每亩均匀撒施有机肥1 500kg，用10%草甘膦500～1 000mL兑水100kg均匀喷施床面。每亩插穗春插为8万～10万株，冬插为5万～6万株。冬插一般在每年12月进行，春插一般在4月进行。选择生长健壮，无病虫害的枝条为插穗，插穗长为10～15cm。扦插后每亩及时浇施稀人粪尿500kg，并做好苗床的保湿工作，每隔2～3周浇1次水，10～15d即可生根。做好苗床施肥工作，苗床施肥要薄肥勤施。移栽时苗床要先浇透水，以防伤根。4月中旬至5月初，选择温暖天气，根据苗情及时移栽。移栽苗苗高要求在25cm左右，生长健壮。一般栽种密度以每亩3 000～4 000株为宜，行距50～60cm，株距30～40cm。菊米在生产过程中，一般不提倡施用化肥，以施用适量的有机肥为主，在菊苗生长前期适量施用禽畜粪肥、堆肥、沤肥、泥肥、厩肥等农家肥。应在菊苗生长的前、中期进行2～3次人工除草，除草与中耕、施肥相结合，一般菊苗移栽后1个月内要进行第1次中耕除草，以防杂草争光争肥。及时打顶，对控制菊茎顶端优势、防止徒长、促使菊苗增加分枝，提高产量，具有很好的作用。在菊苗高30cm时打顶1次，并在8月底前苗高50cm左右时再进行1次轻修剪，以利促枝增蕾。为害菊米的主要害虫有菊米尺蠖、卷叶蛾、黑毒蛾、蚜虫等，但危害不是很重，一般不提倡使用化学农药防治，应加强肥水管理，提高菊米抗性，用人工捕捉等农业综合防治措施。蚜虫严重时可施用BT等生物药剂，确保菊米的无害化生产。菊米一般在10月上旬开始成熟。过早采摘，其有效营养成分不足；过迟则颗粒过大，花蕾松而易开，品质差。合格的成品菊米千粒重应在10～15g之间。因此要按其现蕾迟早，做到分期、分批适时采摘，才能确保品质。菊米采摘后，应及时摊青及杀青烘干。

韦宝余等[5]在遂昌县探索了四季豆套种菊米技术，该技术是利用作物的互补作用，在3月底至4月初直播四季豆，5月初四季豆搭架后将菊米苗移植到四季豆行间，或将菊米老茬上长的新枝穗扦插到四季豆行间，并通过一系列的农业措施来实现的栽培模式。经示范种植每亩产值超过1万元，经济效益显著。

第四节　化学成分

主要含挥发油、黄酮类及氨基酸、维生素类成分。

一、挥发油

有研究表明[6]遂昌产野菊米挥发油含量要高于安徽黄山产野菊米和云南产野菊米挥发油含量，且是云南产野菊花挥发油含量的3倍。野菊米虽是野菊花的花蕊，其挥发油的含量却明显高于野菊花。遂昌产野菊米的挥发油提取率为1.53%，已鉴定出65种化合物，含量占总提取物的95.84%，相对含量在1%以上的有22种，含量占总化合物的84.93%。其中醇类13种，酮类6种，酯类5种，醚类4种和醛类2种，含量分别为12.45%，5.66%，28.36%，8.76%和13.25%。含量高于5%的化合物依次为乙酸2，6，6-三甲基-双环[3.1.1]庚-2-烯-4-甲酯25.21%，异环柠檬醛9.65%，（+）-表-双环倍半水芹烯7.24%，2-（2，4-六二炔基二烯）-1，6-二氧螺[4.4]壬-3-烯5.27%。

二、黄酮类

有研究发现[7, 8]，菊米中含有橙皮苷、蒙花苷、槲皮素、山奈酚、香叶木素、木樨草素等黄酮类成分。另有研究发现[9]菊米的3种主要黄酮苷元分别为芦丁、槲皮素、芹菜素。并且就总黄酮苷的含量而言，机械加工方法>手工加工方法；从不同采摘期中看：晚期>中期>早期；从贮藏时间上看：贮藏时间越久菊米中的活性物质黄酮苷将越来越少。

三、其他成分

已检测[9、10]出石练菊米含有17种氨基酸（7种为人体必需氨基酸）、3种主要黄酮苷元和15种微量元素。就氨基酸含量而言，从加工方法上看：机械加工方法>手工方法；从贮藏时间上看，贮藏越久菊米中的氨基酸含量越少；从氨基酸的呈味性上看：苦味氨基酸>鲜味氨基酸>甜味氨基酸>涩味氨基酸。同时发现苦味、鲜味、涩味氨基酸占氨基酸总量的绝大部分，使得菊米感官中呈现微苦而后味又有点鲜甜感。微量元素的含量因采摘期的不同而存在差异，如Mg元素呈增加的趋势，Ca、Fe、Mn、Ni元素呈不同程度的下降趋势，Na、Cu、Se元素呈先下降后升高趋势，Zn、Co、Cr、As呈先升高后下降趋势，因此，可根据需求对采摘时间、加工方法进行优选。

第五节　药理与毒理

一、药理作用

（一）抑菌作用

现代药理研究[11]测定了野菊花不同成熟期的菊米、菊花提取液对大肠杆菌、枯草杆菌、金黄色葡萄球菌、黄曲霉、根霉、黑曲霉、青霉、啤酒酵母8种细菌和酵母菌的抑菌作用，并对两者的抑菌效果进行了比较，实验表明：2种提取液有不同程度的抑菌作用，比较而言，菊米的总体抑菌能力强于野菊花。其中菊米提取液对大肠杆菌、金黄色葡萄球菌、枯草杆菌和真菌中啤酒酵母有很强的抑制作用。

（二）心血管作用

有研究结果表明[12]，菊米提取物总黄酮具有显著的降低实验性高脂血症大鼠血清TC、TG和AI，以及升高HDL的作用。能够显著改善脂质代谢、降低血脂及预防动脉粥样硬化，这可能与其抗氧化活性有关。高剂量组对脂肪肝的疗效反而不如低剂量明显，这可能与菊米提取物总黄酮的溶解度较低影响胃肠道黏膜吸收有关。并且，菊米提取物总黄酮具有显著的降低自发性高血压大鼠的血压和心率作用，与西药扩括抗剂硝苯地平的降压作用相比较，单次给药条件下，硝苯地平的降压作用快速，服药后即可明显起到降压效果，而菊米总黄酮的降压较缓慢，给药后降压效果明显，但二者在单次给药均为短时间降压，降压能力维持在1h左右。在连续给药情况下，硝苯地平和菊米总黄酮均能够维持降压水平约4h，二者区别在于前者起效快，后者起效较慢。可以预计，菊米提取物总黄酮对轻中度高血压有较好的远期疗效。最新研究表明[13]菊米提取物对高糖高脂致高血压大鼠模型眼底损伤的修复作用，结果提示菊米提取物可以改善高血压动物模型组织抗氧化能力，减轻神经元损伤，改善视网膜血管内皮损伤，维持视网膜微环境稳定。菊米水提取物可以防止小鼠血脂升高，对小鼠高脂血症模型有保护作用，长期饮用具有一定的降血脂保健功效[14]。

（三）抗肿瘤作用

况炜等[15]对菊米提取液对人宫颈癌HeLa细胞生长的抑制作用进行了研究，发现菊米提取液对体外培养的HeLa细胞生长有明显的抑制作用，IC$_{50}$为0.004mg/mL，且呈现一定的剂量依赖性；流式细胞术显示随着药物浓度增加促使细胞凋亡发生的作用也增强；与对照组比较，除最低药物浓度组（0.001mg/mL）以外，其余各药物组对天冬氨酸特异性半胱氨酸蛋白酶（caspase）-3/7和caspase-6酶活性均有显著增强，提示菊米提取液在体外可浓度依赖性抑制人宫颈癌HeLa细胞增殖，并可通过增强caspase-3、6、7活性促进其凋亡。司马军等[16]就菊米提取液对人结肠癌SW620细胞增殖和凋亡的影响进行了研究，发现菊米提取液对SW620细胞增殖有抑制作用，IC$_{50}$为0.012mg/mL，且呈一定的量效关系；随着药物浓度的增加（0.001、0.002、0.005、0.01mg/mL），细胞凋亡率分别为（6.46±0.02）%、（9.77±0.01）%、（13.11±0.04）%、（18.47±0.05）%，对照组细胞凋亡发生率为（4.83±0.01）%，显示菊米提取液诱导的细胞凋亡作用随浓度的增大而增加。同时Caspase-3/7酶和Caspase-6酶活性显著增强，提示菊米提取液在能抑制体外培养的SW620细胞增殖并诱导其凋亡，Caspase-3、6、7活性增强可能是菊米提取液诱导SW620细胞凋亡的机制之一。

（四）其他作用

菊米还含有丰富的蛋白质、氨基酸等多种营养成分，具有一定的保健功效。菊米中微量元素Cu、Zn的含量均比茶叶中要高，表明了菊米清火明目的作用。

二、毒理

菊米作为常用饮品，目前尚无毒理报道。

第六节　质量体系

一、标准收载情况

《浙江省中药炮制规范》2015版[17]

《浙江省丽水市地方标准》（DB 33/T 668—2017）[2]

《遂昌县华昊特产有限公司企业标准》（Q/SBJ 001S—2018）[18]

二、炮制

秋、冬二季花未开放时采收，微火炒后干燥或杀青干燥。取原药，除去杂质，即可[5]。

三、性状

（一）《浙江省中药炮制规范》2015版：呈类球形，直径0.3～1cm，棕黄色至灰绿色。总苞由3～5层苞片组成，苞片外面中部微颗粒状；外层苞片卵形或条形，外表面中部灰绿色或淡棕色，被短柔毛，边缘膜质；内层苞片长椭圆形，膜质，外表面无毛。有的残留具毛总花梗。舌状花1轮，黄色至棕黄色，皱缩卷曲；管状花多数，深黄色。体轻。气芳香，味微苦而有清凉感。热水浸泡液味甘而不苦。

（二）《浙江省丽水市地方标准》（DB 33/T 668—2017）（表5）

表5　浙江省丽水市菊米标准

项目		要求	
		特级	一级
外形	色泽	墨绿色至绿黄色，稍有光泽	黄绿色至绿黄色
	颗粒	颗粒饱满紧实；总苞片紧密；无碎粒	颗粒饱满；总苞片稍疏松；稍有碎粒
内质	香气	芳香特异	气香
	汤色	清亮，黄绿色	清亮，绿黄至黄色

（续表）

项目		要求	
		特级	一级
内质	滋味	辛、凉，后微甘	辛、凉，后微苦
	蕾底	含苞未放	含苞未放，少许直开

（三）《遂昌县华昊特产有限公司企业标准》（Q/SBJ 001S—2018）

同《浙江省丽水市地方标准》（DB 33/T 668—2017）

四、检查

（一）《浙江省中药炮制规范》2015版主要对饮片的水分进行检查。具体限度：饮片中水分应不得过15.0%（烘干法）。

（二）《浙江省丽水市地方标准》（DB 33/T 668—2017）（表6）

表6　浙江省丽水市菊米饮片标准

项目	指标	
	特级	一级
水分（%）	≤12.0	≤13.0
灰分（%）	≤10.5	

（三）《遂昌县华昊特产有限公司企业标准》（Q/SBJ 001S—2018）（表7）

表7　遂昌县华昊特产有限公司菊米饮片标准

项目	指标	
	特级	一级
水分/（%）	≤11.0	≤13.0
灰分/（%）	≤11.0	
含杂率/（%）	≤0.5	
铅（以Pb计），mg/kg	≤4.8	

（续表）

项目	指标	
	特级	一级
二氧化硫/（mg/kg）	≤100	
乙酰甲胺磷/（mg/kg）	≤0.1	
氯氰菊酯/（mg/kg）	≤20	
氯菊酯/（mg/kg）	≤20	
氟氰戊菊酯/（mg/kg）	≤20	
联苯菊酯/（mg/kg）	≤5.0	
溴氰菊酯/（mg/kg）	≤10	
杀螟硫磷/（mg/kg）	≤0.5	
六六六/（mg/kg）	≤0.1	
滴滴涕/（mg/kg）	≤0.2	
其他污染物限量	按GB 2762执行	
其他农药最大残留限量	按GB 2763执行	

五、含量测定

《浙江省中药炮制规范》2015版采用高效液相色谱法对其所含3，5-O-二咖啡酰基奎宁酸含量进行测定，要求按干燥品计算，含3，5-O-二咖啡酰基奎宁酸（$C_{25}H_{24}O_{12}$）不得少于0.70%。

六、质量评价

有研究[19]比较不同加工处理方法对菊米主要功效成分含量的影响，评价不同加工方法处理的菊米质量。结果发现未经杀青直接烘干的菊米各指标成分含量普遍偏低；手工与机械加工方法处理后的菊米中总黄酮、绿原酸及3，5-O-二咖啡酰基奎宁酸的含量总体变化趋势是机械加工>手工加工，且存在显著差异，而木樨草苷含量不存在显著差异。因此，菊米以机械加工质量最佳，在菊米产地宜采用机械加工保证其质量。

另有研究[20]通过对比不同加工方法、不同采摘期、不同贮藏时间下的"石练菊米"（原产地地理标志）样品进行测定，分析了菊米中主要非挥发性成分氨基酸、总黄酮苷、微量元素在不同加工方法、不同采摘期、不同贮藏时间下的变化情况，进而建立了"石练菊米"总黄酮HPLC指纹图谱。通过对菊米中主要黄酮苷元芦丁、槲皮素、芹菜素的含量测定，分析得出从加工方法看：机械加工方法＞手工加工方法；从不同采摘期上看：晚期＞中期＞早期；从贮藏时间上看：贮藏时间越久菊米中的活性物质黄酮苷将越来越少。通过分析样品中氨基酸含量变化，得出从加工方法上看：机械加工方法＞手工加工方法；从不同采摘期上看：晚期＞早期＞中期；从贮藏时间上看：贮藏越久菊米中的氨基酸含量越少；从氨基酸的呈味性上看：苦味氨基酸＞鲜味氨基酸＞甜味氨基酸＞涩味氨基酸。同时发现苦味、鲜味、甜味氨基酸占氨基酸总量的绝大部分，使得菊米在感官过程中呈现微苦但后味又有点鲜甜感。通过微波消解ICP-MS检测对菊米中15种元素含量进行测定，分析后得出从加工方法上看：机械加工的元素总含量＞手工加工的元素总含量；微量元素的含量因采摘期的不同而存在差异如Mg元素呈增加的趋势，Ca、Fe、Mn、Ni元素呈不同程度的下降趋势，Na、Cu、Se元素呈先下降后升高趋势，Zn、Co、Cr、As呈先升高后下降趋势，所以通过采摘时间的确定、加工方法的选择也可以增加人体必需的微量元素的含量。

第七节　性味归经与临床应用

一、性味

苦、辛，微寒。

二、归经

归肝、心经。

三、功能主治

清热解毒。用于疔疮痈肿，目赤肿痛，头痛眩晕。

四、用法用量

9～15g；外用适量，煎汤外洗或制膏外涂。

五、注意

脾胃虚寒者慎服。

六、附方（多以甘菊入药）

主治肝虚，头目不利，心膈多烦，筋脉急痛。补肝菊花散，甘菊花3分，前胡3分（去芦头），防风3分（去芦头），决明子3分，黄耆3分（锉），沙参3分（去芦头），枳壳3分（麸炒微黄，去瓤），羚羊角屑3分，车前子3分，枸杞子3分，细辛3分，酸枣仁3分（微炒）。（《圣惠》卷三）

主治肝气太燥，忧愁之后，终日困倦，至夜而双目不闭，欲求一闭目而不得。安睡丹，白芍5钱，生地5钱，当归5钱，甘草1钱，熟地1两，山茱萸2钱，枸杞2钱，甘菊花3钱。（《辨证录》卷四）

主治肝脏虚寒，头目昏疼，四肢不利，胸膈虚烦。补肝散，甘菊1两，茯神羚羊角屑3分，白术3分，肉桂半两，酸枣仁（微炒）半两，甘草（炙）半两。（《医方类聚》卷十引《神巧万全方》）

主治风邪上攻，头目眩运，心膈烦闷。薄荷散，薄荷叶、甘菊花（择去梗）、甘草（炙，锉）、白芷、石膏。（《圣济总录》卷十六）

主治肾脏虚冷，气攻腹胁，胀满疼痛。艾茸丸，木瓜20枚（去皮核，作瓮子），甘菊花（为末）1斤，青盐（研）1斤。（《圣济总录》卷五十二）

第八节　丽水资源利用与开发

一、资源蕴藏量

遂昌县栽培的菊米来自于野生菊，其品种有十几种，按植株表面绒毛的多少分为光菊、半光菊、毛菊；光菊类中按其叶片的大小和叶柄长短，分为大叶型、小叶型、长叶柄型、短叶柄型；以其花蕾开放后的颜色可分为黄菊和白菊。"石练菊米"是由光菊花类中的小叶型、短叶柄黄菊采制而成，其植株无毛，花蕾表面光洁，加工后芳香特异，味甘醇、品质优，是人工栽培的理想"菊米"品种，主要分布在遂昌县西部山区。

2002年，遂昌菊米种植面积达到867hm²，总产253.5t，实现产值2 028万元，并在遂昌建立了无公害农产品生产基地300hm²，绿色食品生产基地67hm²。2005年，遂昌县一年就发展无公害菊米基地800hm²，产量达280t，使得全县农民人均增收156元。2009年，已形成菊米基地7 000多亩，销售产值可达1 600万元，占农业人口的2.4%，比上年增长27%。遂昌菊米已然成为全国菊米总产区，其独特的功效和优良的品质已获得了海内外的广泛认同，曾被评为1998年浙江省优质农产品，先后获得过2000年浙江省优质菊米成就奖金质奖杯，2001年中国浙江国际农业博览会金奖，中、日、韩第3届国际名茶评比特别奖等奖项，并已获得国家绿色食品颁证。石练菊米自2003年7月被认证为有机食品以来，到2014年，已连续12年通过国家有机食品认证。同时石练菊米被认定为浙江名牌产品、浙江省著名商标。目前遂昌县拥有1个省名牌商标，2个市名牌商标，3个省著名商标，1个地理标志，以省级农业龙头企业浙江石练菊米有限公司为龙头的加工销售企业12家。截至2018年，遂昌全县共发展菊米种植基地近万亩，年产量达约2 000t，年产值逾亿元。

菊米已经成为遂昌县发展健康农业、农旅融合和全域旅游的一张金名片。

二、基地建设情况

遂昌县华昊特产有限公司创建于2000年10月，是以开发"遂白"牌菊米为主导产品的农业开发型民营企业，是丽水市重点农业龙头企业，公司下设分支构——华昊公司大柘加工厂，厂房面积1 000多m²。以公司十农户的模式创建了标准的无公害菊米生产基地2 526亩，其中在遂昌县石练镇创建的1 626亩标准化菊米被认定为"浙江省道地优质中药材示范基地"。2017年成品菊米总产量达106t，销售收入3 169万元，上缴国家税收123万元，创利181万元。遂白菊米品质优良，口感好，清热解毒、清火明目、降血压降血脂效果比其他菊米更佳。该产品的销售网络达国内8个省市20多个省、市级市场。该企业以"质量第一，诚信经营"为宗旨，从菊米的生产、加工、包装、销售等各个环节都严格按无公害的标准与卫生标准组织生产与管理。制定了"产品质量管理办法"和"品牌维护原则"，是《浙江省丽水市地方标准》（DB 33/T 668—2017）的主要起草单位。2017年1月通过了CS食品生产许可认证。该公司菊米产品每年质量检验都全部合格，还拥有四个发明专利权和五个实用新型专利权，遂白牌遂昌菊米被评为第四届义乌国际森博会金奖，并连续12年荣获浙江杭州农博会金奖、银奖或优质奖，2017年荣获中国第九届花博会"功能花卉产品优秀奖"，"遂白"牌商标2016年第三次荣获浙江省箸名商标殊荣，2017年遂白菊米第六次被评定为"丽水名牌产品"，2018年1月"华昊"被认定为浙江省"知名商号"，同年11月1日被公布为浙江名牌农产品，几年以来拥有市、省、部级40多项的奖励荣誉，可以说，企业以优质产品在消费者心目中树立了良好的品牌形象。

该公司也非常注重产品质量管理，坚持诚信经营，做好售后服务，坚持可持续发展观，由其发明并拥有二个实用新型专利权的菊米采摘器比传统手工采摘菊米要快8～10倍，解决了菊米易种植难采摘的老大难问题，每年可为菊农节省菊米采摘费用近百万元，2015年荣获丽水市精品农业发展资金"茶产业技术与服务模式创新奖"。目前为做大做强遂白菊米品牌，该公司正在申报省小微企业"成长之星"，争做浙江省中药材行业的领军企业。

三、产品开发

（一）医院制剂

遂昌县中医院[21]利用菊米清凉、消炎、去火的功效，开发了菊米油护肤霜，临床研究表明该产品对皮肤皲裂、痤疮有一定的疗效。

（二）保健饮料

仲山民等[22]以遂昌菊米、金银花、枸杞等为原料，采用科学方法，通过合理调配开展菊米复合保健饮料的加工研制，并通过正交试验分别对菊米汁提取工艺中的主要参数条件及菊米复合保健饮料产品的最佳配方进行了研究，结果表明：菊米浸提以水为溶剂，采用1：50的固液比（g/mL），在90℃的浸提温度下，控制2h的浸提时间为最佳；菊米复合保健饮料产品的最佳配方为菊米汁、金银花汁、枸杞汁三者的比例采用3：1：1，且三者的用量合计占成品总量的25%，柠檬酸含量占0.3%，蜂蜜含量占3%，白砂糖含量占1.75%。所得产品色泽诱人，香气独特，口感清凉，且有较好的营养价值和保健作用。此外，公开公告号为CN104336717A的发明公开了一种野菊米饮料，按照重量百分比，其成分包括：野菊米粉5%～15%、柠檬酸1%～3%、红糖0.03%～0.15%、黄原胶0.01%～0.05%、野蜂蜜0.2%～0.6%、生姜2%～5%、木糖醇0.3%～0.8%、苯甲酸钠0.04%～0.09%，其余为纯净水。本发明还公开了该野菊米饮料的制备方法，充分发挥了野菊米清热解毒、平肝降压、益肾补肾的药用价值，使得该饮料成为较有前景的保健饮料，并且在保持野菊米的药用价值的情况下，该饮料口感甘甜舒爽，较有市场前景。

（三）茶类制品

目前，不同等级的菊米茶仍为菊米的主要商品。菊米茶的加工工艺包括摊青、杀青、摊凉回潮、初烘、复烘、分级等工艺，由于新鲜的菊蕾香气太过浓烈，菊米茶的窨制加工工艺与一般的花茶不同，需采用加工好的菊米与茶叶混制。该商品特别适合易上火，爱吃火锅的人群，清凉去火解油腻效果好。

（四）日用品

根据菊米的功效，菊米枕、菊米洗面奶、菊米牙膏等菊米深加工产品也正陆续上市，不断丰富扩充菊米市场。

第九节　总结与展望

菊米是浙江省遂昌县的传统饮品，石练菊米中挥发油含量比其他地域品种高，具有丰富的营养成分，依托于内在品质的优势，石练菊米具有广阔的应用开发领域：利用菊米具有清凉、消炎、去火的功效，可开发菊米油护肤霜，用于治疗皮肤皲裂、痤疮，进一步丰富医院制剂品种，切实造福当地百姓；利用菊米的平肝降压功效，可研发一些列的心血管制剂，而为提高菊米的生物利用率，菊米配方颗粒，菊米超微粉制剂也是研发的一个方向。因菊米中铜锌含量比茶叶要高，但是两者的铜锌比含量很接近，可以推断，菊米与茶叶一样，都是符合自然生态平衡的纯天然饮品，可开发一些列菊米的保健饮品及药枕等生活用品。目前，遂昌菊米共有系列产品60多种，包括生态冲饮系列、工艺品系列、床上用品系列、日用保健品系列以及正在研发的日用护肤品系列，遂昌菊米已从单纯的代茶饮用品开发出系列深加工产品。最简单最实用的是搞小包装的免煎配方颗粒或膏方剂，前景极好。

近年来，遂昌县委、县政府把发展作为第一要务，围绕"生态立县"战略目标，积极发展绿色经济，率先在全国把"原生态"作为县域品牌培育打造，大力发展以"自然的环境、生态的理念、传统的方式、现代的科技、健康的品质"为目标的原生态精品农业。在下一步的品牌创建工作中，遂昌菊米应立足市场，利用山区环境资源和种质资源优势，抓好种质资源保护、利用和合理开发工作，走原生态、无污染的低碳之路，加强特色功能性食品及中药衍生品的培育与研发。具体来说[23]，可开展对菊米的种质资源调查，建立种质资源圃；加大扶持力度，加强科技合作，提升菊米附加值；推进菊米质量认证，打响原生态菊米品牌；建立标准化生产基地，推广机械化采摘；借茶产业之力提升菊米产业；筹建菊米博物馆，助推产业发展，目前野菊花与菊花都已经为药食两用产品，菊米目前还未明确列入药食两用目录，考虑菊米与野菊花和菊花的近源性，相信菊米也可以解决药食两用问题，这样可研发的产品更多、更具有发展前景。

参考文献

[1] 中国科学院中国植物志编辑委员会. 中国植物志[M]. 第76卷. 第1册. 北京：科学出版社，1983：41.

[2] 浙江省质量技术监督局. 菊米生产技术规程，浙江省丽水市地方标准[S]. DB 33/T 668—2017.

[3] 朱宜根，李子山，罗春华，等. 遂昌菊米无公害栽培技术[J]. 浙江农业科学，2003（4）：176-178.

[4] 傅成林. 石练菊米的栽培加工技术[J]. 浙江农业科学，2004（4）：233.

[5] 韦宝余，王陈华，张善华. 遂昌县四季豆套种菊米高效栽培技术[J].

农业科技通讯，2016（2）：199-201.

[6] 陈小梅. 野菊米挥发性成分的提取及分析研究[D]. 杭州：浙江工业大学，2006.

[7] 李大方. 菊米中黄酮类化合物的纯化、分离、鉴定及其抗氧化活性研究[D]. 杭州：浙江工商大学，2009.

[8] 张晓民. 浙产菊米化学成分的分离及其生物活性研究[D]. 杭州：浙江工商大学，2008.

[9] 葛乐勇. 石练菊米中主要非挥发性成分研究[D]. 杭州：浙江农林大学，2013.

[10] 宋海燕，葛乐勇，吴坚，等. 柱前衍生RP-HPLC测定菊米中17种氨基酸的含量[J]. 中国实验方剂学杂志，2015，21（20）：82-86.

[11] 毛胜凤，张新凤，余树全. 不同成熟期野菊花提取物抑菌效果比较研究[J]. 浙江林业科技，2006，26（5）：43-45.

[12] 姚超. 菊米总黄酮的提取纯化及其降血压降血脂作用[D]. 杭州：浙江大学，2011.

[13] 项微微. 菊米提取物对高血压大鼠模型视网膜损伤修复的影响[J]. 浙江中医杂志，2017，52（5）：373-374.

[14] 李玲，金李峰. 菊米提取物对高脂血症模型小鼠降血脂作用研究[J]. 浙江中西医结合杂志，2017，27（4）：332-333.

[15] 况炜，陈慧玲，蒋建平. 菊米提取液对人宫颈癌HeLa细胞生长的抑制作用[J]. 中国应用生理学杂志，2013，29（3）：275-279.

[16] 司马军，陈健，刘丹丹，等. 菊米提取液对人结肠癌SW620细胞增殖和凋亡的影响[J]. 中国中西医结合外科杂志，2012，18（1）：39-42.

[17] 浙江省食品药品监督管理局. 浙江省中药炮制规范[M]. 北京：中国科技医药出版社，2015：264-265.

[18] 遂昌县华昊特产有限公司. 遂昌菊米，遂昌县华昊特产有限公司企业标准[S]. Q/SBJ0001S—2018.

[19] 孙淑芳，叶拥军，潘心禾，等. 不同加工方法对菊米功效成分含量的影响[J]. 中国实验方剂学杂志，2013，19（3）：79-83.

[20] 葛乐勇. 石练菊米中主要非挥发性成分研究[D]. 杭州：浙江农林大学，2013.

[21] 何根云，阙建伟. 菊米提取物制备软膏治疗皮肤病临床疗效观察[J]. 海峡药学，2010，22（6）：194-195.

[22] 仲山民，何仲，腾海鹏，等. 菊米复合保健饮料的研制[J]. 中南林业科技大学学报，2008，28（4）：148-152.

[23] 朱雪英，叶青长，朱彩虹，等. 对遂昌县菊米产业发展的思考[J]. 现代农业科技，2015，10：310-311.

第二辑

青钱柳

QingQianLiu

青钱柳 | QingQianLiu
FOLIUM CYCLOCARYAE PALIURI

胡桃科青钱柳*Cyclocarya paliurus*（*Batal.*）*Iljinsk.* 的干燥叶。

别名：摇钱树《浙江植物志》、甜叶树《江西药用植物名录》、甜茶树《全国中草药汇编》、青钱李、山沟树（浙江）、山麻柳（湖南、湖北）、山化树（安徽）。

第一节　本草考证与历史沿革

一、本草考证

《中国中药资源志要》记载，青钱柳叶具清热消渴解毒之效。《全国中草药名鉴》记载：青钱柳树皮、叶、根有杀虫止痒，消炎止痛祛风之功效。青钱柳叶的本草记载较少。

二、历史沿革[1]

宋代，诗人范成大曾有"古木参天护碧池，青钱弱叶战涟漪"的诗句描绘高大的青钱柳，耸立于溪涧，枝繁叶茂，春夏满株翠绿，入秋铜钱串串的神奇景观。现今关于青钱柳茶的研究源于20世纪70年代，科技人员在江西修水调研，发现当地有不少长寿村，经了解，当地老百姓祖祖辈辈常喝青钱柳叶泡茶的习惯已有上千年的历史，当地叫"神茶"；在湖南绥宁苗、侗、瑶人将青钱柳叶当茶饮已有500年以上的历史，苗族人将青钱柳视为吉祥树，春来绿叶盈盈，夏来铜钱串串，采嫩叶泡茶喝，寓意家财万贯，且能让人健康长寿。苗民在明朝天顺四年将青钱柳茶叶作为贡品献给当年李天保起义军，李天保饮后神清气爽，并给将士们喝，并封青钱柳为神树。20世纪30年代，红军途经绥宁，苗民热情地送上青钱柳茶给红军战士喝，留下了"一叶青钱柳叶露山水芬芳，几盏青钱茶滋润心健康"的体现军民鱼水情的对联。

第二节　植物形态与分布

一、植物形态[2]

乔木，高10~20m，稀达30m，胸径80cm。幼树树皮灰色，平滑，老则灰褐色，深纵裂；冬芽有褐色腺鳞；小枝密被褐色毛，后脱落。复叶长15~30cm，小叶7~9枚，互生稀近对生，叶片椭圆形或长椭圆状披针形，长3~15cm，宽1.6~6.0cm，先端渐尖，基部偏斜，边缘有细锯齿，叶上面中脉密被淡褐色毛及腺鳞，下面有灰色腺鳞，叶脉及脉腋有白色毛；叶轴有白色弯曲毛及褐色腺鳞。雄花序长7~17cm，花序轴有白色毛及褐色腺鳞，花梗长约2mm，雌花序长20~26cm，有花7~10朵，花梗长约1mm，柱头淡绿色。果翅圆形，直径2.5~6cm，柱头及花被片宿存。花期5—6月，果期9月。其树形像柳树，果实如古铜钱，约10个果实串生在一起，层层叠叠，颜色碧绿，故名"青钱柳"。

二、分布

青钱柳为我国特有的珍稀植物，是国家保护的濒危植物之一。分布在我国浙江、江苏、安徽、江西、福建、湖南、湖北、广东、广西、四川、贵州、云南、陕西、台湾等省份。分布范围广，多生于海拔420~1 100m（东部）或420~2 500m（西部）的山区、溪谷、林缘、林内或石灰岩山地，喜生于温暖湿润肥沃，排水良好的酸性红壤，黄红壤之上，适生于湿度较大的环境中，在土壤干旱瘠薄的地方生长不良。青钱柳常与银鹊树、大叶楠、青冈、紫楠、浙江柿、香槐、柳杉、四照花、天竺桂等混生，组成常绿与落叶阔叶混交林群落，近年来，浙江省、湖南省，湖北省、江西省、贵州省等地已规模化栽培种植。

浙江省境内青钱柳野生资源分布在丽水、宁波、安吉、临安、淳安、建德、嵊县、镇海、开化、仙居、天台等野外，生于海拔400~1 300m之间的山坡、溪谷、林缘或散生于潮湿森林内。（浙江植物志）在浙江省丽水市每个县都有野生分布，但青钱柳的野生数量稀少，多呈零星状分布，丽水，温州，衢州，金华等地区现规模化种植。

第三节 栽 培

一、生态环境条件

青钱柳为落叶大乔木，树干通直，常处林分林冠上层，自然整枝良好。是在天然林中40~50年生的大树，枝下高可达9m，青钱柳大树喜光，幼苗幼树稍耐荫，喜生于温暖、湿润肥沃、排水良好的酸性红壤、黄红壤之上，适生于湿度较大的环境中。青钱柳根系十分发达，主侧根多分布于40~80cm的土层中。青钱柳常与银鹊树、大叶楠、青冈、紫楠、浙江柿、香槐、柳杉、四照花、天竺桂等混生，组成常绿与落叶阔叶林群落。在青钱柳的分布区，由于种子发芽率低，其天然更新能力较弱，很难找到幼树幼苗，通常是通过人工进行育苗[3]。

丽水市遂昌县，县境山地属仙霞岭，海拔高153~1 724.2m，北纬28°13′~28°49′，东经118°41′~119°30′。属中亚热带季风类型，冬冷夏热，四季分明，雨量充沛，空气湿润，山地垂直气候差异明显。全年平均气温16.8℃，年降水量1 510mm，降水日数172d，年太阳总辐射量每平方厘米101kcal，年日照时数1 755h，年无霜期251d。境内土壤种类有红壤、黄壤、岩性土、潮土、水稻土等5个土类，11个亚类、34个土属、70个土种，并有明显的分布范围。海拔800m以上主要是黄土壤。黄、红壤土分别占全县土壤分布总面积的43%和48%，适宜发展林业生产和茶果等经济特产；生物资源十分丰富。据初步统计，全县已知高等植物252科、982属、2 419种，其中种子植物151科、724属、1 766种，除去少数为引进栽培外，绝大部分为本地的自然分布种。遂昌县在牛头山林场、应村乡等地发现有青钱柳野生群落，说明该县是青钱柳的原生区和适生区，具有开发的先天地理条件。于2013年开始在湖山乡三归村、王村口镇官塘三井村等地规模化基地种植青钱柳。目前，全县已建成青钱柳基地近5 000多亩。

二、育苗技术

现有的技术规范有国家林业行业标准《青钱柳播种育苗技术规范》LY/T 2311—2014及2017年遂昌县农业局起草的《青钱柳生产技术规程》，本地区可以参照该技术规程育苗、种植。

苗圃地宜设在交通方便、地势平坦、排灌通畅的地方，土层要求深厚、肥沃的微酸性沙质土壤或壤土；地下水位1m以下。冬季土壤封冻前进行全垦，深25～30cm以上，挖好排水沟，沟深50～60cm，翌年春季播种前精细整地，基肥以有机肥为主，全垦前每公顷施腐熟的农家肥22 500kg或腐熟饼肥1 500kg，翻耕进入耕作层，作床，高床，床面高100～120cm，步道宽40cm，床面高出步道25～30cm，长度随地形而定。种子处理：将带翅的种子晒至松脆时搓碎果翅，扬净，然后将纯净种子用水或饱和盐水进行选种，留取下沉种子（饱满种子）晾干备用。预处理，用98%的浓硫酸浸泡，期间每1h搅动一次。处理时间依据种子千粒重而定：小粒种子（千粒重130~150g），浸泡6~7h；中粒种子（千粒重150~170g），浸泡7~8h；大粒种子（千粒重170~190g），浸泡8~10h。处理后滤出种子流水冲洗搓去表面黑色碳化物，再将种子在清澈的流水下冲洗48h，彻底冲净硫酸。将选好后的种子或酸蚀后的种子用浓度为500mg/kgGA3浸种48h，每天搅动2~3次，每天换溶液一次，激素浸泡后的种子采用层积处理进行催芽，用500mg/kgGA3溶液拌沙，将沙与种子混合，沙与种子的体积比为3:1，混沙后的种子可选择下列方式催芽，变温层积：在15℃、12h和4℃、12h条件下层积，酸蚀处理的种子不少于3个月、未酸蚀种子不少于12个月；低温层积：在0~5℃条件下层积，酸蚀处理的种子不少于3个月、未酸蚀种子不少于12个月；冬季可直接置于室外层积，酸蚀处理的种子不少于3个月、未酸蚀种子不少于12个月。层积期间定期管理，半个月翻动一次；层积期间加强水分管理，保持储藏室温度6°以上，湿度55%。水分管理则用500mg/kgGA3溶液调节湿沙含水量。播种时间宜在2月下旬至3月进行，当10%~20%的种子露白时进行播种采用条播，行距30cm，沟深3~5cm。播种后覆土1~2cm，轻轻镇压，用作物秸秆或类似保温材料覆盖，浇水，播种量依据种子质量而定，育苗密度约10 000~12 000株/hm²，播种后约30d揭除1/2的覆盖物，再过5d后全部揭去，幼苗长至7~10cm时，进行间苗和补苗。幼苗期以人工除草为主，坚持除早、除小、除了的原则。松土应及时、全面。苗期要及时进行清沟排水，保持土壤湿润。苗木生长期间要适时进行追肥，前期主要以氮肥为主，每月1次，施尿素75kg/hm²，可将尿素溶于水中进行叶面喷施；后期应增施磷钾肥，宜用0.1%~0.3%磷酸二氢钾溶液喷施。7—8月是苗木生长高峰期，也是高温时期，为防止幼苗灼伤，宜搭盖遮阳网进行遮阴，同时要做好除草、松土、排灌水等田间管理。9月后，撤除遮阳网，停止施肥。苗木病害主要有立枯病。一般发生在6—7月，严重时能造成苗木大量死亡，以预防为主，播种前宜用150kg/hm²石灰弹进行土壤消毒。苗木出土后应加强苗木管理，及时松土和间苗，雨季要及时排水。苗木虫害主要有地老虎、蛴螬等地下害虫。可用杀虫灯诱杀，或用辛硫磷颗粒剂拌细土撒施或穴施。苗木地上部分生长停止后至春季萌动前起苗，尽可能做到随起随栽。

三、种植技术

园地选择，宜选择生态环境良好，无污染，海拔500m以上，土壤透气性好的地方作为园地。园地在造林前1个月全面清理，清除园地上的杂草和灌木，块状整地。作穴，株行距宜1.5m×1.5m或1.5m×2m或2m×2m，穴深50～60cm，上下两行错位挖穴。深施有机肥25～30kg/穴，有机肥表面宜覆盖10cm左右土。苗木移栽，青钱柳宜在冬眠期移栽，适宜时间10月底至3月底，冰冻期不宜移栽。选用2年生或1年生苗，用1年生苗木种植时，由于苗木主根不明显，侧根须根多，从起苗到栽植应保持根系处于湿润状态，尽量缩短从起苗到栽植的时间。种植前，宜将枝叶修剪完，只留25～30cm主干，刀口用蜡或树胶涂抹封口，用200～500mg/L的生根粉溶液浸根30min左右。栽入穴后回填表土，用200～500mg/L的生根粉溶液作定根水浇透。移栽初期，每3～5d浇水一次，保持穴周围湿润，不积水。移栽1个月后，要对苗进行一次检查，发现枯苗、缺苗，宜在种植季节及时补苗，以保证全苗。前5年，做好补植，除杂灌，扩穴松土等工作，有条件的地方可以施肥。叶用青钱柳每年休眠期进行修剪，宜控制株高在2.0m以内，主干高1.5m，便于人工采叶，同时提高叶片产量。青钱柳病虫害少见，有蜡蝉等害虫，应贯彻预防为主原则农业防治、人工防治、生物防治为主。加强田间检查，发现枯枝病枝，过密的枝叶及时修剪。防治蜡蝉可用人工捕杀、放鸡啄食。用1.5kg生石灰兑水50kg的石灰水溶液喷洒植株，对杀死蜡蝉等若虫有较好效果，同时可防治立枯病。对小面积病害可用草木灰挥洒。使用生物农药、天敌等防治病虫害。

四、采收加工

1.采收时期

一般春、夏季采收。中药材质量的优劣，取决于功能性成分含量的高低，中药材适时采摘，才能保证药材的品质和疗效，对青钱柳中黄酮类、三萜类、多糖的动态研究表明，产地不同，最佳采收期不同[4]。吴琳琳等对贵州省黔东南州产的一年中采集3—11月的青钱柳叶黄酮类成分的研究，结果绿源酸与异槲皮苷7月初最高，槲皮素与山柰酚8月末和9月初最高；[5]楚秀丽等对不同种源的青钱柳叶黄酮类物质的测定，结果湖南和江西种源总黄酮含量7月最高，浙江安吉种源的10月最高[6]；周晓东对青钱柳叶中可溶性多糖含量的测定，结果在4—11月间呈现先降低后升高再降低的规律，4月含量最高，第二个高峰出现在10月，考虑到10月叶片总量要远多于4月，故将10月定为多糖用叶片最佳采收期[7]。柏明娥等通过对浙江省衢州市上方镇上龙村人工栽培5年生的青钱柳为研究对象，采集4—9月的青钱柳叶片中黄酮、多糖、三萜及黄酮类化合物的含量测定，从青钱柳叶片中主要活性成分的动态变化来看，以黄酮和多糖含量为指标的采收季节应以4—5月为佳，而以皂甙含量为指标的采收季节应以9月为佳[8]。郑晓杰等想为探究青钱柳叶适宜采收期，以浙江文成（WC）和湖南张家界（ZJJ）同种源5年生青钱柳为对象，研究其嫩叶抗氧化活性与酚类物质积累的动态变化。结果表明，随着采收期延迟，WC青钱柳叶自由基清除能力、还原力、总酚含量和总黄酮含量呈先增后降趋势，均在8月达到峰值；而ZJJ青钱柳叶抗氧化活性和总酚含量表现出增加-降低-增加的双峰特征，除9月外总黄酮含量未有明显变化。笔者采集丽水市青田县野生青钱柳树一年中4—10月的青钱柳叶，晒干泡茶，6—8月采摘的口感较好，味甜微涩，9月下旬采收的叶泡茶味比较涩口。对黄酮类成分进行测定，4月嫩叶期最高，然后下降，第二高峰期在

10月初。对种植基地采收的青钱柳叶黄酮类测定结果，9月较高。建议本地制作嫩叶茶在春季青钱柳刚刚发芽时采收，制作原叶茶的在10月前采收。

2.加工方法

作为药材采青钱柳原叶，洗净，鲜用或干燥。合理干燥，科学加工，都是保证和提高药材质量的重要途径。加工方法影响药材的质量，影响功能性成分的高低，[9]李德鑫等研究不同干燥方法对青钱柳叶中槲皮素含量的影响，结果青钱柳在阴干、晒干和微波减压干燥条件下槲皮素含量较高，干燥方法以晒干为佳。

青钱柳茶的加工流程一般为采摘、净制、杀青、揉捻、分拣、干燥。杀青是茶叶加工中常用的工艺，通过杀青可以破坏叶片中的酶，停止叶片中的氧化反应以保证良好的感官效果，并且可以防止酶对叶片中有效成分的水解[10]。蒋向辉等研究不同采后加工方法得到的青钱柳总皂苷含量，在2.59%～6.52%，在80℃下边搓边烘处理的青钱柳药材总皂苷含量最高。青钱柳叶表皮细胞外壁的角质层较厚，叶表皮还有许多小乳突、腺毛、盾状鳞片和非腺毛表皮毛，可阻止植物体内的水分外逸。研究结果表明开水浸烫和搓揉的方法可破坏青钱柳表面角质层，加快干燥速度，有助于总皂苷成分保留。边搓边烘的方法比烫后边搓边烘得到的总皂苷含量高，80℃边搓边烘为青钱柳最佳处理方法，该研究结果也验证了传统青钱柳加工的科学性。

丽水市遂昌县农业局起草了适宜于本地的青钱柳茶加工技术规范，指导种植基地对青钱柳茶的加工，作为制作嫩叶茶的要求采摘青钱柳新梢长度6～7cm，茎梗绿色未木质化。盛装鲜叶的器具应清洁、通气良好，如竹篮、网眼茶篮（篓）等，保持芽叶完整、新鲜、匀净，要求不夹带老梗老叶。青钱柳茶工艺流程为鲜叶整理→摊青→杀青→摊晾回潮→揉捻→解块分筛→（烘）炒二青→摊晾回潮→复炒→烘干（足干），包装。

第四节　化学成分

青钱柳化学成分有很多，目前已分离并获得的主要有黄酮类、多糖类、三萜类、酚酸类和无机元素类等成分，从研究部位来看，研究多集中在青钱柳叶，而对其根的研究报道很少[11-13]。

1.多糖类

10个及以上单糖以β-糖苷键为主要链接构成的糖链称之为多糖，是植物中含量最高的活性成分之一。舒任庚等最早检测出青钱柳嫩叶中含有多糖成分，并测定出其含量达到0.65%。王小江等采用PMP柱前衍生—高效液相色谱法（HPLC）测定了青钱柳多糖的单糖组成，结果表明，青钱柳多糖由8种单糖组成，分别是半乳糖醛酸、半乳糖、阿拉伯糖、甘露糖、木糖、鼠李糖、葡萄糖醛酸。

2.黄酮类

目前从青钱柳叶中提取分离出的黄酮主要是黄酮醇类化合物，学者们从青钱柳叶中分离出化合物17种，分别为山柰酚、槲皮素、异槲皮苷、山柰酚-3-O-β-D-吡喃葡萄糖醛酸苷、山柰酚-7-O-α-L-鼠李糖、山柰酚-4′-甲醚-7-O-β-D-甘露糖苷、山柰酚-3-O-β-D-吡喃葡萄糖醛酸钠盐、槲皮素-3-O-β-D-葡萄糖醛酸钠盐、杨梅素-3-O-β-D-葡萄糖醛酸钠盐、槲皮素-3-O-α-D-葡萄糖醛酸苷、槲皮素-3-O-β-D-葡萄糖醛酸苷、杨梅素-3-O-β-D-葡萄糖醛酸苷、槲皮素-3-O-α-L-鼠李糖苷、3-氧-咖啡酰基奎宁酸丁酯、3，6，3′，5′-四甲氧基-5，7，4′-三羟基黄酮醇等黄酮类物质，张晓瑢等用甲醇浸提青钱柳根干粉，用硅胶柱层析法分离出乔松素-7-O-吡喃葡萄糖苷、南酸枣苷黄酮类物质，研究发现，青钱柳叶中的黄酮类化合物主要是黄酮醇。同时杨武英等进一步研究发现青钱柳黄酮（CPF）通过与α-葡萄糖苷酶结合来抑制

α-葡萄糖苷酶活性从而降低高血糖小鼠空腹血糖。

笔者课题研究组成员用UPLC-MS/MS测定青钱柳中的黄酮类成分，研究发现青钱柳叶中槲皮素-3-O-β-D-吡喃葡糖苷酸的含量最高，约占黄酮总量的78%，而异槲皮苷含量约占黄酮总量的8%，查阅相关文献，马开等[14]研究青钱柳叶黄酮类成分中槲皮素-3-O-β-D-吡喃葡糖苷酸在青钱柳叶中含量较高。这与之前有文献研究测定青钱柳黄酮成分时，认为异槲皮苷在青钱柳叶中含量最高有差异，而高效液相色谱法测定青钱柳黄酮成分，这两种成分保留时间接近，高效液相色谱图中表现为一个色谱峰，难分离，容易混淆，现予以纠正。

3.三萜类

三萜类化合物也是青钱柳的主要功能性成分之一。研究表明，三萜类化合物具有一定的降血糖和降血脂作用。青钱柳三萜最早由舒任庚等从青钱柳嫩叶、嫩芽中提取、分离得到，经分离、分析最终确定了结构分别为青钱柳苷Ⅰ、Ⅱ、Ⅲ。随后又从青钱柳中发现青钱柳酸A、青钱柳酸B、2a-羟基熊果酸、阿江榄仁酸、齐墩果酸和乌索酸等多种不同结构的三萜化合物，近几年，学者们从青钱柳中分析、纯化得到β-香树脂醇、α-乳香酸、β-香树脂酮和β-乳香酸，青钱柳苷D、E、F、G等多种成分。迄今为止在植物中提取分离得到的三萜类已经达到26种之多。

4.有机酸类

据已知资料显示，最近几年有关于青钱柳的有机酸类和酚酸类的研究较少，但是有机酸类化合物同样也是青钱柳的另一种重要功效类物质。现有研究发现，青钱柳中含有苯甲酸、香草酸、没食子酸、咖啡酸、1-咖啡酰奎宁酸、3-咖啡酰奎宁酸、4-咖啡酰奎宁酸、5-咖啡酰奎宁酸、4-羟基-3-甲氧基苯甲酸、原儿茶酸、反式对羟基桂皮酸、3′-O（-反式-4-香豆酰)-咖啡酰奎宁酸丁酯、5′-O（-反式-4-香豆酰)-咖啡酰奎宁酸丁酯、硬脂酸、棕榈酸、山俞酸2-氨基-3，4-二羟基-5-甲氧基苯甲酸、逆没食子酸等18种有机酸类物质。

5.无机元素

青钱柳中含有大量的无机成分，如人体必需的钙、钾、磷、镁等元素，此外，还含有铁、锌、硒、铜、锰、铬、钒、锗等微量元素。李磊等对青钱柳中多种元素的含量和化学形态进行了研究，发现锌的质量分数比较高；青钱柳中与人体糖代谢和胰岛素作用关系密切的元素，如镍、铬、钒、硒的质量分数比普通植物高，其中，铬、镍、钒的含量大约为茶叶的10倍，而硒的含量还略高于紫阳富硒茶中硒的平均质量分数。

6.其他成分

研究表明，青钱柳中还含有维生素A、维生素E、维生素C及色氨酸、肌醇、β-谷甾醇、胡萝卜苷、胡萝卜素、蒽醌、棕榈酸、内酯、硬脂酸等化合物。

第五节 药理与毒理

一、药理作用

青钱柳具有降血糖、降血压、降血脂、抗氧化、防衰老、抑菌、抗癌、增强机体免疫力等[15, 16]。

1.降血糖作用

现代研究表明，青钱柳叶含有大量黄酮、三萜和多糖成分，其醇提物及水提物具有显著的降血压和降血脂作用，研究表明，青钱柳叶多糖成分具有明显的降血糖作用，并可增强糖尿病小鼠对葡萄糖的耐受力，保护胰岛细胞。其还能显著增加IR-HepG2细胞的糖耗量，改善胰岛素抵抗。王晓敏等发现青钱柳叶水提液具有降糖、提高免疫力、减少四氧嘧啶对胰岛细胞破坏的作用，从而推测其可能是通过保护胰腺细胞来实现降糖作用。王文君等研究了青钱柳70%乙醇提取物对糖尿病小鼠的降血糖作用，结果表明青钱柳能较迅速地发挥降血糖作用，对小鼠的体重有一定的影响，可以提高糖尿病小鼠对葡萄糖的耐受能力，而其降血糖的机制可能是青钱柳有效成分刺激了残存的B细胞，促使胰岛素分泌。Kurihara H等研究表明青钱柳提取物是通过降低肠道的双糖酶来达到降血糖的作用，并能通过激活消化脂肪的酶可有效抑制餐后高血糖小鼠的血糖升高。李品等发现从青钱柳叶中提取的一种内酯和苯甲酸的衍生物具有明显的抑制葡萄糖苷酶及a-1，4聚糖正磷酸酯葡糖基转移酶的作用，可降低血糖。

2.降血压作用

研究表明，以青钱柳的叶泡茶，服用茶水后可有效改善高血压患者的头晕、胸闷等现象，更能有效降低患者血压。研究证实，青钱柳叶水提物和总黄酮能降低自发性高血压大鼠的收缩压和舒张压，且不影响心率；可改善左心室肥厚指数以及肾、脾和血管的病变，升高红细胞、血红蛋白、谷胱甘肽过氧化物酶、一氧化氮、总一氧氮合酶含量，降低血浆心房钠尿肽含量，降低肾脏Ki-67和血管内皮生长因子的阳性表达率。

3.降血脂作用

青钱柳中已知含有的三萜类化合物能够起到有效降低血脂的作用，并且青钱柳中还含有微量元素硒，能够有效地改善脂质代谢。青钱柳中的多糖类化合物能有效降低高脂血症动物的TC和LDL值，并且在治疗高脂血症时呈现一定的量效关系。研究证明，青钱柳茶降血脂和降胆固醇的有效率为66%，对冠心病患者症状的改善率为75%，心电图改善率为78%。此外，还有资料显示青钱柳可以通过抑制消化脂肪酶的活性从而降低血脂水平。常年饮用以青钱柳叶泡制的茶水还能显著降低机体甘油三酯和胆固醇含量，可用于防治心血管疾病等慢性疾病。

4.抗氧化和抗衰老作用

有资料显示，青钱柳多糖在体外、体内都有较为明显的抗氧化作用。吕洪雪等研究发现，青钱柳多糖对心肌缺血再灌注损伤大鼠的心肌细胞具有保护作用，其作用机制可能与抗脂质过氧化、清除机体自由基有关。此外，由于青钱柳中含有维生素E等成分，从而能够起到一定的抗衰老作用。

5.其他作用

黄贝贝等研究发现，青钱柳提取物在体外能有效抑制金黄色葡萄球菌、溶血性链球菌等革兰阳性菌，表明具有抗菌作用；刘昕等研究发现青钱柳多糖能有效抑制人宫颈癌细胞的生长，表明其具有一定的抗癌作用。此外，有研究表明，青钱柳可增强腹腔巨噬细胞的吞噬率，从而提高机体的免疫力。

二、毒理

2013年卫健委评为新食品资源，使用安全。查阅相关文献，青钱柳无急性毒性和遗传毒性报道。

第六节　质量体系

一、收载情况

1.药材标准

《中华本草》.第二册.国家中药管理局编委会，1999.

《贵州省中药、民族药药材标准》.第一册.2019年.

2.饮片标准

安徽省中药饮片炮制规范. 第三版. 2019年.

二、药材性状

1.《中华本草》第二册

小叶片多破碎，完整者宽披针形，长5～14cm，宽2～6cm，先端渐尖，基部偏斜，边缘有锯齿，上面灰绿色，下面黄绿色或褐色，有盾状腺鳞，革质。气清香，味淡。以叶多、色绿、气清香者为佳。

2.《贵州省中药、民族药药材标准》第一册. 2019年.

小叶片多破碎，叶片革质，长椭圆状卵形至阔披针形，长5～14cm，宽2～6cm，先端渐尖，基部偏斜，边缘有锯齿，上面灰绿色，下面黄绿色或褐色，网状脉明显，有灰色细小的鳞片及盾状腺体。气清香，味淡。

三、炮制

安徽省中药饮片炮制规范（第三版）2019年版，取原药，除去杂质。

四、饮片性状

安徽省中药饮片炮制规范（第三版）2019年版。

本品小叶片多破碎，完整者宽披针形，长5～14cm，宽2～6cm，先端渐尖，基部偏斜，边缘有锯齿，上表面灰绿色，下表面黄绿色或褐色，革质。气清香，味淡。

五、有效性、安全性的质量控制

收集《中国药典》、全国各省市中药材标准及饮片炮制规范、台湾、香港中药材标准等质量规范，按鉴别、检查、浸出物、含量测定，列表8如下。

表8　常用标准汇总表

标准名称	鉴别	检查	浸出物	含量测定
《安徽省中药饮片炮制规范》2019年版	显微鉴别（粉末）；薄层色谱鉴别（以槲皮素、山柰素对照品为对照）	水分不得过10.0%；总灰分不得过13.0%	醇溶性热浸法（应不得少于25.0%）	
《贵州省中药、民族药药材标准》（2019年版）（第一册）	显微鉴别（粉末）；1.薄层色谱鉴别（以槲皮素、山柰素对照品为对照）；2.薄层色谱鉴别（以绿原酸对照品为对照）	水分不得过12.0%；总灰分不得过7.0%；酸不溶性灰分不得过3.0%	水溶性热浸法（应不得少于7.0%）	

六、质量评价

1.质量研究

（1）指纹图谱。指纹图谱可以较全面的评价药材的质量，各种因素对药材质量的影响，由于中药成分的复杂性，仅仅以某一个单纯成分为指标难以体现中药作用的整体性，但指纹图谱作为一种综合的、整体的鉴定手段，可以全面地反映中药的成分信息，准确且量化地对药材进行鉴别和质量评价。查阅相关文献，青钱柳叶化学成分多，近年来学者们对青钱柳指纹图谱研究较多[17]。朱铠等用指纹图谱技术建立了青钱柳药材的HPLC指纹图谱，确立了32个共有峰的共有模式，10个批次青钱柳样品指纹图谱各色谱峰的分离较好，符合指纹图谱检测要求[14]。马开等建立了青钱柳叶的指纹图谱，并确定29个共有峰，相似度为0.579～0.887。指纹图谱结合化学计量学方法可以用于不同产地来源的青钱柳叶的质量评价，为其全面质量控制提供参考。

（2）含量测定。采用所建立的方法对不同产地12个批次青钱柳叶进行了含量测定，测定的16个成分在12个批次青钱柳叶中的含量相差数倍至数10倍，说明不同产地青钱柳叶内在质量差异显著。其差异的原因有：药材收集于不同的地方、采收季节不一致（鲜叶、落叶）、干燥方法（烘干、阴干、晾晒）及干燥程度不同等。生态环境对药用植物中的代谢产物（化学成分）具有较大的影响，汪荣斌等[18]研究发现：不同产地青钱柳叶中绿原酸、山奈素含量分别在0.589 9～5.869 0mg/g、0.156 7～1.488 8mg/g；异槲皮苷、槲皮素、山奈酚最大含量分别为7.345 1mg/g、1.170 0mg/g、3.579 9mg/g，最低则未检出，可见不同产地来源的青钱柳叶样品间5种成分含量差异较大。

（3）重金属监控。吴琳琳等[19]对青钱柳叶5种有害重金属元素残留量测定，参考中国药典2015年版一部对部分植物药材的重金属及有害元素的限量规定，同时结合《WM/T 2—2004药用植物及制剂外经贸绿色行业标准》对药用植物原料、饮片、提取物制剂的重金属限量的统一规范，即：铅不得过5mg/kg，镉不得过0.3mg/kg，砷不得过2mg/kg，汞不得过0.2mg/kg，铜不得过20mg/kg。本研究对12批不同来源的青钱柳叶5元素的含量进行测定，结果分别为0.974 3～4.058、0.054 4～0.276 4、0.321 2～0.768 5、0.085 36～0.146 2、5.259～16.68mg/kg，均未超出限量值，表明青钱柳叶样品重金属及有害元素污染程度较低，安全性相对较好。丽水本地实验室采用ICP-MS法对丽水市遂昌两家基地种植的青钱柳叶的重金属及有害元素进行测定，结果均未超过限量值，种植基地为有机种植，产品安全，质量较好。

2.真伪品的鉴别

（1）青钱柳茶的鉴别。近年来，青钱柳以其特有的保健效果和生物活性，越来越受到人们的关注，青钱柳茶的销售额和市场前景呈现逐年增加的趋势。然而，随着青钱柳茶的市场份额不断扩大，受青钱柳资源限制以及青钱柳叶难以辨别的影响，青钱柳茶掺假现象严重，从青钱柳茶形态上，食品检验者及普通民众无法直接辨别青钱柳茶的真伪，而现有法定标准只有安徽省中药饮片炮制规范，把青钱柳叶列入药品法定标准较晚，并且标准检验项目少，无法客观评价青钱柳茶的品质，尤其常见掺入形状相似、价格便宜但无活性的枫杨叶，南京林业大学李婷婷等[20]发明了青钱柳茶的鉴别方法，并申请了专利，通过对电子鼻和电子舌检测后得到的数据进行PCA和DFA分析，并结合GC-TOFMS质谱图可以的对青钱柳茶的真品、伪品、掺伪品以及青钱柳茶的产地进行鉴别，具有识别度高，鉴别速度快的优点，有效的缓解了现有青钱柳茶真伪以及品质产地不易甄别的问题。

（2）青钱柳叶的结构鉴别。胡桃科植物叶片形态非常相似，均为羽状复叶，小叶羽状脉，基部偏斜，表面具有短柔毛、腺体和盾状鳞片，叶缘通常具细锯齿，这些特征使叶片的形态识别变得非常困难[21]。孙同兴等利用叶表皮离析方法、脉序离析法、石蜡制片和扫描电镜法对青钱柳叶片的形态结构进行了研究。青钱柳叶表皮有许多小乳突、腺毛，盾状鳞片和非腺毛表皮毛，气孔器不规则型，仅分布于下表面，靠近表皮的叶肉组织中有规律地分布含簇晶的细胞，主脉中维管组织环状，封闭，具有一个副维管束，二级脉在叶缘内分支，相互连接形成脉环，三级脉及顶型，脉间区内充满分支的自由结束的小细脉。在扫描电镜下，胡桃科植物叶的微形态有明显区别，黄杞、美黄杞属、果黄杞属都具有表皮毛和盾状鳞片，但黄杞的角质层没有乳突、表面相对平滑，而后两种植物叶片角质形成明显的乳突状，两种叶片的区别在于果黄杞属的角质层乳突和盾状鳞片较小，而Alfaroa costaricensis的角质层乳突和盾状鳞片都较大。青钱柳和美黄杞属、果黄杞属叶表面特征也极为相似，都具有角质层乳突和较大的盾状鳞片，但美黄杞属和黄杞属植物叶脉都是封闭的，脉间区内没有自由结束的小脉，而青钱柳叶片小脉间区内充满分支的自由结束的小脉。胡桃科植物叶内普遍具有晶体，青钱柳叶肉组织中有规律地分散着体积较大的含簇晶细胞，而黄杞属植物叶肉组织中的簇晶比青钱柳叶内的簇晶要小的多，而在山核桃属、胡桃属、化香树属、枫杨属的一些种内，叶肉组织中则具有单晶体细胞，且这些晶体主要存在于靠近叶脉的细胞内。

以青钱柳叶为原料生产代用茶的食品企业标准，有通化润森堂野生资源开发有限公司Q/TRYS0052S—2014标准，中民康达药业股份有限公司Q/ZMKD0018S—2018标准等。标准中的技术要求有：感官要求；理化指标（水分≤8.5%，总灰分≤8.0%）；污染物限量（铅≤0.48mg/g，六六六，滴滴涕等农药残留应符合GB 2763中相应种类的规定）。净含量应符合国家质检总局令第75号（2005）的规定，生产加工过程的卫生要求应符合GB 14881的规定。按照企业标准，对青钱柳叶为原料制成代用茶的安全性进行考察。

第七节　临床应用指南

一、性味

《贵州省中药、民族药药材标准》（2019年版）（第一册）：性平，味辛、微苦。

安徽省中药饮片炮制规范（第三版）2019年版：性温，味辛，微苦。

《中华本草》（第二册）1999：性平，味辛，微苦。

二、归经

《贵州省中药、民族药药材标准》（2019年版）（第一册）：归肺、肝经。

安徽省中药饮片炮制规范（第三版）2019年版：归脾、胃经。

三、功能主治

《贵州省中药、民族药药材标准》（2019年版）（第一册）：生津止渴，清热平肝，祛风止痒。主治消渴，眩晕，目赤肿痛，皮肤癣疾及便秘。

安徽省中药饮片炮制规范（第三版）2019年版：清热消肿，止痛。用于顽癣。

《中华本草》（第二册）1999：祛风止痒。主治皮肤癣疾。

《全国中草药汇编》：嫩叶捣烂取汁擦癣。

《中国中药资源志要》青钱柳树皮、叶具有清热消肿、止痛的功能。

民间：清热解毒，生津止渴，降压强心，延年益寿。

《中药资源志要》记载，青钱柳叶具清热消渴解毒之效。

《全国中草药名鉴》记载：青钱柳树皮，叶，根有杀虫止痒，消炎止痛祛风之功效。

四、用法用量

6～15g。外用适量，鲜品捣烂取汁涂抹患处。

五、注意

药性偏凉，不宜空腹饮用青钱柳茶，脾胃虚寒者慎用。

六、附方

1.治疗普通糖尿病

单味青钱柳10g，泡茶喝。

2.治肺肾两虚糖尿病

天冬10g，青钱柳10g，开水泡服。

3.气阴两虚糖尿病

西洋参3～5g，麦冬10g，青钱柳10g，开水泡服。（附方来自丽水市中医院）

第八节　丽水资源利用与开发

一、资源蕴藏量

丽水市遂昌县在牛头山林场、应村乡等地发现有青钱柳野生群落，该县有种植青钱柳先天地理条件。

还有青田、丽水连都等地均有野生青钱柳。

二、基地建设与产业发展情况

遂昌县维尔康青钱柳专业合作社，基地位于浙江省西南部，海拔1 500m以上的高山上，云雾缭绕，山青水秀，素有"钱瓯之源、江南绿海"之誉，森林覆盖率达82.3%，是一个"九山半水半分田"的典型山区县，全县的负氧离子含量平均值达9 100个/cm³，高出世界清新空气标准6倍以上，属于特别清新类型。2012年成立，经过7年的经营，现有青钱柳基地301亩，青钱柳树21 000多株，还有青钱柳苗圃基地22亩，有6年景观苗500多株，4年苗8 000多株，3年苗15 000多株，2年苗6 000多株，年产青钱柳嫩叶茶1 500kg，年产青钱柳原叶茶10 000kg，加工成高档礼盒1 500多份，中档礼盒1 500多份，简装6 000多份，加工成超细粉7 500kg，简装原叶

5 000kg。高海拔，好空气，好山好水，独特的自然环境赋予高品质青钱柳茶。

遂昌县湖山乡三归村桃柿坛垦造耕地项目于2013年竣工验收，新增耕地面积219.4亩。之后被浙江远扬农业发展有限公司承包用于种植青钱柳。该公司则将其加工成保健茶原材料，每亩经济效益达到万元。现种植规模已扩大至近3 000亩。另外，公司还带动了5 000多户农户种植青钱柳，每户每年能增收2万余元，而且效益还将持续上升，青钱柳成为了当地村民致富的"金钱柳"。

三、青钱柳加工企业介绍

浙江远扬农业发展有限公司办公室地址位于中国长寿之乡、中国椪柑之乡、中国竹炭之乡丽水，浙江丽水遂昌县妙高街道龙谷路A5号1-3单元，于2014年10月23日在遂昌县工商行政管理局注册成立，注册资本为500万元人民币，浙江远扬农业发展有限公司是一家专业从事青钱柳种植、研发、生产、销售的企业。在浙江省遂昌县拥有3 000多亩青钱柳种植基地，10 000m²青钱柳深加工厂，种植野生青钱柳32万棵,基地于2017年通过有机认证，并被评为浙江省道地优质中药材示范基地。此外由公司供应树苗，回收原材料的模式带动农户种植5 000多亩。公司拥有"绛芷堂"品牌并且申报

了青钱柳四项专利。目前生产的产品主要有：青钱柳茶叶、茶粉、原叶茶、浓缩粉、泡腾片、压片、饮料、口服液、糖尿病代餐饼、代餐粉、青钱柳酒、金钱菩提、摇钱树干花工艺品等产品，成为青钱柳行业研发、生产产品品种最多的厂家。

四、产品开发

我国对青钱柳研究起步于20世纪80年代，专注于青钱柳的药用与保健功能的开发利用。国内利用青钱柳开发保健品和药物剂型已有20年左右历史，近10多年呈突飞猛进之势，特别是用青钱柳为原料生产的保健茶获得美国食品与药品管理局FDA认证，令相关科技工作者与企业格外振奋。我国青钱柳分布较多的省份都有以生产青钱柳叶为主要产品的企业，浙江远扬农业发展有限公司是一家专业从事青钱柳种植、研发、生产、销售的企业，青钱柳制剂在临床的开发应用具有无限的潜力和广阔的前景。

1.食用（茶）

青钱柳叶一直被当做茶来饮用，2013年10月30日国家委计委正式批准青钱柳叶为新食品原料，可以作为普通食品食用，并且规定其食用方式为冲泡，因此当前青钱柳叶的主要利用形式是制茶。丽水本地生产的有浙江远扬农业发展有限公司生产的绛芷堂青钱柳茶叶、茶粉、原叶茶等产品；遂昌县维尔康青钱柳专业合作社生产的九龙金康牌青钱柳嫩叶茶、青钱柳原叶茶、超细粉等产品。

2.保健品的开发

调查显示，江西修水地区最早研究青钱柳的现代应用，江西神茶实业有限公司生产保健品较多，以青钱柳叶为主要原料的养生保健产品很多，如有卫食健字号的商品有调节血糖、血脂功能的青钱牌迪可莱茶，调节血压功能的青钱牌普莱雪茶，减肥功能的俏格格牌素丽美茶（二合一）等。

浙江远扬农业发展有限公司生产的绛芷堂青钱柳降糖系列产品主要有：功能性大米、浓缩粉、泡腾片、压片、饮料、口服液、糖尿病代餐饼、代餐粉、青钱柳酒等产品，适合高血糖、高血压与高血脂，尤其在降低血糖方面，有不少糖尿病患者饮用之后，收到了良好的降血糖的辅助治疗作用，疗效明显；据试验醒酒效果也很好。

3.观赏价值的应用

青钱柳属落叶速生乔木，树木高大挺拔，枝叶美丽多姿，其果实像一串串的铜钱，从头年10月至第二年一直挂在树上，迎风摇曳，别具一格，可作为园林绿化观赏树种。还有制作工艺品，如金钱菩提、摇钱树干花等工艺品。

4.工业用途

青钱柳树干高大通直，木材强度高，有光泽，纹理交错，结构略细，属优良木材；加工容易，胶粘性和油漆性能好，是家具良材；树皮含鞣质及纤维，为橡胶及造纸原料，可提制栲胶，亦可做纤维原料。

第九节　总结与展望

青钱柳茶是我国人民在长期的生活实践中发现，经过千百年的经验总结，具有良好的药用、保健、观赏、用材价值。多分布在偏远山区，以野生为主，零星分布，并且种子有休眠期，难繁殖，产量少，栽培青钱柳是人们一直研究的课题，丽水市遂昌县2013年开始栽培，现今发展成规模化种植基地5 000多亩，充分利用这一宝贵资源以提高当地农民的经济收入。并且2017年，丽水市政府出台了《关于加快推进中医药健康发展的实施意见》，加快推进中药材规模化生产，结合丽水资源优势，初步确定青钱柳为山地中药材主导品种之一，丽水市委、市政府，把林下经济、中药材种植等列入具有潜力前景的产业，提出规模化发展中药材种植业的要求，为青钱柳种植业迎来最好发展机遇。

青钱柳现有研究表明具有降血糖、降血压、降血脂、抗氧化、防衰老、抑菌、抗癌、增强机体免疫力等药理作用。常把叶子泡茶或煮水饮用，尤其在降低血糖方面，有不少糖尿病人服用后效果明显，特别是2013年国家卫健委正式批准青钱柳叶为新食品原料，现今市场上开发的青钱柳保健茶品种多，市场上的青钱柳叶子干品每500g售价为200～1 000元不等，经济效益较好，值得推广栽培、加工、研发。

现代研究青钱柳已有30年的历史，对青钱柳的化学成分和降血糖的研究已经取得了一定的成果，主要化学成分的含量测定与提取方面的研究也已取得很大进展，需要进一步研究的方面主要有，一是继续优化其化学成分的提取纯化和含量测定方法。二是建立青钱柳茶品质优劣的评价标准，青钱柳叶具有很好的保健和药用功能，市场应用广泛，然而因缺乏青钱柳叶质量标准，无法客观的评价以青钱柳叶为原料的产品质量，产品质量良莠不齐，市场应用混乱；

同时也限制了其在医疗范围的应用，局限了青钱柳的资源利用度。三是搞清其化学成分和结构与药理活性之间的关系，最终提取出有效组分或成分。市场上销售各种青钱柳降血糖保健品，宣传其具有很好的降血糖效果，并且有的糖尿病患者反映降糖效果确实好，但是否对每个糖尿病患者都适用，系统的研究其降糖作用药效学物质基础和作用机制，开展青钱柳降糖作用物质基础研究，为其新药开发或综合利用提供药效学理论与实验基础。但是，目前青钱柳作为药用的仅有贵州省中药民族药药材标准、安徽省的中药炮制规范收载，其他地方中药标准以及中国药典均未收载为药用，这样就限制了青钱柳应用范围，无法在医院使用（安徽除外），不能宣传疗效。因此，只有加快质量标准研究，尽快让药品标准收载，才有青钱柳药用的春天，有了健全药用标准就能大规模栽培、生产，开发出新的保健产品和药品，对发展人民健康事业和发展地方经济有着重大的现实意义。

参考文献

[1] 何春年，彭勇，肖伟，等. 青钱柳神茶的应用历史及研究现状[J]. 中国现代中药，2012，14（5）：62-68.

[2] 中国科学院中国植物志编辑委员会. 中国植物志[M]. 第21卷. 北京：科学出版社，1979：019.

[3] 雷土荣，方强水，等. 青钱柳综合利用及播种育苗造林技术[J]. 安徽农学通报，2010，16（8）：94-150.

[4] 吴琳琳，郭艳华，等. 10个采收期青钱柳HPLC指纹图谱建立及4种成分测定[J]. 中成药，2017（39）2：347-352.

[5] 楚秀丽，杨万霞，方升佐，等. 不同种源青钱柳叶黄酮类物质含量的动态变化[J]. 北京林业大学学报，2011，33（2）：130-133.

[6] 周晓东. 青钱柳叶可溶性多糖动态变化及与基因型和环境的关系[D]. 2013.

[7] 柏明娥，王丽玲，王衍彬，等. 青钱柳叶片中活性成分含量的年动态

变化[J]. 浙江林业科技，2018，38（5）：21-26.

[8] 郑晓杰，林胜利，吴聪聪，等. 青钱柳叶抗氧化物质积累的差异性研究[J]. 食品与发酵工艺，2020. 3.

[9] 李德鑫，刘裕红，陈湘霞，等. 不同干燥方法对雷山县青钱柳叶中槲皮素含量的影响[J]. 医学食疗与健康，2019，14：277-278.

[10] 蒋向辉，苑静，祝军委，等. 青钱柳采后加工及提取方法对青钱柳总皂苷含量的影响[J]. 北方园艺，2014（23）：120-123.

[11] 谢雪姣，刘国华，武青庭，等. 青钱柳主要化学成分研究进展[J]. 江西中医药，2017，48（420）：78-80.

[12] 邹荣灿，吴少锦，张妮，等. 青钱柳的分布、化学成分及药理作用研究进展[J]. 中国药房，2017，28（31）：4 491-4 458.

[13] 柳海燕，秦安琦，肖建中，等. 青钱柳的生物活性成分及其药用价值[J]. 丽水学院学报，2019，41（2）：36-43.

[14] 马开，田萍，张薇，等. 青钱柳叶HPLC指纹图谱研究及9个成分定量分析[J]. 中药材，2018，41（8）：1 904-1 909.

[15] 温晓梨，蔡芳燕. 青钱柳药理活性研究进展[J]. 亚太传统医药，2017，13（20）：88-89.

[16] 陈毓，陈巍，李锋涛，等. 青钱柳化学成分及药理作用研究进展[J]. 畜牧与饲料科学，2019，40（12）：61-63.

[17] 朱铠，陈林伟，金俊杰，等. 青钱柳药材HPLC指纹图谱的研究[J]. 中华中医药学刊，2016，34（9）：2 225-2 227.

[18] 吴琳琳，杨娟艳，茅向军，等. 青钱柳叶5种有害重金属元素残留量测定[J]. 药物分析杂志，2017，37（7）：1 286-1 290.

[19] 汪荣斌，秦亚东，陈颖，等. 化学计量学结合指纹图谱评价不同产地青钱柳叶的质量中药材[J]. 中药材，2018，41（4）：917-921.

[20] 南京林业大学. 青钱柳茶的鉴别方法. 专利号CN 109884257 A.

[21] 孙同兴，徐丽丽，等. 青钱柳叶的结构鉴定[J]. 中草药，2006，37（2）：271-273.

青田县

青田地处丽水东南部、温州西部，属中亚热带季风气候区，温暖湿润，四季分明，因地形复杂，海拔高度悬殊，气候存在垂直带。境内括苍、洞宫、雁荡等山峦起伏，具"华东漓江"之称的瓯江流淌全境，境域林木茂密，空气清新，水质优良，良好的生态环境为中药材的繁育造就了天然屏障。

青田设县于唐睿宗景云二年（公元711年），县域面积2 493km²。青田县是中国著名的侨乡，有300多年的华侨史，57万的青田人，有33万分布在世界120多个国家，占比近60%，华侨的巨大影响，造就了青田浓郁的侨乡特色。

近年来，青田县立足山区自然资源优势，大力发展中药材产业，出台了多项优惠政策，对连片发展中药材（包括林下套种和寄生栽培）基地实施经费补助，积极推进中药材农旅融合发展，拓宽中药材营销渠道，逐步形成以浙贝母、五加皮、百合、黄精、黄连、薏苡仁等传统道地药材为主导，覆盆子、三叶青、铁皮石斛、食凉茶等新兴中药材为补充的良好格局。截至目前，全县共种植中草药13 000多亩，涉及32个乡镇（街道），2018年青田县中药材总产值9 500多万元。此处重点介绍补肝益肾药食两用鲜果——覆盆子（附搁公扭根）。

覆盆子

FuPenZi

覆盆子 | FuPenZi
RUBI FRUCTUS

本品为蔷薇科植物华东覆盆子（掌叶覆盆子）*Rubus chingii* Hu的干燥果实。夏初果实由绿变绿黄时采收，除去梗、叶，置沸水中略烫或略蒸，取出，干燥[1, 2]。别名：华东复盆子、掌叶复盆子、覆盆、乌藨子、小托盘、笋藨子、山泡、大号角公（浙江）、牛奶母（浙江）。

第一节 本草考证与历史沿革

一、本草考证

"覆盆"二字最早见于《神农本草经》，作为蓬蘽的别名列于其条下；后《名医别录》单独列出，名覆盆子，并列为上品；历代本草沿用蓬蘽、覆盆子之名，宋《本草衍义》将覆盆子单列，到明朝时期，才确定了覆盆子与蓬蘽并非同一植物，覆盆子一名使用至今。

覆盆子来源植物相似品较多，容易造成混乱，历代本草都着力进行了区分。首先是蓬蘽与覆盆子，较早的本草著作如《神农本草经》《唐本草》《本草经集注》等至宋朝《本草图经》都认为二者是同一种，蓬蘽是根，覆盆子是果实。明朝陈嘉谟在《本草蒙筌》阐明了二者不同，是两种植物，《本草纲目》又进行了确认，基本将二者区分开来。《中华本草》《中药大辞典》记载蓬蘽为蔷薇科植物灰白毛莓的果实。历代本草中记载的覆盆子也并非一种，但均为悬钩子属植物。《本草纲目》中就总结了五种，并认为蓬蘽、覆盆子都可以用，同时还有悬钩子、树莓、蛇莓三种，并分别论述。由于时代的演变，茅莓、黄果悬钩子、寒梅、秀丽莓等逐渐被淘汰，现在使用的覆盆子正品为《中国药典》所载华东覆盆子，地方习用品种有插田泡、灰毛果莓、山莓、拟覆盆子、桉叶悬钩子、悬钩子、五叶绵果悬钩子等植物的果实。

覆盆子历来为温肾助阳之要药，古典多有记载，《本草经疏》："覆盆子，其主益气者，言益精气也。肾藏精、肾纳气，精气充足，则身自轻，发不白也。苏恭主补虚续绝，强阴建阳，悦泽肌肤，安和脏腑。甄权主男子肾精虚竭，阴痿，女子食之有子。大阴主安五脏，益颜色，养精气，长发，强志。皆取其益肾添精，甘酸收敛之义耳。"《本草新编》云："覆盆子遇补气之药，不可与人参争雄；遇补血之药，不可与当归争长；遇补精之药，不可与熟地争驱；遇补脾之药，不可与白术争胜。殆北面之贤臣，非南面之英主也。故辅佐赞襄，必能奏最以垂勋，而不能独立建绩矣。"对覆盆子的应用进行概括，认为单味服之，终觉效轻，只可与阳微衰者，为助阳之汤，而不可与阳大衰者，为起阳之剂，盖覆盆子必佐以参、芪，而效乃大，必增以桂、附，而效乃弘，实可臣而不可君之品也。

二、历史沿革

通过对历代本草记载进行考证可知，覆盆子入药并非一种，而是来源于悬钩子属多种植物，而且该属植物资源分布广泛，南北都有，这也导致本草记载中覆盆子产地多样化，历史上湖北、山东、甘肃、江苏、湖南、陕西等地均产，如《名医别录》："生荆山平泽及冤句。"《本草图经》："今并处处有之，而秦、吴地尤多。"《本草衍义》："秦州甚多，永兴、华州亦有。"《证类本草》"北土即无悬钩，南地无覆盆，是土地有前后生，非两种物耳。"《本草纲目》："南土覆盆极多。"

当前市场流通中，覆盆子以浙江淳安为主产区，次产区有安徽宣城、福建福鼎等地，为正品华东覆盆子产地。另外四川、湖南等地亦产，为山莓，商品称"小覆盆子"，为地方习用品，常混与覆盆子中销售，成都市场亦单独销售。

第二节　植物形态与分布

一、植物形态

落叶灌木，高1.5～3m。枝细圆，红棕色，无毛；幼枝绿色，有白粉，具稀疏、微弯曲的皮刺，长4～5mm。单叶，近圆形，直径4～9cm，两面仅沿叶脉有柔毛或几无毛，基部心形，具5～7掌状深裂，中裂片较大，裂片椭圆形或菱状卵形，先端渐尖，叶缘具重锯齿，基出掌状五出脉；叶柄长2～5cm，微具柔毛或无毛，疏生小皮刺。单花腋生，直径2～3cm；花梗长2～3.5cm，无毛；萼筒毛较稀或近无毛，萼片卵形或卵状长圆形，先端具长凸尖，两面密被短柔毛；花白色；雄蕊多数，花丝宽扁；雌蕊多数，具柔毛。聚合果近球形，直径1.5～2cm，熟时红色，小核果密被白色柔毛。花期3—4月，果期5—6月。

二、生境分布

华东覆盆子多生于山坡灌丛，路边阳处，分布于浙江的淳安、台州、金华、丽水和温州等地；福建省除闽东南的平原丘陵地区外的其他地区；安徽的泾县、休宁和九华山等地；江西德兴和井冈山地区；江苏、安徽南部及大别山区；湖北通山；广西秀水；河南的大别山、商城、黄柏山和新县等地，其中赣东北及浙江为主要分布区。另外，在日本也有分布。

第三节 栽　培

由浙江省丽水市本润农业有限公司牵头起草的《掌叶覆盆子栽培技术规程》，于2014年被批准为地方标准（DB 3311/T 25—2014）；2017年，被批准为浙江省地方标准DB 33/T 2076—2017《掌叶覆盆子生产技术规程》，并于2018年1月18日正式实施，该规程的实施为广大药农更好的种植掌叶覆盆子提供了规范与指导。

一、产地环境

掌叶覆盆子生物学特性：喜冷凉气候，忌炎热，喜光忌暴晒。土壤质量：土质疏松肥沃，湿润不积水，土层深厚，以弱酸性至中性的沙壤土或红壤土为宜，pH值宜为5.5～7.0，有机质含量1.5%以上。此外，空气质量与水质量应分别符合GB 3095—2012和GB 5084—2005中的二级标准及以上。

二、种苗繁育

种源宜选用适合种植地生态条件的抗病、高产、符合《中华人民共和国药典》2015年版一部"覆盆子"项下各项指标的种源。苗木宜选用苗高20～30cm，地径0.5cm以上，鲜活的根数6条以上，带有毛细根，根长10cm以上，饱满牙6～8个的苗木。

规程收载繁育方式主要有三种：根蘖繁殖、扦插繁殖、压条繁殖，此外，民间还有移株繁殖和种子繁殖等方式。

（一）根蘖繁殖

根蘖繁育期一般在3—4月，浙北山区为4月初。选留发育良好的根蘖苗，移栽后保持土壤潮润、疏松和营养充足，根蘖间距10～15cm。秋冬根蘖成苗，待其落叶后将根系完整挖出，移植至大田中。在3—4月选择新梢发出并已产生不定根（株高25～35cm）的根蘖苗移栽至另一块地中，株距35cm，行距70cm。

定植后对植株进行短截，保留3～4片叶，株高15～20cm。

（二）扦插繁殖

当平均气温达10～14℃时，即可扦插。将冬贮的枝条，先剪成20cm左右的插条，每根插条3～4节，插条下端剪口离芽位1cm、上端剪口离芽位3～4cm为宜，剪口要平滑，不可撕裂。将插条基部放入100mg/L生根粉液浸泡10～12h，浸泡后用清水冲净，再用2.5%咯菌腈水剂1 000倍液等浸泡5～10min进行杀菌处理后即可扦插。扦插后遮阴并保湿，待扦插枝条展叶成活后撤去遮阳网，秋季移栽大田。

（三）压条繁殖

在8月选择已经开花、生长健壮的植株近地面的一年生枝条压入土中，枝条入土部分割伤，长出新梢和不定根后，第二年春季将压条长出的幼苗截离母体，另行栽植。

（四）移株繁殖

即将野生的植株，集中在园内，便于集中管理。11月至翌年3月，从山上林地中挖取野生植株，剪去多余的枝条，保留18cm长的主干，剪枝条过程注意不要伤到苗木的休眠芽，移植到苗圃中，圃地做大垅，按株行距30cm×40cm进行栽培，栽后覆土踏实，浇透水，垅面覆盖草帘[3]。

（五）种子繁殖

对于掌叶覆盆子繁殖，种子繁殖采用的几率比较小，这主要是因为掌叶覆盆子种子小、种壳较厚、休眠周期长和苗木生长速度慢所致，然而想要高效取得掌叶覆盆子的繁殖，通过种子繁殖依旧是见效最快的一种选择。种子繁殖在每年6月种子成熟后进行采收，通过清洗和自然光晒的方式进行初步处理后将种子和湿沙进行搅拌，在5℃以下的低温环境储藏10个月左右，在第2年的3—4月即可进行播种。在播种15d内开始发芽，由于幼苗对于强光有所忌惮，因此苗木出土后应架起遮阳网防止阳光直射。种植繁殖成活率一般在50%以上，在掌叶覆盆子幼苗停止发芽后，在免阳光直射的时间内掀开稻草即可[4]。

三、栽培管理

（一）定植

整地：深耕30～35cm，彻底清除树根、杂草等杂物，平整地面，起垄栽培。采用带状栽植，平地宜南北向，坡地的行向应与等高线平行。15°以下坡地全垦，15°～25°山地建梯田。

挖定植穴：按株行距划线挖定植穴，定植穴直径25～35cm，深25～35cm。每穴施有机肥1～2kg，将表土与有机肥混合均匀填入穴里，再用熟化的土壤填平定植穴。行距为2.0～3.0m，穴距为1.5～2.0m，每亩控制在150～200穴；每穴1株，药用每亩400～500株，果用每亩300～400株。

定植时间及方法：春季栽植时间为浙南山区2—3月，浙北山区或高海拔地区3—4月；秋冬季栽植时间浙南山区11月下旬，浙北山区或高海拔地区11月上旬，苗木完全成熟木质化，落叶后移栽。苗木运到后应立即栽植，埋土深度以埋过根际3～5cm为宜，根系舒展，土壤压实，浇足定根水，然后在上面覆盖一层土，地上部分剪留5～8cm。

（二）水肥管理

每年施肥4次，其中基肥1次，追肥3次。在秋季落叶后追施腐熟的有机肥，施肥量为每亩施腐熟的有机肥300kg，过磷酸钙50～75kg。施肥方法：在植株一侧挖15cm左右深的施肥沟，将肥料撒施于沟内，隔年交替进行。追肥第1次在春季萌芽前结合返青水，每亩施尿素10kg、钙镁磷肥5kg；第2次在花前一周，每亩追施硫酸钾肥10kg；第3次在坐果后，每亩追施尿素10kg。在距树干20cm以外，开沟施入根系分布区。雨季注意田间排水。萌芽期、孕花期、坐果期、果实迅速膨大期，注意补水，埋土防寒前补充封冻水。

（三）整形修剪

春季修剪：春季花芽萌发前修剪，剪去其顶部干枯、细弱枝条，每丛保留7～9个粗壮枝条，保持树冠形状，促进结果率。

夏季修剪：初夏果实采收后，剪去全部的当年结果枝，保留当年新萌枝条，修剪后使得每丛保留12～15个均匀分布的健壮枝条。

秋季修剪：秋季或初冬，剪去枯枝、病枝、弱枝，疏剪密枝。

（四）果园管理

结合秋施基肥进行扩穴深翻，翻耕深度25～30cm。每年进行3～5次中耕除草，人工除草根际周围宜浅，不超过6cm为宜，远处稍深，切勿伤根。后期枝条郁闭时要及时疏枝，宜采用人工或机械除草，到夏末秋初时停止耕作，促进枝条老熟。

（五）病虫害防治

主要病害有根腐病、茎腐病、褐斑病、白粉病等，主要虫害有蚜虫、蛴螬、柳蝙蝠蛾、穿孔蛾、蛀甲虫和螨类等。应遵循"预防为主，综合防治"的植物保护方针，优先采用农业、物理、生物等防治技术，合理使用高效低毒低残留的化学农药，将有害生物危害控制在经济允许阈值内。

农业防治：选用优良抗病品种和无病种苗，加强生产场地管理，清洁田园，合理施肥，科学排灌。发病季节及时清除病株，集中销毁。

物理防治：采用杀虫灯或黑光灯、粘虫板、糖醋液等诱杀害虫。整地时发现蛴螬等，及时杀灭。

生物防治：保护和利用天敌，控制病虫害的发生和危害，应用有益微生物及其代谢产物防治病虫。

化学防治[5]：茎腐病，秋季清扫果园，将感染茎腐病的病枝剪下集中烧毁，消除病原；病害发生时可喷洒福美双500倍药液或者40%乙磷铝500倍液或甲基托布津500倍液。

白粉病，晚秋入冬前清扫果园，将被感染病叶打扫干净集中烧毁，消除病原；病害发生时，可喷洒50%硫悬浮剂200～300倍药液；25%粉锈宁可湿性粉剂1 000～1 500倍液；70%甲基托布津可湿性粉剂1 000倍液。

柳蝙蝠蛾，在柳蝙蝠蛾8月下旬成虫羽化前剪除被害枝条树梢；也可以埋土防寒越冬，达到减轻危害发生的效果；发生严重的，可在5月下旬至6月上旬初龄幼虫活动期，地面喷布2.5%溴氰菊酯2 000～3 000倍液。

穿孔蛾，秋季清扫园地，将剪下的结果母枝集中烧掉；早春展叶期喷洒2.5%溴氰菊酯3 000倍液或者80%敌敌畏1 000倍液，以杀死幼虫。

蛀甲虫，发生严重的，在4月下旬成虫出土期进行地面施药，2.5%敌百虫粉剂0.4kg+25kg细沙；发生较轻的，可采用人工防治，在成虫开始为害花时，可振摇结果枝，使成虫落在适当容器内，与被害果实一起集中销毁。

四、采收与加工

从5月上旬开始，果实由绿变绿黄时选晴天进行采摘，阴雨天、有露水不宜采摘；采摘时轻摘、轻拿、轻放；每次采摘时将成熟适度的果实全部采净。

杀青：参考《中华人民共和国药典》2015年版一部方法，除净梗叶，置沸水略烫或蒸制5～8min，取出干燥。

干燥：杀青后的果实，置烈日下晒制完全干燥，筛去灰屑，拣净杂物去梗；或者，杀青后的果实，摊开置于烘干设备内，于60～70℃烘4～8h，直至干燥。

第四节　化学成分

据相关文献报道，覆盆子中富含多种类型化学成分，如黄酮类、香豆素类、萜类、生物碱类、有机酸类及甾体类等，其中黄酮类和萜类为主要活性物质。

一、黄酮类成分

覆盆子中含有大量黄酮类化合物，包括黄酮苷和黄酮苷元，目前分离得到的有香橙素、山柰酚、槲皮素、山柰酚-7-O-α-L-鼠李糖苷、金丝桃苷、槲皮苷、芦丁、山柰酚-3-O-β-D-吡喃葡萄糖醛酸甲酯、椴树苷、顺式椴树苷、2′-O-没食子酰基金丝桃苷、山柰酚-3-O-芸香糖苷、异槲皮苷、紫云英苷、黄芪苷、烟花苷、根皮苷等[6-10]。

二、萜类成分

覆盆子中萜类可分为二萜和三萜类，其中二萜类果实中报道的仅有覆盆子苷-F5；三萜类较多，主要有熊果酸、2α-羟基乌苏酸、11α-羟基蔷薇酸、蔷薇酸、委陵菜酸、覆盆子酸、齐墩果酸、2α-羟基齐墩果酸、arjunic acid、2α，3α，19α-trihydroxyolean-12-ene-28-oic acid、2α，3β，19α，24-tetrahydroxyolean-12-ene-28-oic acid、sericic acid、hyptatic acid B、nigaichigoside F1、2α，19α-dihydroxy-3-oxo-12-ursen-28-oic acid等[6-13]。

三、生物碱类成分

目前从覆盆子中已经分离出7个生物碱类化合物[13]，主要是喹啉、异喹啉、吲哚类生物碱，分别为：4-hydroxy-2-oxo-1，2，3，4-terahydroquinoline-4-carboxylic acid、methyl

1-oxo-1，2-dihydroisoquinoline-4-carboxylate、1-oxo-1，2-dihydroisoquinoline-4-carboxylic acid、2-hydroxyquinoline-4-carboxylic acid、rubusine、methyl（3-hydroxy-2-oxo-2，3-dihydroindol-3-yl）-acetate、methyldioxindole-3-acetate。

四、香豆素类成分

覆盆子中香豆素类化合物有七叶内酯、七叶内酯苷、欧前胡内酯、香豆素二十六醇酯、短叶苏木酚酸甲酯等[13]。

五、有机酸类成分

覆盆子性味酸涩，含有较多的有机酸成分，如香草酸、对羟基苯甲酸、水杨酸、阿魏酸、莽草酸、没食子酸、鞣花酸、没食子酸乙酯、丁二酸、3-羟基丙酸、邻苯二甲酸、十四碳酸、邻苯二甲酸十一酯、棕榈酸、对羟基间甲氧基苯甲酸、棕榈油酸、抗坏血酸、枸橼酸、酒石酸、苹果酸、草酸等[6, 7]。

六、其他类型成分

覆盆子中还含有β-谷甾醇、胡萝卜苷、豆甾-4-烯-3β，6α-二醇、豆甾-5-烯-3-醇油酸酯、鸟苷、腺苷、尿苷、二十六烷醇、liballinol、对羟基苯甲醛、葡萄糖、甲基-β-D-吡喃葡萄糖苷等其他类别成分；此外，覆盆子中还含有挥发油类成分及氨基酸等[6-8, 14]。

第五节　药理作用

覆盆子为常用温肾助阳中药，具有益肾固精缩尿，养肝明目的功效，现代药理研究显示其具有多方面的生物活性。

一、对下丘脑—腺垂体—性腺轴的作用

陈坤华等[15]对覆盆子水提液进行大鼠下丘脑—腺垂体—性腺轴功能实验，提示覆盆子水提液对性腺轴的调控作用，可能是补肾涩精的药理基础。采用大剂量氢化可的松造成的小鼠肾阳虚证模型，给药覆盆子提取物后，可延缓症状，保持阳虚症动物的正常体温，显示覆盆子具有一定的温肾助阳作用，可增强机体生理功能，提高其对外界不良刺激的耐受力。这与覆盆子临床上温补壮阳作用相一致。

二、清除自由基及抗氧化作用

覆盆子糖蛋白粗提取物可显著增强小鼠血清、肝脏、脑组织中过氧化氢酶（CAT）、超氧化物歧化酶（SOD）、谷胱甘肽过氧化物酶（GSH-Px）活性，有一定的还原能力，并可有效清除羟自由基、超氧阴离子自由基和DPPH自由基，具有明显的抗氧化作用。覆盆子乙醇总提物、乙酸乙酯部位和正丁醇部位对DPPH自由基也具有显著的清除能力，其半抑制浓度（IC_{50}）分别为17.9、3.4和4.0μg/mL，从中分离出的山奈酚、香草酸和椴树苷清除能力较强。覆盆子的水提取物能保护大鼠原代肝细胞对叔丁基过氧化氢（t-BHP）诱导的氧化应急，显著限制细胞活力的减少[16, 17]。

三、抗衰老及抗阿尔茨海默病（AD）作用

周晔等[18]利用邻苯三酚自氧化体系生产超氧自由基，用单扫描示波极谱法进行检测。结果表明在所研究的8味中药中，覆盆子对超氧阴离子自由基的抑制率最强，效果最好，推测其清除自由基、抗氧化的能力可能是其延缓衰老的基础。郭启雷等[9]研究了覆盆子中椴树苷（Tiliroside）对D-半乳糖致小鼠衰老模型的抗衰老作用。结果显示：口服60mg/kg体重、20mg/kg体重的Tiliroside均可显著改善D-半乳糖衰老小鼠的学习记忆能力，升高脑组织SOD活性；口服60mg/kg体重的Tiliroside，还可降低肝组织MDA含量和

脑组织MAO-B活性，延缓衰老的进程。朱树森等[19]采用小鼠D-半乳糖衰老模型观察了覆盆子对学习记忆能力和脑单胺氧化酶B（MAO-B）的影响。结果表明：明显缩短衰老模型小鼠的游泳潜伏期，降低脑MAO-B活性，提示覆盆子具有改善学习记忆能力。黄丽萍等研究了覆盆子有效部位对D-半乳糖联合氢化可的松造成肾阳虚型痴呆大鼠的影响，初步阐明覆盆子有效部位改善肾阳虚型痴呆大鼠学习记忆的作用机制。含有覆盆子的古方"五子衍宗方"能显著改善由Aβ25-55诱导的认知障碍，在体内降低乙酰胆碱酶的活性，增加乙酰胆碱的含量，体外能显著增加细胞的活力，增加超氧化物歧化酶的和过氧化氢酶的活性，减少乳酸脱氢酶和丙二醛的释放，该方也能显著减少细胞的凋亡率，阻止细胞内钙离子浓度的增加，提示该方对阿尔茨海默病（AD）治疗中有潜在的保护作用。侯敏等[20]研究了覆盆子乙酸乙酯提取物对去卵巢阿尔茨海默病（AD）模型小鼠海马蛋白组表达的影响，采用蛋白质组学技术发现了一些与覆盆子防治AD作用密切相关的差异表达蛋白，包括热休克蛋白、微管蛋白、能量代谢相关蛋白和脑保护相关蛋白等，并提示以上差异蛋白可能是覆盆子有效部位防治AD的靶点蛋白。

四、抗肿瘤作用

郭启雷等[19]对覆盆子中的三萜类化合物进行了体外抗肿瘤活性的筛选，结果显示：化合物2α-羟基齐墩果酸（Maslinic acid）对HepG2（人肝癌细胞株），NCIH460（非小细胞肺癌细胞株），MCF-7（人乳腺癌细胞株）和bet-7402（人肝癌细胞株）均具有较好的抑制作用。将覆盆子水提取物干燥，用肿瘤细胞培养液（DMEM）溶解，得到不同浓度的覆盆子浆。采用MTT法、形态学检测覆盆子浆对人原发性肝癌增殖的抑制作用。结果表明，各个浓度的覆盆子浆对人原发性肝癌细胞的增殖均有抑制作用，呈现出与药物浓度、作用时间的依赖性。覆盆子水提取物对基质金属蛋白酶（MM-13）也具有抑制作用，其抑制作用与浓度呈明显正比关系，其IC_{50}为0.036μg/mL。提示在覆盆子中可能含有对MM-13有抑制作用的先导化合物。

五、保肝作用

《开宝本草》中记载覆盆子有"补虚续绝，强阴建阳，悦泽肌肤，安和脏腑，温中益力，疗劳损风虚，补肝明目"的功效。季宇彬等[21]通过实验研究了覆盆子提取物的抗氧化能力及其对ConA致小鼠肝损伤的保护作用，结果显示覆盆子提取物能促进Bcl-2，Nrf2蛋白的表达，减少Bax，Keap-1的表达，抑制肝细胞凋亡，清除氧自由基，提高抗氧化能力，从而起到保护肝脏的作用。

六、降血压作用

Su等[13]研究了覆盆子乙醇提取物（ERC）对大鼠心血管的影响，结果显示ERC以浓度依赖性方式降低收缩压、心率，舒张血管。在血管内皮细胞缺失后没有观察到ERC诱导的血管舒张作用。当内皮细胞一氧化氮合酶（eNOS）、可溶性鸟苷酸环化酶（SGC）被抑制或细胞外Ca^{2+}内流被抑制后ERC的血管舒张作用明显减弱。由此认为ERC内皮依赖性血管舒张作用包含两个步骤：首先是血管内皮细胞的Ca^{2+}-eNOS-NO细胞信号通路激活，随后刺激血管平滑肌的NO-SGC-cGMP-KV信号通路活化电压门钾离子通道。Akt-eNOS通路也可能参与调控。ERC诱导的血管舒张作用与目前的降压药基本一致。钟红燕等[22]亦通过试验表明ERC对血流动力学有一定的影响，通过其药理活性，可改善心功能、减缓心率、降低心肌收缩力，降压效果显著。

七、免疫增强作用

陈坤华等[23]采用3H-TdR掺入法，以淋巴细胞增殖实验为指标，研究了覆盆子的4种提取组分在体外对脾脏淋巴细胞DNA合成的影响，并从环核苷酸角度探讨其机理。结果表明：覆盆子的4种提取组分即水提取液、醇提取液、粗多糖和正丁醇组分均有明显的促进淋巴细胞增殖作用。

八、其他活性

覆盆子中分离出来的山奈酚、槲皮素和椴树苷能明显延迟血液中血浆复钙时间（PRT）[12]；覆盆子中4种成分均显示不同程度和特点的抗骨质疏松活性[13]；覆盆子提取物能减轻酒精戒断时及尼古丁戒断时大鼠所表现出的焦虑行为，且其抗焦虑症的作用机制可能与降低大鼠脑内海马组织中去甲肾上腺素含量有关[24, 25]；从大鼠、兔的阴道涂片及内膜切片可以观察到覆盆子给药后似有雌激素样作用[26]。

第六节　质量体系

一、标准收载情况

（一）药材标准

《中国药典》2015年版第一增补本、《台湾中药典》第二版。

（二）饮片标准

《湖南中药饮片炮制规范》2010年版、《广西中药饮片炮制规范》2007年版、《上海市中药饮片炮制规范》2008年版、《黑龙江省中药饮片炮制规范》2012年版、《山东省中药饮片炮制规范》2012年版、《湖南中药饮片炮制规范》2010年版、《江苏省中药饮片炮制规范》2002年版、《天津市中药饮片炮制规范》2012年版、《湖北省中药饮片炮制规范》2018年版、《江西省中药饮片炮制规范》2008年版、《河南省中药饮片炮制规范》2005年版、《安徽省中药饮片炮制规范》第三版（2019年版）、《北京市中药饮片炮制规范》2008年版、《重庆市中药饮片炮制规范及标准》2006年版、《陕西省中药饮片标准》第一册、《贵州省中药饮片炮制规范》2005年版、《四川省中药饮片炮制规范》2015年版。

二、药材规格与性状

（一）药材规格

影响覆盆子药材规格等级的主要因素是产地、直径，以及带果柄粒、红色粒、果柄及碎粒等的比例。覆盆子应在未成熟时采收，干燥后表面黄绿色或淡棕色，若采收到成熟果实，干燥后表面多为浅红色，称为"红色粒"，越少越好。规格参考标准详见表9[27]。

表9　覆盆子规格等级参考标准

NO.	规格名称	流通俗称	直径0.8cm以上粒重量占比	带果柄粒重量占比	红色粒重量占比	果柄及0.3cm以下碎粒、灰末重量占比
1	覆盆子精选货0.8以上	精选	≥95%	≤1%	无	≤0.5%
2	覆盆子选货	毛选	≥70%	≤5%|≤1%	≤5%	≤0.5%
3	覆盆子统货	统选	≥60%|≥70%	≤10%|≤5%	≤8%	≤3%|≤1%

（二）药材性状

1.《中国药典》2015年版第一增补本

本品为聚合果，由多数小核果聚合而成，呈圆锥形或扁圆锥形，高0.6~1.3cm，直径0.5~1.2cm。表面黄绿色或淡棕色，顶端钝圆，基部中心凹入。宿萼棕褐色，下有果梗痕。小果易剥落，每个小果呈半月形，背面密被灰白色茸毛，两侧有明显的网纹，腹部有突起的棱线。体轻，质硬。气微，味微酸涩。

2.《台湾中药典》第二版

本品呈圆锥、扁圆或球形，由多数小果聚合而成，直径4~

9mm，高5～12mm，表面灰绿带灰白色毛茸。上部钝圆，底部扁平，有棕褐色总苞，五裂，总苞上有棕色毛，下面带果柄，脆而易脱落。小果易剥落，具三棱，半月形，背部密生灰白色毛茸，两侧有明显网状纹，内含棕色种子1枚。气清香，味甘微酸。

三、炮制

覆盆子炮制品主要有3种，分别为覆盆子、盐覆盆子、酒覆盆子。

（一）覆盆子

（1）《江西省中药饮片炮制规范》2008年版：除去杂质，洗净，干燥

（2）《重庆市中药饮片炮制规范及标准》2006年版：除去杂质及果柄

（3）《陕西省中药饮片标准》第一册：除去杂质

（4）《贵州省中药饮片炮制规范》2005版：除去杂质及残留果柄，筛去灰屑

（二）盐覆盆子

1.《山东省中药饮片炮制规范》2012年版

取净覆盆子，用食盐水拌匀，稍闷，置锅内，文火炒干，取出，放凉。每100kg覆盆子，用食盐2kg。

2.《湖北省中药饮片炮制规范》2018年版

用盐水拌匀，闷润至盐水被吸尽后，置笼屉内蒸透，取出，干燥。每100kg覆盆子，用食盐2kg。

3.《河南省中药饮片炮制规范》2005年版

取净覆盆子，照盐蒸法蒸透，晒干。每100kg覆盆子，用食盐1.8kg。

4.《安徽省中药饮片炮制规范》第三版（2019年版）

取净覆盆子，将定量的食盐加定量的水（1份食盐加3～4倍量

水）溶化，与药材拌匀闷润，待盐逐渐渗入药材组织内部，以文火炒干，药材表面呈黄色或焦黄色。取出放凉。每100kg覆盆子，用食盐2kg。

5.《重庆市中药饮片炮制规范及标准》2006年版

取净覆盆子，用盐水拌浸，焖润，待吸尽盐水后，置容器中蒸透心，取出，干燥。每100kg覆盆子，用食盐2kg。

6.《四川省中药饮片炮制规范》2015年版

取覆盆子，除去杂质及果柄。用盐水拌浸，闷润，待覆盆子吸尽盐水后，置容器中蒸透心，取出，干燥。每100kg覆盆子，用食盐2kg。

7.《陕西省中药饮片标准》第一册

取饮片覆盆子，照盐蒸法蒸透。

8.《贵州省中药饮片炮制规范》2005版

取净覆盆子，照盐水炙法用文火炒干。每100kg净覆盆子，用食盐1.2kg。

（三）酒覆盆子

1.《江西省中药饮片炮制规范》2008年版

取净覆盆子，用酒喷洒拌匀，吸尽后，用武火蒸30min，干燥。每100kg覆盆子，用酒10kg。

2.《河南省中药饮片炮制规范》2005年版

取净覆盆子，照酒炙法炒干。每100kg覆盆子，用黄酒12kg。

四、饮片性状

（一）覆盆子

均与《中国药典》2015年版第一增补本基本一致。

（二）盐覆盆子

1.《山东省中药饮片炮制规范》2012年版

形同覆盆子，表面黄绿色或棕色。味微酸涩、咸。

2.《湖北省中药饮片炮制规范》2018年版

形同覆盆子，表面黄绿色或淡棕色。味微咸。

3.《河南省中药饮片炮制规范》2005年版

形如覆盆子，颜色稍加深，味咸微酸。

4.《安徽省中药饮片炮制规范》第三版（2019年版）

形同覆盆子，表明黄绿色或淡棕色，偶见焦斑。味酸咸。

5.《重庆市中药饮片炮制规范及标准》2006年版

形同覆盆子，颜色加深，偶见焦斑。味微酸咸。

6.《四川省中药饮片炮制规范》2015年版

形同覆盆子，表面黄绿色或淡棕色至棕色。味咸微涩。

7.《陕西省中药饮片标准》第一册

形同覆盆子，表面黄棕色至棕色。体轻，质较酥。味微咸，微酸涩。

8.《贵州省中药饮片炮制规范》2005版

形同覆盆子，味微咸。

（三）酒覆盆子

1.《江西省中药饮片炮制规范》2008年版

形如覆盆子，表明色泽加深，微有酒香气。

2.《河南省中药饮片炮制规范》2005年版

形如覆盆子，呈深棕色。

五、有效性、安全性的质量控制

收集《中国药典》、全国各省市中药材标准及饮片炮制规范、台湾、香港中药材标准等质量规范，按鉴别、检查、浸出物、含量测定，如表10所示。

表10　有效性、安全性质量控制项目汇总表

标准名称	鉴别	检查	浸出物	含量测定
《中国药典》2015年版第一增补本	显微特征（粉末）；薄层色谱鉴别（以椴树苷对照品为对照）	水分（不得过12.0%）；总灰分（不得过9.0%）；酸不溶性灰分（不得过2.0%）	水溶性浸出物（热浸法，不得少于9.0%）	高效液相色谱法：按干燥品计算，含鞣花酸（$C_{14}H_6O_8$）不得少于0.20%；按干燥品计算，含山奈酚-3-O-芸香糖苷（$C_{27}H_{30}O_{15}$）不得少于0.03%
台湾中药典第二版	显微特征（横切面、粉末）	干燥减重（不得过15.0%）；总灰分（不得过7.0%）；酸不溶性灰分（不得过2.0%）	——	水抽提物（不得少于7.0%）；稀乙醇抽提物（不得少于7.0%）
《黑龙江省中药饮片炮制规范》2012年版	显微特征（粉末）	水分（不得过12.0%）；总灰分（不得过5.0%）	醇溶性浸出物（冷浸法，不得少于4.0%）	——
《湖北省中药饮片炮制规范》2018年版	盐覆盆子：显微特征（粉末）	盐覆盆子：水分（不得过8.0%）	——	——
《山东省中药饮片炮制规范》2012年版	显微特征（粉末）	水分（不得过14.0%）；总灰分（不得过7.0%）	——	——
《江西省中药饮片炮制规范》2008年版	显微特征（粉末）	水分（不得过12.0%）；总灰分（不得过8.0%）	——	——

（续表）

标准名称	鉴别	检查	浸出物	含量测定
《四川省中药饮片炮制规范》2015年版	显微特征（粉末）；薄层色谱鉴别（以椴树苷对照品为对照）	水分（不得过13.0%）	——	——
《陕西省中药饮片标准》第一册	显微特征（粉末）	覆盆子：水分（不得过13.0%）；总灰分（不得过6.0%）；酸不溶性灰分（不得过1.0%）；盐覆盆子：水分（不得过13.0%）；总灰分（不得过8.0%）；酸不溶性灰分（不得过1.0%）	——	——

六、质量评价

（一）混伪品鉴别

由前文本草考证可见，过去覆盆子入药并非一种，但均为悬钩子属植物，而该属植物资源分布广泛，全国多地均有产，混伪品有山莓、蓬蘽、毛叶插田泡、插田泡、菰帽悬钩子、桉叶悬钩子、灰毛果莓、拟覆盆子、悬钩子、硬枝黑锁梅、粉枝莓、绵果悬钩子等。

山莓：覆盆子最为常见的混淆品，商品称"小覆盆子"，为地方习用品，常混与覆盆子中销售。《湖南省中药材标准》2009年版和《湖南省中药饮片炮制规范》2010年版均收载了山莓作覆盆子用。山莓与覆盆子极为相似，蔡文山[28]通过性状、显微特征、薄层色谱等鉴别法对比了覆盆子与山莓，并找到了一些区别点：性状方面，覆盆子小核果呈半月形，较大；山莓小核果呈长月牙形或半圆形，较小；横切面显微特征，覆盆子网纹细胞1~4列，山莓网纹细胞3~5列；粉末显微特征，覆盆子网纹细胞直径小于26μm，簇晶较钝，山莓网纹细胞直径达27~201μm，簇晶棱角较锐；薄层色谱方面，在该条件下，两者的色谱行为差异较大。

软覆盆子：收载于《重庆市中药饮片炮制规范》2006年版、《四川省中药材标准》2010年版、《四川省中药饮片炮制规范》2015年版，为悬钩子属植物桉叶悬钩子或菰帽悬钩子的干燥未成熟果实，与药典品种的主要区别在于性状：表面灰绿色或灰褐色，体轻，质软。

地方习用品种除上述三种外，还有插田泡，陕西、四川习用；灰毛果莓，云南习用；拟覆盆子，西藏习用；悬钩子，江苏、吉林、河北等地习用。国外，朝鲜、日本等主要为插田泡。

覆盆子的同属混伪品较多，学者们也尽力将其区分。杨静等[29,30]研究了覆盆子与毛叶插田泡、菰帽悬钩子、茅莓、腺花茅莓在性状、组织切片和粉末显微特征上的区别，结果显示5种核果组织中均含有草酸钙簇晶、方晶，但覆盆子在胚乳及子叶中无分布，其他4种均有分布，毛叶插田泡的中果皮还可见较密集的草酸钙方晶；茅莓外层非腺毛极少，外果皮细胞壁及中果皮最外一层细胞壁明显增厚。粉末显微特征结果显示，毛叶插田泡和菰帽悬钩子的显微特征与覆盆子较为近似，都含有网纹细胞；菰帽悬钩子非腺毛除弯曲外还有折曲现象，腺花茅莓非腺毛较平直而粗短；茅莓纤维束上下层交错极为明显；腺花茅莓中草酸钙簇晶较大，由此可区别之。姜从良[30]等通过酸碱度试验、molish反应、三氯化铁试验、薄层色谱鉴别等方法将覆盆子与毛栓莓进行区分。刘金明[31]从果形、大小、基部凹陷情况、表面茸毛、光泽、小果形状等性状上将覆盆子及其混淆品悬钩子、毛柱莓、灰毛果莓、插田泡加以区分。

（二）成分分析与评价

1.HPLC指纹图谱

陈晓红等[42-44]建立了覆盆子的HPLC指纹图谱，结果提示影响药材质量的因素不仅仅为产地，还包括种源、采收、加工等多个环节。

2.成分含量检测分析

覆盆子现行法定标准仅收载了黄酮类成分椴树苷和山奈酚-3-O-芸香糖苷，鞣质类成分鞣花酸的含量质控指标，为了更加全面的评价覆盆子的质量，学者们对覆盆子中其他指标成分也进行了分析与评价。

（1）薄层色谱（TLC）法鉴别成分

郭卿[32]等以鞣花酸对照品为参照建立了覆盆子的TLC鉴别法，可有效鉴别覆盆子中的鞣花酸成分；张玲[33]等将覆盆子经酸水解后，以山奈酚对照品为参照建立了TLC法，可有效鉴定覆盆子中以山奈酚为苷元的黄酮类成分。

（2）高效液相色谱（HPLC）法测定多种成分的含量

虞金宝等[34]对不同产地和不同采收期的覆盆子中椴树苷的含量进行了对比，结果显示福建、浙江、江西产覆盆子含量较高；以未成熟的青色果实含量最高，淡黄色次之，成熟的黄红色果实含量最低，从椴树苷含量考虑，覆盆子应以果实青色至淡黄色时采收较佳，与《中国药典》中所规定的的"夏初果实由绿变绿黄时采收"基本一致。张玲等[35-37]对不同产地的覆盆子药材中主要黄酮类成分——异槲皮苷、紫云英苷、金丝桃苷、槲皮素、芦丁、异槲皮苷、山奈酚、山奈酚-3-O-β-D-芸香糖苷等进行了测定，结果均检出一定量的上述成分，其中山奈酚-3-O-β-D-芸香糖苷和槲皮素的含量相对较高。

何建明等[38]采用ELSD-HPLC法测定了覆盆子中半日花烷型二萜苷—覆盆子苷-F5的含量，结果显示不同产地中含量差异较大，且无明显规律，在被测产地中安徽亳州中的含量最高，而有些产地如辽宁本溪、贵州遵义等的样品中均未检出该成分，该结果值得深究。曹富等[39]对采用UV-HPLC法测定了覆盆子中3种三萜类成分—山楂酸、科罗索酸和齐墩果酸的含量，并与常见伪品—山莓进行对比，结果显示覆盆子和山莓中均检出该3种成分，且以齐墩果酸的含量最高；覆盆子果实成熟度越高，其三萜酸含量越高；随着贮藏时间的延长，其三萜酸含量有增加的趋势，具体原因尚未明确。

李天傲等[40]测定了覆盆子中鞣质类成分没食子酸和鞣花酸的含量，结果显示覆盆子中鞣花酸的含量较高，最高的近3mg/g，该成分具有抗氧化、清除体内致癌毒素和提高免疫力等作用，是覆盆子抗氧化作用的重要物质基础。孙金旭等[41]测定了覆盆子中有机酸：酒石酸、苹果酸、草酸、枸橼酸、抗坏血酸的含量，其中抗环血酸含量最高，达2mg/g，证实了其较高的食用价值。

（3）紫外-可见分光光度（UV-VIS）法测定含量

盛义保等[45-47]采用紫外分光光度法对覆盆子中的总黄酮含量进行了测定，测得其总黄酮含量近2.16%；郭宣宣等[48]以齐墩果酸为对照品，香草醛-高氯酸为显色体系，采用可见分光光度法对浙产和安徽产覆盆子中的总三萜含量进行测定，结果显示浙产覆盆子的含量高于安徽产者。

第七节　性味归经与临床应用

一、性味

甘、酸、温。

二、归经

归肝、肾、膀胱经。

三、功能主治

《中国药典》2015年版第一增补本：益肾固精缩尿，养肝明目。用于遗精滑精，遗尿尿频，阳痿早泄，目暗昏花。

《开宝本草》：补虚续绝，强阴建阳，悦泽肌肤，安和脏腑，温中益力，疗劳损风虚，补肝明目。

《本草述》：治劳倦、虚劳，肝肾气虚恶寒，肾气虚逆咳嗽、痿、消渴、泄泻、赤白浊、鹤膝风，诸见血证及目疾。

四、用法用量

《中国药典》2015年版第一增补本：6～12g；

《中药大辞典》：内服：煎汤，1.5～3钱；浸酒、熬膏或入丸、散。

五、注意

《中药大辞典》：肾虚有火，小便短涩者慎服；

《本草汇言》：肾热阴虚，血燥血少之证戒之；

《本草经疏》：强阳不倒者忌之。

六、附方

（一）《濒湖集简方》

治阳事不起：覆盆子，酒浸，焙研为末，每旦酒服三钱。

（二）《摄生众妙方》五子衍宗丸

添精补髓，疏利肾气，不问下焦虚实寒热，服之自能平秘：枸杞子八两，菟丝子八两（酒蒸，捣饼），五味子二两（研碎），覆盆子四两（酒洗，去目）。车前子二两（扬净），上药，俱择精新者，焙晒干，共为细末，炼蜜丸，梧桐子大。每服，空心九十丸，上床时五十丸，百沸汤或盐汤送下，冬月用温酒送下。

（三）《本草衍义》

治肺虚寒；覆盆子，取汁作煎为果，仍少加蜜，或熬为稀饧，点服。

（四）《圣惠》覆盆子散

治虚劳精气乏，四肢羸弱；覆盆子2两，五味子3分，黄耆1两（锉），石斛1两半（去根，锉），肉苁蓉1两（酒浸1宿，刮去皱皮，炙干），车前子3分，鹿角胶1两（捣碎，炒令黄燥），熟干地黄1两，钟乳粉2两，天门冬1两半（去心，焙），紫石英1两半（细研，水飞过），菟丝子1两（酒浸3日，晒干，别研为末），上为细散，每服2钱，食前温酒调下。

（五）《圣惠》补益覆盆子丸

覆盆子4两，菟丝子2两（酒浸3日，晒干，别捣为末），龙骨1两半，肉苁蓉2两（酒浸1宿，刮去皱皮，炙干），附子1两（炮裂，去皮脐），巴戟1两，人参1两半（去芦头），蛇床子1两，熟干地黄2两，柏子仁1两，鹿茸2两（去毛，涂酥炙令微黄），上为末，炼蜜为丸，如梧桐子大，每服30丸，空心及晚食前以温酒送下。

（六）《备急千金要方》覆盆子丸

治劳伤羸瘦；覆盆子90g，苁蓉、巴戟天、白龙骨、五味子、鹿茸、茯苓、天雄、续断、薯蓣、白石英各75g，干地黄60g，菟丝子90g，蛇床子37.5g，远志、干姜各45g，上药十六味，研末，蜜丸如梧桐子大，酒服15丸，每日二次，渐渐加至30丸。

第八节　资源利用与开发

一、资源蕴藏量及基地建设情况

掌叶覆盆子在丽水市各县市均有分布，多野生于低海拔至中海拔（200～800m）的山区半山区阳光充足的山坡灌丛和林缘。2014年前以野生为主，2015年栽培种植开始迅速发展。据不完全统计，截止2019年年底，全市覆盆子总种植面积约5400亩，其中莲都600亩，青田4800亩。主要基地有：本润覆盆子种植示范基地、青田县五十步覆盆子专业种植合作社覆盆子基地、浙江掌覆康农业开发有限公司覆盆子基地（万山、海口、小舟山等地）、青田县海口镇康之源中药材种植基地等。其中丽水市本润农业有限公司的覆盆子基地面积600余亩，合作推广基地面积超过10000亩，是国内最大的掌叶覆盆子研究种植开发基地，位于莲都区雅西镇潘百村的本润覆盆子种植示范基地于2017年被认定为浙江省道地优质中药材示范基地。

二、产品开发

掌叶覆盆子为药食两用植物，未成熟果实为常用中药，成熟果实为高营养、高抗性、无污染的新型果品，可酿酒，制作果酱、果汁、饮料等，故同时广泛应用于保健品和食品。

（一）药品

覆盆子具益肾固精缩尿，养肝明目功效，为经典方剂五子衍宗丸的组成要药，主治肾虚精亏所致的阳痿不育、遗精早泄、腰痛、尿后余沥等，制成中成药包括五子衍宗丸、五子衍宗口服液、五子衍宗片、五子衍宗胶囊、五子衍宗软胶囊、五子衍宗颗粒等系列产品。四物五子汤、补益覆盆子丸、八圣丹、巴戟汤、保命延龄丸、补肾固冲汤、补肾丸、补肾壮阳丹、补天丹等160余个中药方剂中含有覆盆子；三肾丸（岢岚方）、固本延龄丸、坤宝丸、宁心补肾丸、强阳保肾丸、海马三肾丸、生精胶囊、男宝胶囊、肾宝合剂、肾宝糖浆等70余个中成药处方中含有覆盆子，应用广泛。

（二）膏方

膏方具有口感好，又兼具保健养生功能的特点，各地医院、养生馆等开发了大量含覆盆子原料的膏方。丽水市生生堂国药有限公司研制开发的覆盆子膏，具有补肝益肾，固精缩尿的功效，适用于阳痿早泄，遗精滑精，宫冷不孕，带下清稀，尿频遗溺，目昏暗沉，须发早白等人群，深受大众喜爱。

（三）保健品

目前已批准上市的含覆盆子保健品有50余种，如鸿茅牌鸿茅健酒（具缓解体力疲劳、增强免疫力功能）、三好牌德邦片（具缓解体力疲劳功能）、益智仁牌黄精覆益胶囊（具辅助改善记忆功能）、福圣元牌覆参片（成人型）（具增强免疫力功能）、同仁堂牌老庄酒（具抗氧化、增强免疫力功能）等。

（四）茶品

采用超低温超细粉碎破壁技术将覆盆子加工成细粉，添加牛奶、甜味糖、果汁、蜂蜜等或者单独用温开水冲调可作为日常茶饮，是一款营养、保健、天然的饮品。近年来，丽水市本润农业有限公司以自有基地优质的覆盆子为原料开发了覆盆子粉；青田县五十步覆盆子专业种植合作社开发了覆盆子固体饮料；浙江掌覆康农业开发有限公司开发了覆盆子康养饮品、覆盆子康养茶品，均可作日常茶品饮用。

（五）食品[49-53]

1.覆盆子酒

覆盆子可直接发酵酿酒，也可与其他原料复合酿酒。如以覆盆子为主要原料，适当添加枸杞，以葡萄酒酵母为发酵生产菌，通过发酵可生产出覆盆子枸杞保健酒；还可用于酿造啤酒，覆盆子的提取液色泽呈与啤酒色泽接近的琥珀色，香味与啤酒接近，且覆盆子的抑菌作用可以延长啤酒的货架期，加入覆盆子提取液的啤酒清亮透明，无悬浮物和沉淀物，泡沫洁白细腻，挂杯持久，具有覆盆子清香和酒花特有香气，口味纯正，且覆盆子啤酒中粗三萜、粗多糖、黄酮等功能性物质的含量均高于普通啤酒。

2.覆盆子饮料

覆盆子可以单独制成饮料,也可以和多种饮料复合制成复合果汁饮料。以大豆、牛乳、覆盆子为主要原料研制的凝固型酸豆奶,不但口感细腻爽口,酸甜适宜,而且具有浓郁的覆盆子香味;以覆盆子和牛乳为主要原料研制的乳酸菌饮料呈粉红色,组织细腻,口感香甜,保持了乳酸饮料发酵香味和覆盆子特有滋味,营养丰富。

由于覆盆子果汁略带涩味,且具有香味不明显和色泽暗淡等缺点,孙汉巨等利用橙汁具有和覆盆子相类似的颜色且具有色泽鲜艳,香味浓郁,滋味纯正等优点,将橙汁和覆盆子汁制成复合果汁,并对复合饮料的工艺进行了优化:覆盆子汁含量7%,橙汁含量2%,白砂糖添加量12%,柠檬汁添加量0.1%。生产出的复合果汁呈橙黄色,口感酸甜适口,且具有覆盆子果实特有的香气和滋味。梁魁景等将覆盆子提取液与养元核桃乳按不同配比进行混合,研制出具有覆盆子营养物质的核桃乳,不仅使核桃乳风味独特,而且增加了覆盆子的营养成分,丰富了饮料种类。

3.覆盆子糕

覆盆子糕制作条件温和,最大程度地保持了覆盆子多糖的营养成分。李桂兰等运用内部沸腾法提取覆盆子多糖,以提取温度、液料比和提取时间为考察对象,优化提取条件,利用覆盆子多糖制作覆盆子糕,结果表明,每1g覆盆子多糖溶于10mL水,分别添加卡拉胶、蔗糖、淀粉0.12、8、1.5g,混合后55℃烘制24h制备的覆盆子糕有良好的咀嚼性和口感,外观呈黄色透明状,风味独特。

4.覆盆子蜂蜜果冻

覆盆子蜂蜜果冻是一种创新型果冻,原料上采用了具有丰富营养价值的覆盆子干果和蜂蜜,两者混合既能调和覆盆子的涩味,使产品酸甜爽滑,又可充分发挥覆盆子的保健功能。通过最佳配比得到的果冻产品外观棕黄透明,清澈通亮,气味清香,口感爽滑,成型性良好,可溶性固形物含量≥17%,兼具营养和保健功能,市场前景良好。

（六）日化品

覆盆子含有一定量的维生素E、花青素、鞣花酸、覆盆子酮等化学成分，具有较强的清除自由基、抗氧化作用，可延缓衰老，是新型天然美容原料。美国《国际化妆品原料字典和手册（第十二版）》收录了覆盆子籽粉、覆盆子籽、覆盆子果、覆盆子籽油PEG-8酯类、覆盆子籽油/棕榈油氨基丙二醇酯类、覆盆子酮葡糖苷、PEG-8覆盆子籽油酸酯、氢化覆盆子籽油等系列原料。近年来，覆盆子在化妆品领域的应用越来越广泛，目前已备案的市售化妆品有150余种，涵盖面膜、唇膏、唇彩、眼霜、精华液、凝露、啫喱膏、香皂、护手霜、香水、面霜、沐浴露、乳液、爽肤水等。

第九节　总结与展望

覆盆子可药食两用，未成熟果实为常用温肾助阳中药，具有益肾固精缩尿，养肝明目的功效，临床疗效显著，药用广泛；成熟果实为新型健康果品，深得人们喜爱，在食品和日化品方面的应用亦逐步被开发，具有良好的应用前景。

2018年，覆盆子入选新"浙八味"中药材培育品种，标志着覆盆子产业进入了新的发展阶段。近年来，丽水市本润农业有限公司、浙江掌覆康农业开发有限公司、青田县五十步覆盆子专业种植合作社相继开发了覆盆子酒、覆盆子粉、覆盆子康养饮品、覆盆子康养茶品、覆盆子健康养生酒、覆盆子固体饮料等系列产品，大大推进了丽水市覆盆子产业的蓬勃发展。随着丽水市覆盆子种植面积的逐步扩大，种植技术日渐成熟，有望进一步提升产量与质量，逐步发展为新的道地产区。

搁公扭根

GeGongNiuGen

附·搁公扭根（畲药） | GeGongNiuGen RUBI RADIX

蔷薇科植物华东覆盆子（掌叶覆盆子）*Rubus chingii* Hu的干燥根及残茎。秋、冬二季采收，除去泥沙，干燥。别名：**覆盆子根**[54]。

第一节　本草考证与历史沿革

搁公扭根首载于《本草纲目》，后《中华本草》（第四册）及《中药大辞典》等均有记载。我国畲族地区常用搁公扭根用于治疗瘘道，瘘管，痰核，风湿痹痛等症，《浙江省中药炮制规范》2005年版首次收载搁公扭根，2015年版增加了性状、显微特征等检验项目（由丽水市检验检测院起草）。近年来，丽水市检验检测院对覆盆子根开展了较多研究，为该药的进一步开发和利用提供了参考。

第二节　化学成分

对搁公扭根进行分离鉴定研究，从中共得到10个化学成分，分别齐墩果酸、熊果酸、蔷薇酸、11α-羟基蔷薇酸、委陵菜酸、鞣花酸、没食子酸、没食子酸乙酯、β-谷甾醇、胡萝卜苷，主要为三萜类及鞣质类成分[55]。

第三节 药理与毒理

樊天福[56]用覆盆子根水煎液治疗急性肾炎45例，服药后经尿常规检查证明均获痊愈，结果显示其具有见效快（8 ~ 10h）、疗效确切、无毒副作用的优点。畲医将搁公扭根用于治疗瘘道，瘘管，痰核，风湿痹痛等，然其主要药效物质基础、药理作用以及其临床配伍原理的研究仍处于初始阶段，有待进一步深入研究。

第四节 质量体系

一、标准收载情况

《浙江省中药饮片炮制规范》2015年版。

二、炮制

除去杂质，洗净，润透，切厚片或段，干燥。

三、饮片性状

为类圆形或不规则形的厚片或段，外表皮灰褐色至棕褐色，有纵皱纹。切面皮部棕褐色，木部较宽，黄白色或灰白色，略呈放射状。残茎有髓，髓部黄白色或浅棕红色。质坚硬，不易折断。气微，味微苦、涩。

四、有效性、安全性的质量控制

《浙江省中药炮制规范》2015年版：[鉴别]显微特征粉末：黄白色至黄棕色。淀粉粒甚多，单粒类球形、三角状卵形或不规则形，直径3 ~ 18μm，脐点点状、裂缝状或人字状；复粒2 ~ 8个分粒组成。石细胞单个或成群散在，类方形、类圆形或长椭圆形。具缘纹孔导管散在。纤维较多。可见黑色分泌物。木栓细胞长方形，壁呈连珠状增厚。（见图4，由丽水市检验检测院起草）

图4　显微特征图

1.淀粉粒；2.木栓细胞；3.具缘纹孔导管；4.石细胞；5.纤维

五、质量评价

毛菊华[57-59]等采用HPLC法测定了搁公扭根中蔷薇酸、委陵菜酸、鞣花酸、没食子酸等成分的含量（详见图5和图6），并对其不同采收期各成分的动态累计情况进行了分析，结果显示11—12月采收的搁公扭根中上述4种成分的含量均最高，可选定为采收期。此外，对20批搁公扭根的水分、总灰分、浸出物等进行测定，根据测定结果，结合《中国药典》2015年版一部中已有同类药材的标准、四部0212药材和饮片检定通则及国家药品标准（中药）研究制定技术要求等，建议规定搁公扭根的水分不得过12.0%；总灰分不得过4.0%；浸出物照醇溶性浸出物测定法项下的热浸法测定，用50%乙醇作溶剂，建议不得少于15.0%。

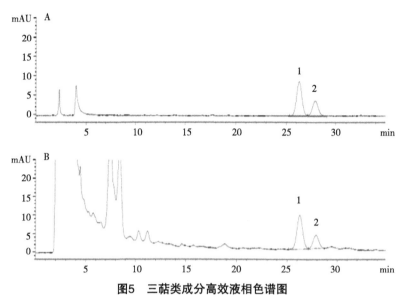

图5 三萜类成分高效液相色谱图

A.混合对照品；B.供试品（1.蔷薇酸；2.委陵菜酸）

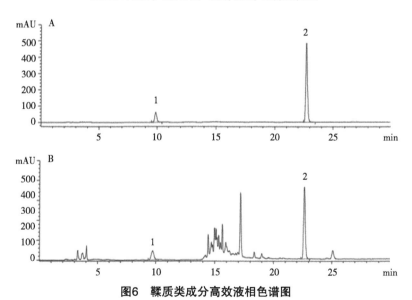

图6 鞣质类成分高效液相色谱图

A.混合对照品；B.供试品（1.没食子酸；2.鞣花酸）

第五节　性味归经与临床应用

一、性味

苦、平。

二、归经

肝、胃、膀胱经。

三、功能主治

祛风止痛，明目退翳，和胃止呕。用于瘘道，瘘管，痰核，风湿痹痛。

四、用法用量

《中药大辞典》：内服：煎汤，15～30g，或外用：适量，澄粉，点眼。

《浙江省中药炮制规范》2015年版：10～50g。

五、附方

（一）《圣济总录》覆盆饮

治胃气不和、呕逆不下食；覆盆子根、枣（青州者，去核）、人参、白茅根、灯心、半夏（汤洗七遍，焙）、前胡（去芦头）、白术各等分。上八味，碎如麻豆大，每服五钱匕，水一盏半，煎至八分，去渣温服，日三。

（二）《活幼口议》

治痘后目翳；取覆盆根洗、捣、澄粉，日干，蜜和少许，点于翳丁上，日二、三次，自散。百日内治之，久即难疗。

（三）《天目山药用植物志》

治牙痛；覆盆子根煎汁烧鸡蛋，取汁食蛋。

（四）《安徽中草药》

治扭伤腰痛；鲜覆盆根、鲜水苦荬各30g。煎服。

（五）《浙江药用植物志》

治习惯性流产；覆盆子根、苎麻根各30g，菜头肾15g，龙芽草、平地木、蚕茧壳各9g。水煎服。

（六）《天目山药用植物志》

治妇女产后咳嗽、手足酸麻、脚底痛；覆盆子根90g，桔梗、檵木细根各21～24g，金钱草、白马骨各30g。水煎汁，炖猪蹄服用。

第六节　总结与展望

近年来，各地对民族药的开发利用逐步重视，搁公扭根作为一种常用畲药，收载于《浙江省中药炮制规范》（2015年版），但就整体而言，当前对搁公扭根的研究尚处于初步阶段，相关研究鲜有报道，更多集中于民间应用。若要进一步开发利用该药材，还需投入大量的工作，在相关药理作用及临床应用研究基础上，针对性的开展化学成分及质量标准研究。

参考文献

[1] 国家药典委员会. 中华人民共和国药典：2015年版第一增补本[S]. 北京：中国医药科技出版社，2018，59.

[2] 江苏新医学院. 中药大辞典：下册[M]. 上海：上海人民出版社，1975，2 698-2 700.

[3] 彭景国. 覆盆子栽培及病虫害防治[J]. 中国林副特产，2018，5：46，48.

[4] 夏苏华. 掌叶覆盆子栽培技术和开发途径研究[J]. 中国农业信息，2016，4：76，79.

[5] 汪文举. 覆盆子产业发展前景和栽培管理技术浅谈[J]. 现代园艺, 2018, 10: 17.

[6] 谢一辉, 苗菊茹, 刘文琴. 覆盆子化学成分的研究[J]. 中药材, 2005, 28（2）: 99-100.

[7] 刘杰. 覆盆子果实化学成分及对肾阳虚小白鼠药理作用的研究[D]. 沈阳: 沈阳药科大学, 2005.

[8] 郭启雷, 杨峻山. 掌叶覆盆子的化学成分研究[J]. 中国中药杂志, 2005, 30（3）: 198-200.

[9] 郭启雷. 掌叶覆盆子及羊耳菊的化学成分研究[D]. 北京: 中国协和医科大学, 2005.

[10] 肖洪明, 祖灵博, 李石平, 等. 掌叶覆盆子化学成分的研究[J]. 中国药物化学杂志, 2011, 21（3）: 221-226.

[11] Masao Hattori, Kue-ping Kuo, Yue-Zhong Shu, et al. A triterpene from the fruits of Rubus chingii[J]. Phytochemistry, 1988, 27（12）: 3 975-3 976.

[12] Kazuhiro Ohtani, Chong-Ren Yang, et al. Labdane-type diterpene glycosides from fruits of Rubus foliolosus[J]. Chemical and Pharmaceutical Bulletin, 1991, 39（9）: 2 443-2 445.

[13] 程丹, 李洁, 周斌. 覆盆子化学成分与药理作用研究进展[J]. 中药材, 2012, 35（11）: 1 873-1 876.

[14] 典灵辉, 龚先玲. 覆盆子挥发油成分的GC-MS分析[J]. 天津药学, 2005, 17（4）: 9-10.

[15] 陈坤华, 方军. 覆盆子水提取液对大鼠下丘脑—腺垂体—性腺轴功能的作用[J]. 中国中药杂志, 1996, 21（9）: 560-562.

[16] 皮慧芳, 吴继洲. 覆盆子的化学成分和药理作用研究述要[J]. 中医药学刊.

[17] 徐洪水, 黄湘. 覆盆子的药理和临床应用进展[J]. 实用中西医结合临床, 2003, 3（6）: 58-59.

[18] 周晔, 李一峻. 覆盆子等8味中药的抗超氧阴离子自由基作用研究[J].

时珍国医国药，2004，15（2）：68-69.

[19] 朱树森，张炳烈. 覆盆子对衰老模型小鼠脑功能的影响[J]. 中医药学报，1998，26（4）：42-43.

[20] 侯敏，傅应军，刘超，等. 覆盆子有效部位对去卵巢AD小鼠海马蛋白组学影响研究[J]. 中国中药杂志，2016，41（15）：2 895-2 900.

[21] 季宇彬，包晓威，单宇，等. 覆盆子提取物对ConA致小鼠急性肝损伤的保护作用研究[J]. 中国中药杂志，2019，44（4）：774-780.

[22] 钟红燕，陈晓旋. 覆盆子乙醇提取物对血管舒张功能及血流动力学的影响[J]. 亚太传统医药，2016，12（5）：27-28.

[23] 陈坤华，方军. 覆盆子提取成分促进淋巴细胞增殖作用及与环核苷酸的关系[J]. 上海免疫学杂志，1995，15（5）：302-304.

[24] 邢宇双，吴宜艳，梁启超，等. 覆盆子对酒精戒断大鼠海马中去甲肾上腺素的作用[J]. 中医药学报，2018，46（1）：53-57.

[25] 邢宇双，梁启超，金贲临，等. 覆盆子对尼古丁戒断焦虑征大鼠的影响[J]. 实验动物科学，2018，35（5）：67-70.

[26] 佟慕光，陈志让. 双子片及提升片药理作用的动物实验[J]. 武汉医药卫生，1963（1）：125-128.

[27] 陈向阳，甘我挺，郭宝林，等. 栀子、吴茱萸等7种果实种子类药材商品电子交易规格等级标准[J]. 中国现代中药，2016，18（11）：1 416-1 421，1 442.

[28] 蔡文山. 覆盆子及其混淆品山莓的鉴别[J]. 海峡药学，2007，19（2）：66-67.

[29] 杨静，赵建邦，张洁. 覆盆子及4种混淆品的显微特征鉴别[J]. 中药材，1996，19（9）：449-450.

[30] 姜从良，林雪冰. 中药覆盆子及其混伪品毛栓莓的理化鉴别[J]. 亚太传统医药，2006（10）：78.

[31] 刘金明. 覆盆子及其混淆品的鉴别[J]. 时珍国医国药，2000，11（9）：809.

[32] 郭卿，付辉政，周国平，等. 覆盆子药材质量标准研究[J]. 江西中医

药大学学报，2014，26（3）：51-54.

[33] 张玲，王德群，查日维，等. 覆盆子中山奈酚的TLC鉴别和HPLC测定[J]. 中国现代中药，2012，14（2）：12-14.

[34] 虞金宝，吕武青，彭宏俊，等. 覆盆子中椴树苷含量测定研究[J]. 中国药业，2008，17（23）：8-9.

[35] 张玲，邱晓霞，岳婧. HPLC法同时测定覆盆子中鞣花酸和5种黄酮成分的含量[J]. 中药材，2017，40（11）：2 625-2 628.

[36] 马亚娟，白文婷，朱小芳，等. MIPs-HPLC法同时测定覆盆子中4种黄酮[J]. 中成药，2017，39（10）：2 097-2 101.

[37] 钟瑞建，郭卿，周国平. RP-HPLC法同时测定覆盆子药材中2个主要黄酮苷成分的含量[J]. 药物分析杂志，2014，34（6）：971-974.

[38] 何建明，孙楠，吴文丹，等. HPLC测定覆盆子中鞣花酸、黄酮和覆盆子苷-F5的含量[J]. 中国中药杂志，2013，38（24）：4 352-4 356.

[39] 曹富，邱晓霞，张玲，等. 反向高效液相色谱法测定覆盆子中3种三萜酸的含量[J]. 安徽中医药大学学报，2017，36（4）：79-82.

[40] 李天傲，谭喜莹. HPLC测定覆盆子中没食子酸含量[J]. 中国现代应用药学，2008，25（3）：235-237.

[41] 孙金旭，朱会霞，肖冬光，等. 覆盆子中有机酸含量的测定[J]. 现代食品科技，2013，29（6）：1 374-1 376.

[42] 陈晓红，岳显可. 聚类分析和主成分分析浙产覆盆子HPLC指纹图谱研究[J]. 中国中医药科技，2018，25（3）：350-354.

[43] 陈林霖，潘娟，赵陆华，等. 覆盆子药材HPLC指纹图谱的研究[J]. 中成药，2006，28（7）：937-940.

[44] 苗菊茹，谢一辉，刘红宁. 覆盆子药材的HPLC特征指纹图谱研究[J]. 江西中医学院学报，2007，19（4）：47-49.

[45] 盛义保，张存莉，马平. 掌叶覆盆子黄酮含量的测定研究[J]. 陕西林业科技，2002（4）：1-3.

[46] 孙金旭，朱会霞，肖冬光. 三波长紫外分光法测定覆盆子黄酮的研究[J]. 中国酿造，2011，12（237）：173-175.

[47] 孙萍，李艳，杨秀菊，等. 覆盆子果总黄酮的微波提取及含量测定[J]. 数理医药学杂志，2003，16（1）：85.

[48] 郭宣宣，邱晓霞，张玲，等. 可见分光光度法测定覆盆子中总三萜含量[J]. 安徽中医药大学学报，2017，36（5）：85-87.

[49] 王昌藤. 丽水生态示范区悬钩子植物资源及其开发利用[J]. 中国林副特产，2005，2：51-53.

[50] 高晶晶. 覆盆子的生理功能及其在食品工业的开发应用进展[J]. 2015，01：71-72.

[51] 吴格格，任佑华，林威. 覆盆子保健乳酸菌饮料的研究[J]. 湖南农业科技，2014，15：52-55.

[52] 李桂兰，肖小年，芮成，等. 覆盆子多糖的提取及覆盆子糕的制备[J]. 食品工业科技，2015，36（11）：247-250，272.

[53] 任佑华，蒋钰莹，吴格格，等. 覆盆子蜂蜜果冻加工工艺研究[J]. 安徽农业科技，2016，44（16）：83-86.

[54] 浙江省食品药品监督管理局. 浙江省中药炮制规范2015年版[S]. 北京：中国医药科技出版社，2016，94.

[55] 姜程曦，毛菊华，王伟影，等. 畲药搁公扭根化学成分研究[J]. 中草药，2016，47（19）：3 370-3 373.

[56] 樊天福. 覆盆子根治疗急性肾炎45例[J]. 江西中医药，1999，30（5）：58.

[57] 王伟影，毛菊华. 畲药搁公扭根的质量标准研究[J]. 中国现代中药，2016，18（5）：591-594.

[58] 毛菊华，程科军，伟影，等. 畲药搁公扭根中三萜类成分的含量测定及其最佳采收期考察[J]. 中国药师，2016，19（11）：2 059-2 061.

[59] 毛菊华，王伟影，范蕾，等. HPLC测定不同采收期畲药搁公扭根中鞣质类成分含量[J]. 中国现代应用药学，2017，34（3）：393-395.

云和县

  云和县始建于明景泰三年（公元1452年），地处浙西南，居瓯江上游，是丽水市的地理中心，自古被喻为"洞宫福地"。县域总面积984km^2，是"山水之城"。"九山半水半分田"的地形赋予云和集"山水林田湖"于一体的独特资源，境内有海拔千米以上山峰184座、水域38.7km^2，森林覆盖率达81.5%，云和梯田被誉为"中国最美梯田"、被美国CNN评为中国最美的40个景点之一，仙宫湖是浙江省第三大人工湖；云和综合环境质量列全国第10位，空气质量优良率达到99.2%，全域断面水质常年保持在国家二类标准以上，是丽水市第一个国家级生态县，入选全国重点生态功能区和生态文明建设试点，绿色发展指数位居全省第一。"好山、好水、好空气"也孕育了高品质的有机农产品，云和雪梨、云和黑木耳获得是国家地理标志产品。

  云和县拥有林地面积117.80万亩，森林植被属中亚热带常绿落叶林带，有乔木材种百余种，其中属国家重点保护植物13种，南方红豆杉、福建柏、榧树、长叶榧、香果树、榉树等。是浙江省杉木、油茶林基地县之一。境内野生植物中，中草药有1 000余个品种，主产的中药材主要有厚朴、茯苓、金银花、蕲蛇、海金沙、虎杖、栀子等。特别是厚朴质量久负盛名，质量好，被称为"温朴"而闻名全国，是云和传统拳头产品。其次是茯苓，质细腻，色洁白，称为云和大仓白茯苓。现今规模种植的中药材有黄精、玉竹、玄参、元胡、温郁金、铁皮石斛、何首乌、百合、浙贝母等。其中云和县道地黄精示范基地位于安溪乡东岱村，在种植过程中，探索总结编写出《黄精有机生产管理和技术规程》，2017年省农业厅授予基地为"浙江省现代农业科技示范基地"，黄精产品于2017年获得有机认证，2019年被省农业农村厅认定为浙江省道地药园。

云和山川灵秀，物博人勤，淡泊宁静，质朴天成，是省级生态县和省级森林城市。坚定不移地走"绿水青山就是金山银山"绿色生态发展之路，积极打造"山水童话"特色的现代化生态休闲旅游名城。对发展中药产业有得天独厚的优势。云和原与景宁畲族自治县同属一个县，畲族民间用药与景宁相近，中国民族医药畲医药分会三届会长雷后兴的故乡，雷会长自小生长在云和民族村，是畲民医药传人，对畲医药有特殊的感情，尤其是地稔，所以，将地稔作为云和畲药代表，本章重点介绍最具抗病毒与消炎止痛功效的畲药——地稔。

地毯

地　稔 ｜ DiRen
Melastoma dodecandrum Lour

本品为野牡丹科植物地稔（拉丁文名*Melastoma dodecandrum Lour*）的干燥全草。别名：嘎狗噜、地茜、山地茜、紫茄子、山辣茄、铺地锦、库卢子、土茄子、地蒲根、地脚茜、地樱子、地枇杷等。

第一节　本草考证与历史沿革

一、本草考证

地稔（Melastoma dodecandrum Lour）为我国民间习用药材，被广泛应用在我国畲族、瑶族、苗族等少数民族地区，具有活血止血、消肿祛瘀、清热解毒等多种功效。地稔根最早记录于《岭南采药录》，又被称为地茄根《浙江民间常用草药》、地稔《南方主要有毒植物》。《闽东本草》记载其性平，味微甘酸，入肝、肾、脾、肺经，具有活血、止血、利湿、解毒功用，主治痛经、产后腹痛、崩漏、白带、痢疾、瘰疬、牙痛等；《陆川本草》记载其具有止血，解毒，消炎。治子宫出血，痢疾，疮痈溃烂红肿；《岭南草药志》记载称地稔根可"解久热不退"；《广西中药志》记载地稔根可"治伤寒，热入血室"，其叶可"治小泻，红白痢，外用治外伤出血，乳痈"；《生草药性备要》记载其根可"治心痛"其叶可"止痛，散热毒，止血，拔脓，生肌"；《本草求原》记载地稔叶可"止血，止痢，生肌。治痔积，消疮，洗痔疮、热毒、兹疥、烂

脚、蝇蛇伤"；《湖北中草药志》中记载其具有"清热利湿，舒筋
活络，补血止血"功效，可用于腰腿痛、风湿骨痛、肠炎、痢疾、
九疟不愈、盆腔炎、月经过多等症状。

二、历史沿革

地稔作为畲医药的常用药材之一，植物名又称为地菍，在我国
广西桂北瑶族地区被称为"莫翁样"[1]，而畲民多称嘎狗噜或粪桶
板。地稔全身是宝，全株可供药用，味甘、微酸、涩，性稍凉；归
肝、脾、胃、大肠经；具有清热化湿、祛瘀止痛、收敛止血之功
效；临床应用方面，主要用于高热、咽喉肿痛、牙痛、黄疸、水肿
痛经、产后腹痛、痈肿疔疮、崩漏带下、痢疾便血、毒蛇咬伤等病
症；民间还将其用于治疗流行性脑脊髓膜炎、急性扁桃体炎、肠
炎、肾炎、肾盂炎、盆腔炎、外伤出血、腰腿痛和风湿骨痛等病
症[2-5]。地稔不仅记载于《全国中草药汇编》《中药大辞典》，还
被正式收载于《广东药材标准》第一册、《湖南省中药材标准》
2009年版。《浙江省中药炮制规范》2005年版首次将地稔以畲药的
名义收载其中[6]。后来《浙江省中药炮制规范》2015年版是由浙江
丽水市食品药品检验所负责标准提升后继续作为畲药收载[7]。根据
目前的畲医药数据库统计，已有20多个处方中使用到地稔，且在民
间应用十分广泛，所以地稔是极具开发前景的药材。

第二节　植物形态与分布

一、植物形态

地稔作为小灌木，长10～30cm；茎匍匐上升，逐节生根，分
枝多，披散，幼时被糙伏毛，以后无毛。叶片坚纸质，卵形或椭圆
形，顶端急尖，基部广楔形，长1～4cm，宽0.8～（2～3）cm，全

缘或具密浅细锯齿，3～5基出脉，叶面通常仅边缘被糙伏毛，有时基出脉行间被1～2行疏糙伏毛，背面仅沿基部脉上被极疏糙伏毛，侧脉互相平行；叶柄长2～6mm，有时长达15mm，被糙伏毛。聚伞花序，顶生，有花1～3朵，基部有叶状总苞2，通常较叶小；花梗长2～10mm，被糙伏毛，上部具苞片2；苞片卵形，长2～3mm，宽约1.5mm，具缘毛，背面被糙伏毛；花萼管长约5mm，被糙伏毛，毛基部膨大呈圆锥状，有时2～3簇生，裂片披针形，长2～3mm，被疏糙伏毛，边缘具刺毛状缘毛，裂片间具1小裂片，较裂片小且短；花瓣淡紫红色至紫红色，菱状倒卵形，上部略偏斜，长1.2～2cm，宽1～1.5cm，顶端有1束刺毛，被疏缘毛；雄蕊长者药隔基部延伸，弯曲，末端具2小瘤，花丝较伸延的药隔略短，短者药隔不伸延，药隔基部具2小瘤；子房下位，顶端具刺毛。果坛状球状，平截，近顶端略缢缩，肉质，不开裂，长7～9mm，直径约7mm；宿存萼被疏糙伏毛。花期5—7月，果期7—9月[8]。

二、资源分布

目前地稔在我国主要分布于长江以南的贵州、福建、浙江、广西、云南、广东等地区，越南也有分布。地稔具有耐旱、耐瘠、耐阴、耐践踏等特性，主要生长在海拔1250m以下的山坡矮草丛中，为酸性土壤的常见植物，适宜用作先锋种植植物。丽水境内均有分布，尤其以云和较多，云和地稔也常被用作种苗。

第三节　栽培技术

一、生态环境条件

地稔主要生长在较低海拔的山坡上或疏林下，喜生于酸性土壤，生命力极强，具有耐寒、耐旱、耐瘠、生长迅速等特性，大多常见于山林的阴面坡地、田埂，甚至在石缝中亦能存活，生长开花，在全日照或半阴性的条件下生长良好，具一定程度的耐践踏性，还具有良好的固土防沙功能，同时地毯也是红壤土地上良好的先锋植物。通常在自然状态下，地毯主要靠种子繁殖，也可人工栽培，如分株或扦插繁殖。在我国的江南地区野生地毯资源十分丰富。可以在早春雨季到来后移栽野生苗，因为此时移栽成活率最高，夏季高温或秋冬旱季也可移栽，但是会增加管理成本，成活率也会有所下降。地毯生长迅速的特性，进行分株繁殖相当有效，且分株繁殖无须考虑死亡率。

二、繁殖技术[9]

（一）种子繁殖

国内已有较多地毯繁殖方面的研究。通常自然状态下，地毯的繁殖主要靠种子繁殖，也可人工栽培，如用分蔸繁殖（夏汉平，2002）。漆萍（2005）等进行地毯种子繁殖的发芽率为14.6%，茎段扦插成活率为40%左右。杨利平（2008）等进行的实验发现地毯种子的采集时间对其发芽率有影响，实验结果发现8月采集的地毯种子发芽率为12.6%。BR溶液浸种处理后发芽率为55.1%（邹清成，2008）。地毯种子还存在休眠现象，研究者发现可以用75%硫酸浸种和赤霉素处理来打破休眠，使其发芽率达到80%，表明地毯种子具有良好的繁殖潜力（闫景彩，2009）。

（二）扦插繁殖

地毯不仅可以用种子繁殖，还可用扦插法进行繁殖。研究者以老茎段作为扦插苗，地毯2周内便可生根，最终扦插成活率为68%（马国华，2001）。在广东地区，对比夏季和秋冬，发现早春雨后移栽的成活率更高，若在春季种植，当年8—12月可形成整齐致密的地被层（夏汉平，2002）。朱玲等（2008）用8g/L的IBA对地毯茎段进行穗条处理，结果发现地毯的生根情况最好。赖菊云

（2011）的试验结果表明，在3—5月对地稔进行扦插试验，成活率可高达83.6%，但在栽培初期养护非常重要，初期需要给予充足的水分。

（三）切割繁殖

地稔还可以采取切割繁殖，在清明节前后时期选择长势较强的地稔植株，将其用铁行铲划分成10cm×10cm的正方形，若带土则按30cm×30cm的规格，栽植的时间选择阴雨天或早、晚为佳，移栽好后要压实并浇定根水，若条件允许，可以在距离地表20cm左右的高度用遮阳网对其进行遮阴，能够有效提高移栽地稔的成活率。

（四）组培快繁

国内已有较多关于地稔的组培快繁技术研究。马国华等（2000）以幼嫩茎尖和叶芽为外植体研究地稔的快繁试验，试验结果发现试管苗移栽成活率达90%以上。张朝阳和许桂芳（2004）以腋芽为外植体进行组培快繁试验，对地稔的最佳诱导培养基和生根培养基进行探讨，同时试验结果表明地稔的分化繁殖系数为5。戴小英等（2004）以地稔的幼嫩茎段为外植体进行试验，结果表明最佳增殖培养基为添加有0.1~0.5mg/L 6-BA+0.1mg/LNAA的MS培养基，最佳生根培养基为1/2MS+0.1mg/LNAA。蒋道松等（2007）对地稔离体快繁的最佳培养基以及栽培的最佳土壤配比进行了研究。胡松梅等（2008）研究了4倍体地稔的离体培养快繁体系，发现4倍体地稔的增殖能力和生根能力均强于2倍体。闫景彩（2009）的研究结果则表明，不同的施肥量及配比可明显影响地稔早期冠层扩展速度。邱才飞等（2012）研究了地稔的需肥特性，为大面积栽培地稔提供了较好的研究基础。

三、栽培管理[10]

（一）选种

到目前为止尚无人工培育的地稔品种，种质资源大多是从野外的野生状态下获取。但在不同的环境中，野生种质生长态势会受到不同外界因素影响。因此，为避免造成经济效益低下，应选择生长速度较快，开花量大和果实较大的品种。

（二）选地整地

由于地毯生命力强的特性，可在山坡地、河边堤岸、田边地头甚至房前屋后等酸性贫瘠地上种植，但会发现其长势较慢，开花量和果实较小，还会影响观赏和食用价值，因此，宜选用地势较高不易积水、土层深厚、土质疏松、富含有机质的壤土栽培。在每年的3月下旬开始整地起垄，整地时需打碎土块，耙细耧平，然后做宽120cm、高10~20cm的垄，田间做好"三沟"防渍排涝。

（三）施肥技术

地毯作为一种低耗肥植物，通常在栽植前每公顷施用75kg尿素、300kg钙镁磷肥、45kg氯化钾作基肥。视地毯植株的生长情况，栽植后每30d，在地毯的行间浇1次稀释的人粪尿或1%的尿素水溶液，同时为增加开花量和提高结实率，在蕾期、开花期和结果期应结合浇肥每公顷施15kg磷酸氢二钾，2.25kg硼酸。通常地毯移栽当年生长较缓慢，且易滋生杂草，因此需要定期进行除草，直至地毯能够全部覆盖地表，以后只需定期人工拔除一些长势强，株型高大的杂草即可。

（四）水分管理

相比于北方，南方地区的雨量充沛。但会发现季节分配极为不均，大多降水集中在4—6月，此时地毯栽培应及时清沟排水，防涝防渍，而到了7—9月，则雨量稀少，季节性干旱较严重，虽然地毯对水分要求不高，但严重的干旱同样会导致结实率降低、果实开裂等不良影响，所以需要对其进行适量补水。总之，在地毯人工栽培过程中要保持土壤含水量在一定的范围内，以地表湿不可见明水，干不开裂较为适宜。

（五）安全越冬

在地稔移栽当年由于主根生长不长，主要以匍匐根为主，而匍匐根一般生长在地表，所以抗冻能力相对较弱，甚至在温度较低时（≤-4℃）会导致其死亡，从而不能安全越冬。可以在低温到来之前，在地稔植株表层覆盖一定量的稻草或者铺一层地膜，这样有利于提高地温同时也能够防止冰雪直接接触地稔叶片对其造成损伤，从而有效提高地稔存活率。

（六）病虫害防治

地稔人工栽培中尚未见到发生病虫害，一般不需进行药物防治。

四、采收加工

地稔夏季生长旺盛时采收全草，除去杂质，洗净，切段，干燥。

第四节　化学成分

目前大量的研究结果表明地稔化学成分主要包括黄酮类、多糖、氨基酸类、内酯类、有机酸类以及色素等其他成分。

（一）黄酮类

黄酮类化合物是地稔中分离得到的一类主要化合物，主要包括山奈酚、芹菜素、槲皮素、木犀草素等类型的黄酮及其苷。张超等[11]通过95%乙醇对干燥的地稔全草进行浸提，每次浸泡7d，共计4次，将提取液合并后浓缩得浸膏，再加入蒸馏水制得悬浮液。然后依次使用石油醚、醋酸乙酯和正丁醇对悬浮液进行反复萃取，并回收这3个提取溶液。最终分别从这3个提取部位中分离鉴定了木犀草素（Ⅰ）、木犀草素-7-O-β-葡萄糖苷（Ⅱ）、木犀草素-7-

O-β-半乳糖苷（Ⅲ）、槲皮素（Ⅳ）、槲皮素-3-O-β-葡萄糖苷（Ⅴ）、槲皮素-3-O-β-半乳糖苷（Ⅵ）、广寄生苷（Ⅶ）共计7种黄酮类化学物质。唐迈等[12]对地稔全草使用80%乙醇提取，减压浓缩得粗浸膏，再用适量水混悬，并依次用石油醚、醋酸乙酯、正丁醇对其进行萃取。取醋酸乙酯部位的浸膏经反复硅胶柱色谱分离，同时用不同比例的石油醚—醋酸乙酯和三氯甲烷-甲醇洗脱，试验结果得到8个化合物：山柰酚、木犀草素、阿魏酸、芦丁、苍术内酯、槲皮素-3-O-β-葡萄糖苷、没食子酸、槲皮素。该试验首次从地稔中分离得到芦丁和苍术内酯。林绥等[13]经色谱分离及理化性质和波谱分析，从地稔的乙醇提取物中分离鉴定了5个化合物：胡萝卜苷、齐墩果酸、萹蓄苷、3，7，4′-三甲氧基槲皮素、苍术内酯酮。其中3，7，4′-三甲氧基槲皮素为首次从该植物中分离得到，苍术内酯酮为新的化合物。

杨丹等从地稔中分离得到4-O-β-D-吡喃葡萄糖基-3，3′，4′三甲氧基鞣花酸、槲皮素-3-O-β-D-刺槐二糖苷、8-C-吡喃葡萄糖基-5，7，3′，4′四羟基黄酮、3-0-β-D-吡喃葡萄糖基-5，7，4′三羟基黄酮、6-C吡喃葡萄糖基-5，7，4′三羟基黄酮。

2014年，胡金锋等也报道了从地稔中分离得到众多化合物，其中的黄酮类化合物有牡荆素、异牡荆素、山柰酚-3葡萄糖苷、木犀草素-6-C-β-葡萄糖苷、槲皮素-3-O-葡萄糖苷、槲皮素-3-O-洋槐糖苷、山柰酚-3-O-洋槐糖苷。

（二）多糖

张超等[14]采用水提醇沉、过纤维层析柱等方法获得地稔水溶性多糖MD1，所得到的多糖经纯度鉴定为单一组分；并进行薄层层析、气相色谱（GC）和HPLC法分析，其结果表明，水溶性多糖MD1的组成为鼠李糖（Rha）、木糖（Xyl）、阿拉伯糖（Ara）、甘露糖（Man）、葡萄糖（Glc）和半乳糖（Gla）。曾荣香等[15]采用95%乙醇提取地稔全草，通过过滤，残渣干燥，残渣再用水提取，经离心、透析和纯化等众多步骤，获得了地稔水溶性中性多糖和一种酸性多糖。经柱前衍生化HPLC法分析可知，水溶液中性多糖主要由Glc，Gla，Man，Ara，Rha 5种单糖组成，另有极少量的Xyl；而地稔酸性多糖主要由Gla、半乳糖醛酸、Glc、Ara、Man、葡萄糖醛酸、Rha 7种单糖组成，另外还有少量的Xyl。

（三）氨基酸类

石冬梅等[16]报道称地稔果实中富含至少16种以上氨基酸，其中包括苏氨酸、缬氨酸、蛋氨酸、亮氨酸、异亮氨酸、苯丙氨酸、赖氨酸这7种人体必需氨基酸和婴幼儿所需的组氨酸，且谷氨酸也具有较高的含量。研究结果表明必需氨基酸占氨基酸总量32.80%，花青苷含量达到300mg/kg。

（四）挥发性成分

黄仕清等[17]采用水蒸气蒸馏法对地稔药材中的挥发油进行提取，通过GC-MS联用法测定其挥发性成分，并分析鉴定和计算相对百分含量。实验结果表明，地稔中含有46种挥发性成分，占挥发油总量的89.12%。发现其相对含量差异较大，主要含1-辛烯-3-醇（占34.58%）、3-辛醇（占7.03%）、苯甲醛（占6.76%）、乙醛（占4.54%）、香叶基丙酮（占2.45%）等挥发性成分，此外还含有角鲨烯、丁香酚、芳樟醇等活性成分。

（五）内酯类

地稔中发现的内酯类化合物较少，前面提到唐迈等[12]从地稔的乙醇提取物中分离得到苍术内酯Ⅲ。林绥等[18]采用色谱技术进行分离并用HPLC法确认分离得到化合物的纯度，根据理化性质及经UV，IR，1H-NMR，13C-NMR，MS检测确定了5种化合物，其中苍术内酯酮为首次分离得到的新化合物。

（六）有机酸类

张超等[19]采用溶剂萃取及各种色谱分离纯化技术，从地稔乙醇提取物中获得了5种单体化合物，经UV，IR，1H-NMR，

13C-NMR，MS以及化学方法鉴定了其结构，并首次从该植物中分离得到没食子酸。Yang等[20]采用柱层析方法分离鉴定了15种化合物，通过波谱分析及对比文献等方法鉴定，其中4-O-β-D-吡喃葡萄糖基-3，3′，4′-三甲氧基鞣花酸为首次从该植物中分离得到。张超等[21]从地稔乙醇提取物中共分离出了16种化合物，用化学和波谱分析鉴定了6种化学物质的结构，并首次从该植物中分离得到阿魏酸和齐墩果酸。

（七）色素

地稔果成熟时有浓郁的果香味，果皮呈紫黑色，其中含有丰富的红色素，且无毒副作用，色价高达190。在酸性条件下该色素颜色鲜艳，性质稳定，日常生活中可用于饮料、果酒、糖果、点心的着色。而且其色素可用水或乙醇提取，工艺简单，成本较低，可作为一种优良的天然食用色素[22]。石冬梅等[23]的研究表明，地稔果实红色素可能为花青素类色素。对地稔果实红色素应用纸色谱和紫外-可见光谱相结合的方法，初步鉴定出是芍药啶-3-葡萄糖苷和芍药-3-芸香苷两个组分[24]。

第五节　药理与毒理

一、药理作用

地稔的生物活性多种多样，目前已知的药理作用有止血作用、抗氧化作用、镇痛抗炎作用、降糖作用、抑制AGE的生成作用等。

（一）抗病毒作用

浙江众益畬药研究所做过药理实验，地稔对抗肠道病毒、抗疱疹病毒、抗流感病毒有较好效果，特别是最近发现对新冠病毒与艾滋病毒也有疗效。

（二）止血作用

王济纬等[25]通过对大鼠肢体缺血再灌注损伤模型研究显示，地榆灌胃后大鼠的活化部分凝血活酶时间和凝血酶原时间显著延长，纤维蛋白原含量下降，表明地榆可影响纤溶系统活性，改善血液的高凝状态，影响内源和外源性凝血功能。周添浓[26]经家兔药理试验，对地榆的止血作用机制进行了初步的探讨，结果表明，地榆注射液能显著增加家兔的血小板含量，减少凝血酶原时间，对出血时间和凝血时间都有明显缩短作用，具有良好的止血作用。该试验所用地榆注射液经化学成分检查主要含酚类、糖类等成分，并不含有鞣质，所以推测地榆注射液的止血作用可能与其含有的酚类物质有关。翟小玲等[27]将经大孔树脂分离纯化后的地榆总酚类有效部位制成胃内漂浮片，用于治疗胃、十二指肠溃疡合并上消化道出血，其止血功效显著。邓政东等[28]采用硫酸铵盐析法获得了地榆凝集素，其化学性质为糖蛋白，具有较强的凝血活性。

（三）抗氧化作用

张超等[29]研究了不同浓度的地榆多糖MD_1对氧自由基的抑制作用，同时用荧光法研究地榆多糖MD_1对人红细胞膜脂质过氧化的影响。结果表明，地榆多糖MD_1在浓度为200～300mg/L时对自由基O^{2-}和OH^-的清除作用较明显（与对照组比较，均$P<0.01$）；地榆水溶性多糖对人红细胞膜的脂质过氧化也有一定的抑制作用（与对照组比较，$P<0.01$）。张超等[30]研究了地榆总黄酮（MDF）对黄嘌呤-黄嘌呤氧化酶系统产生的超氧阴离子自由基的清除作用；MDF对NAPDH-维生素C和Fe^{2+}-半胱氨酸诱发的肝线粒体脂质过氧化的影响。结果表明，MDF能有效地清除氧自由基，其IC_{50}为46.4mg/L；能抑制小鼠肝匀浆自氧化，对NAPDH-维生素C和Fe^{2+}-半胱氨酸系统所诱发的肝线粒体脂质过氧化反应有明显抑制作用，地榆总黄酮MDF明显地抑制由自由基O_2^-和OH^-引起的线粒体膨胀，对肝线粒

体的氧化性损伤有保护作用。李丽等[31]将地稔乙酸乙酯提取部位给糖尿病（DM）模型小鼠按高、中、低（60，40，20g/kg）剂量依次连续给药，观察小鼠血清超氧化物歧化酶（SOD）的活性，试验结果显示小鼠血清SOD活性明显上升（P<0.01），提示地稔乙酸乙酯提取部位具有抗氧化作用。

（四）镇痛抗炎作用

雷后兴等[32]采用醋酸扭体法和热板法对小鼠进行耳肿胀、足跖肿胀和纸皮肉芽肿试验，结果显示，地稔水煎液20g/kg、10g/kg组均能显著减少小鼠扭体次数，提高热板致小鼠痛阈值；地稔水煎液5g/kg减少小鼠扭体次数，表明地稔水煎液有明显的镇痛作用；地稔水煎液20g/kg组、10g/kg组能明显减轻小鼠耳肿胀程度，降低甲醛所致大鼠足跖肿胀程度，减轻纸片肉芽肿程度，表明地稔水煎液有明显的抗炎作用。周芳等[33]采用热板法和扭体法观察地稔水煎液对小鼠的镇痛作用，采用二甲苯致小鼠耳廓肿胀及腹腔染料渗出法观察地稔的抗炎作用。结果发现，地稔大剂量能显著提高小鼠痛阈值，降低小鼠毛细血管通透性，减少腹腔液的渗出，地稔各剂量组均能明显抑制二甲苯所致的炎症反应，可显著减轻小鼠耳廓肿胀，具有一定的镇痛和抗炎作用。

（五）降糖作用

李丽等[34]以四氧嘧啶诱发糖尿病小鼠模型，将不同剂量的地稔水提物（60，40，20g/kg）灌胃给药，阳性对照组给予盐酸二甲双胍（750mg/kg），连续给药10d。结果发现，地稔高剂量能明显降低四氧嘧啶致糖尿病小鼠的血糖（P<0.01）。

（六）抑制AGE的生成作用

人体内氨基酸及蛋白质发生非酶糖基化反应（Maillard反应），反应的终产物AGE在糖尿病患者的肾组织、角膜蛋白、动脉粥样硬化的病变部位、老年痴呆患者的硬脑膜内及人体皮肤中蓄积[35]。研究表明，AGE与糖尿病肾病合并症、糖尿病性白内障、动脉粥样硬化、老年性痴呆症的发病及人体的老化相关[35]。

张超等[36]建立体外人血清白蛋白糖基化系统，将提取的地稔黄酮类化合物，配制成浓度10g/L，与浓度为1.5×10⁻⁴mol/L（含葡萄糖）的人血清白蛋白反应，并检测紫外光谱、荧光光谱，在糖基化体系中加入地稔黄酮类化合物（1g/L）、槲皮素、芦丁，结果均对人血清白蛋白的Maillard反应有明显抑制作用，随时间的变化，抑制率不断增强，抑制效果依次是槲皮素、芦丁、地稔黄酮类混合物。实验表明，地稔黄酮类混合物具有抑制AGE生成的作用，对糖尿病医学衰老医学等的研究具有一定的意义。

（七）其他作用

陈志英等[6]调查编制的数据库发现，地稔适用的疾病还有：高血压、结石、糖尿病、小儿惊哭、深部脓肿经久不愈、淋病、癫痫、产后风、胃溃疡、尿失禁等；地稔根适用的疾病有：妇人月子内外腹痛（食风）、脱肛、痛经；地稔叶适用的疾病为眼目赤肿。据畲医药数据库统计，约有20多个处方使用地稔。一些研究还发现，地稔对肝炎、肝肿大、肾盂肾炎的治疗也有一定的效果。

二、毒理

翁竞玉等[37]对地稔总黄酮的最大给药量安全性进行测定，给药组小鼠以最大给药量（5.6mg/g体重）和最大给药体积（40μL/g体重）间隔6h灌胃两次，对照组灌胃等体积蒸馏水。试验结果表明，地稔总黄酮对小鼠的口服急性毒性较低，通过灌胃给药无法测出其LD_{50}，1日最大给药量为11.2mg/g，约相当于成人临床日用量的107倍。大剂量多次给药后小鼠无死亡，体重较对照组相比未见显著差异，精神状态及一般状态也较正常，脏器指数较空白组无显著差异。血清谷丙转氨酶及谷草转氨酶是急性肝细胞损害的敏感标志。血清尿素氮是体内蛋白质代谢的主要终产物，经肾脏排出体外，与血肌酐同为是临床上应用最为广泛的反映肾功能的血液学指标。经检测，给药小鼠血清中ALT、AST活性及BUN、Cre含量与对照组小鼠无显著差异，提示地稔总黄酮安全性较好，灌胃给药对小鼠无明显肝肾毒性。经一次性大剂量注射STZ，可选择性地损伤试验动物的胰岛β细胞，复制出近似人类糖尿病的症状，如空腹血糖、饮水量、采食量显著升高，但体重明显降低。本试验结果表明，地稔总黄酮给药21d后，糖尿病小鼠空腹血糖水平显著降低，"三高一少"状态得到改善。结果说明地稔总黄酮急性毒性较小且具有良好的降血糖活性，有望开发成为安全有效的抗糖尿病药物，其作用机制有待进一步深入研究。陈志英等委托浙江中医药研究院采用孙氏综合法做了地稔急性毒性试验，结果表明，小鼠的LD_{50}为56.5g/kg，地稔临床人用量9~15g，约0.25g/kg，其LD_{50}为人用量的226倍，临床应用具有较大的安全性。

第六节　质量体系

一、标准收载情况

地稔在《中药大辞典》《全国中草药汇编》《中华本草》中均有收载，其性凉，味甘、涩，具有清热解毒、活血止血等多种功效。2003年，地稔被收载于贵州省中药材民族药材质量标准（2003版）。2004年，地稔被收载于广东省中药材标准第一册（2004年版）。2005年，地稔被收载于《浙江省中药炮制规范》（2005年版）不常用中药。2009年，地稔被收载于湖南省中药材标准（2009年版）。2010年，地稔被列入《湖南中药饮片炮制规范》（2010年版）。2012年，地稔被列入《福建省中药饮片炮制规范》（2012年版）。2015年，《浙江省中药炮制规范》收载了地稔，与2005年版相比增加了性状、鉴别、性味与归经、功能与主治、用法与用量、贮藏、处方应付项目。

二、药材性状

本品根细小而弯曲，表面黄白色或灰白色，光滑或有皱纹，质坚硬。枝近无毛或被疏粗毛。叶对生，卵形、倒卵形或椭圆形，长1～3cm，宽0.8～2.0cm，表面黄绿色或暗黄绿色。气微，味微甘、酸、涩[6]。

三、炮制

取原药，除去杂质，洗净，切段，干燥。

四、饮片性状

2015年版《浙江省中药炮制规范》记载如下：呈段状。根呈类圆形，直径2～3mm，表面黄白色至棕黄色；茎呈棕色，直径约1.5mm，表面有纵条纹，节处有须根，叶对生。叶片深绿色，多皱缩破碎，完整者展开后呈椭圆形或卵形，长1～4cm，宽0.8～3cm，仅上面边缘或下面脉上有稀疏的糙伏毛。有时可见花或果，花萼5裂，花瓣5；果坛状球形，上部平截，略缢缩。气微，味微酸涩。

五、有效性、安全性的质量控制[6]

（一）鉴别

1.显微鉴别

（1）根横切面。显微镜下发现木栓层由10～14列细胞组成，大多成扁圆形，排列相对整齐，偶见石细胞，类方形、梭形，簇晶单个散在或数个排列成行。皮层宽广，为数层薄壁细胞组成，细胞呈长圆形、卵圆形、不规则形，细胞壁薄，偶见棕红色块状物。韧皮射线多单列，细胞类圆形。导管多单个径向排列。同科植物野牡丹皮层薄壁细胞多呈圆形，排列整齐，细胞壁增厚。

（2）叶横切面。上、下表皮细胞均1列，类长方形，偶见单细胞非腺毛，栅栏组织细胞排列整齐，叶肉组织散有众多草酸钙簇晶，主脉3~5条，导管直径6~12μm，排列不规则，且有明显间隙。同科植物野牡丹导管排列整齐紧凑，直径3~6μm。

（3）粉末。本品粉末黄棕色。木栓细胞黄棕色，薄壁细胞无色或淡黄色，卵圆形或不规则形。以网纹导管为主。草酸钙簇晶多，散在或数个排列成行。石细胞淡黄色，梭形或类方形。

2.薄层色谱鉴别

供试品溶液的制备：取地稔药材2g，加乙醇20mL回流提取30min，滤过，滤液蒸干，残渣加甲醇2mL使溶解，作为供试品溶液。

地稔对照药材液的制备：取地稔对照药材1g，加乙醇10mL，同供试品制备方法即得。

对照品溶液的制备：取没食子酸对照品、槲皮素对照品，加乙醇制成每1mL含1mg的混合溶液，作为对照品溶液。

薄层板的制备：取硅胶GF_{254}预制板，于110℃活化30min，备用。

结果：分别吸取供试品、对照药材、对照品溶液各4μL，点于同一硅胶GF_{254}薄层板上，以甲苯—乙酸乙酯—甲酸（5:2:1）为展开剂，展开，取出，晾干，置紫外光灯（254nm）下检视，在与对照药材及对照品色谱相应位置上，显同样颜色的斑点。

（二）检查

刘敏等对26批地稔样品进行检测，水分、酸不溶性灰分、浸出物含量测定结果范围分别为：6.70%~13.90%，1.05%~6.20%，18.00%~40.80%。根据试验结果并结合大工业生产的实际情况，建议其水分应不超过14.0%，酸不溶性灰分应不得超过8.0%，浸出物含量应不得低于18.0%。

（三）含量测定

对地稔采用高效液相色谱法进行测定，色谱柱为Agilent-SBC$_{18}$

柱（150mm×4.6mm，5μm），流动相为甲醇（A）-0.4%磷酸溶液（B），梯度洗脱：0～7min，5%A；7～9min，5%～35%A；9～11min，35%～55%A；体积流量为1.0mL/min，柱温30℃，检测波长为254nm。结果表明没食子酸和槲皮素分别在0.081 4～0.326 0μg、0.027 1～0.136 0μg内与峰面积呈良好的线性关系。回归方程分别为 $Y=2×10^6X+2.302$ 6，$r=0.999$ 8，$Y=6×10^4X+5.152$ 1，$r=0.999$ 6。回收率分别为97.72%、99.75%，RSD分别为0.90%、1.39%。

（四）指纹图谱

黄仕清等采用毛细管GC法，以氢焰离子化检测器（FID）测定13个不同批次的地稔样品。结果表明，地稔药材挥发油的GC特征指纹图谱由13个特征峰构成，不同产地药材的GC特征指纹图谱相似度较好。本方法简便，专属性强，重复性好，为地稔药材的质量控制提供了科学依据。

六、质量评价

丽水市食品药品检验所刘敏等采用显微鉴别法进行地稔及其易混淆品秀丽野海棠、中华野海棠、方枝野海棠药材组织结构的鉴别；基于HPLC指纹图谱，建立地稔及其上述混淆品的液相色谱鉴别方法。结果地稔根横切面皮层石细胞、栓内层簇晶均较多，为其与易混淆品的主要显微区别；基于HPLC指纹图谱，地稔与其易混淆品的区别主要有2点：一是相对于没食子酸峰相对保留时间约为1.1的色谱峰为不同的2种化学物质；二是上述化学物质的色谱峰与没食子酸峰的峰面积比值相差较大，地稔中该比值均>0.90，平均值为1.35，而其易混淆品中该比值<0.30。结果表明建立的显微和液相鉴别方法能快速地将地稔及其易混淆品进行区别，并且操作简单，易于推广应用，具有广阔的应用前景。

目前，国内相关研究文献报道大多是采用高效液相色谱法对地稔药材及其制剂中的没食子酸、槲皮素、芦丁等活性成分的含量进行测定，所建立的方法简便易行、准确、重复性好，可初步作为该药材的质量控制方法。如何迅等[38]采用RP-HPLC法对10批市售地稔药材进行了没食子酸的含量测定，研究结果表明，市售地稔药材含量差别较大，不同产地地稔没食子酸的含量有明显差别，以广西产药材含量较高，最高者达0.081%。李光喜等[39]采用RP-HPLC法测定地稔中的槲皮素，分析测定了广东、广西三个产地的样品，结果表明其槲皮素的含量无明显差异。刘敏等[40]采用HPLC法同时测定地稔药材中没食子酸和槲皮素的含量，分析测定了浙江丽水市莲都区5—8月采集的样品，研究表明不同采收时间对两个成分的含量有一定的影响。黄仕清在对不同采收期和不同产地黔产地稔药材中多糖、芦丁及没食子酸含量测定分析中，发现采收期和产地对黔产地稔药材的质量有较大影响。

第七节　临床应用指南

一、性味与归经

《浙江省中药炮制规范》2015年版：甘、涩，凉。归肝、脾、肺经。

《湖南中药饮片炮制规范》2010年版：甘、酸、涩，凉。归肝、脾、胃、大肠经。

《福建省中药饮片炮制规范》2012年版：甘、酸、涩，凉。归肝、脾、胃、大肠经。

《全国中草药汇编》：干、涩、平。

《中华本草》：味甘、涩，性凉。

《中药大辞典》：干、涩，凉。

二、功能主治

《浙江省中药炮制规范》2015年版：清热解毒，活血止血；用于食积，淋症，痛经，脱肛。

《湖南中药饮片炮制规范》2010年版：清热化湿，祛瘀止痛，收敛止血。用于痛经，产后腹痛，崩漏带下，痢疾便血，痈肿疔疮。

《福建省中药饮片炮制规范》2012年版：清热化湿，祛瘀止痛，收敛止血。用于痛经，产后腹痛，崩漏，带下，痢疾，便血，痈肿疔疮。

《全国中草药汇编》：清热解毒、祛风利湿、补血止血。

《中药大辞典》：活血止血，清热解毒。治痛经，产后腹痛，血崩，带下，便血，痢疾，痈肿，疔疮。

①《生草药性备要》："叶，煎水，洗疳痔热毒、麻疥烂脚，蛇伤。"

②《陆川本草》："止血，解毒，消炎。治子宫出血，痢疾，疮痈溃烂红肿。"

③《闽南民间草药》："清热解毒，活血消疝。治赤白痢，产后腹痛。"

④《闽东本草》："治痛经，崩带，血痢，痔瘘，风疹，疝气。"

三、用法用量

15～30g，外用适量。

四、注意事项

写嘎狗噜、地稔、地菍均付嘎狗噜。孕妇慎服。《闽东本草》："孕妇忌用。恶麦冬、硫黄、雄黄。"

五、附方

1.胃出血，大便下血

地菍一两，煎汤分四次服，隔四小时服一次。大便下血加雄鸡

尾、粗糠材各等分，炖白酒服。（《闽东本草》）

2.外伤出血

地茄鲜叶捣烂外敷。（《浙江民间常用草药》）

3.治痢疾

鲜地茄二至三两。水煎服。（《湖南药物志》）

4.治红肿痈毒

山地菍鲜叶切碎，同酒酿糟杵烂敷患处。一日一换。或取茎叶阴干，碾细末，以蜂蜜或鸡蛋白调和敷患处，能消肿止痛。（《江西民间草药》）

5.治疔疮

地茄全草捣烂敷。（《湖南药物志》）

6.治风火齿痛

古柑鲜草头一两，洗净，水适量煎服。（《闽南民间草药》）

7.治咽喉肿痛

鲜古柑六钱至一两，洗净，水一碗半，煎服。（《闽南民间草药》）

第八节 丽水资源利用与开发

一、资源蕴藏情况

地稔为野牡丹科野牡丹属植物的匍匐状灌木，株高10～30cm，产于中国南方，除海南外，广东、广西、福建、湖南、江西、浙江、贵州、云南等地都有分布。地稔生长于海拔1 250m以下的山坡上和疏林下，喜生长在酸性土壤上，生活力极强，具有耐寒、耐旱、耐瘠、生长迅速等特点，多见于山林阴面坡地、田埂，甚至在石缝中亦能很好地生长开花，具有良好的固土防沙功能[41]。丽水境内均有分布，尤其以云和较多，云和地稔也常被用作种苗。

二、基地建设情况

目前坐落在丽水水阁开发区的景宁医药企业——浙江康宁医药有限公司，正在申请畲药基地项目，特别是地稔与食凉茶需要大规模建设基地，已搞好畲药开发总体规划，准备振兴畲医药。通过本文介绍可知地稔极具药用及观赏价值，可通过地稔基地建设，进一步开发其药用价值及经济价值。

三、研究机构及专利申报情况

检索地稔关于医药的国内及海外专利。国内获批专利计138项，多应用于医药行业，关于妇科疾病的占31项，血症19项，牙病5项，风湿性关节炎、皮肤病、肺部疾病各4项，甲亢、癫痫、癌症、贫血、小儿疳黄各2项，33项其他类涉及骨折愈合、抑菌、外伤性头痛、麻醉后寒战、便秘等；保健品24项，包括保健酒、保健食品、保健用品等；化妆品2项；地稔成分提取物2项（水溶性多糖和地稔果色素）。海外专利仅1篇"AntiallergicAgent"。获批专利的情况提示地稔在妇科疾病，如妇科慢性炎症、妊娠水肿等应用较多，研究方向偏向于妇科疾病方面更有意义，另外，地稔的多糖和天然色素更适合于保健品的开发和利用[42]。

四、产品开发前景

（一）中成药

目前已开发成功含有地稔成分的产品有：宫炎平片（成分：穿破石、当归、地稔、两面针、五指毛桃）、宫炎平分散片、宫炎平胶囊、妇科抗菌洗液等[43]。从药理作用可知，地稔还具有较好的抗炎镇痛作用，因此风湿科疾病或者其他炎性疾病方面，地稔也具有较好的可开发性。

（二）医院制剂

临床上多利用地稔显著的止血效果治疗消化道出血、对胃、十二指肠溃疡合并上消化道出血等血症，广州中医药大学第一附属医院制剂紫地合剂[44]以及市场产品紫地宁血散可体现地稔的止血作用。因此，地稔可作为医院制剂的原材料进一步开发。

（三）药食两用药膳

目前已经有的药膳有食凉调脂汤，它是以食凉茶，地稔，三角枫等组成，能改善临床症状，对痰浊阻遏、肝火上亢、气滞血瘀实证型病例尤为明显，有效率达95.7%[45]。由于地稔的毒性试验表明其具有较好的安全性，因此，可对地稔继续研究，尝试开发成药食两用中药，扩大其应用范围。

（四）食用果与色素

地稔果是农村早年儿时吃得最多的野果，其形状与蓝莓近似，可开发为现代人食用。该果可以提取天然色素用于食品加工，地稔果实的色素无毒副作用，色价高达190，有浓郁的果香味，在酸性条件下颜色鲜艳，性质较稳定，可用于饮料、冷饮、果酒、糖果和点心的着色。作为一种优良的天然食用色素用水或乙醇提取，工艺简单，成本低，为其广泛应用提供了良好基础[22]。

（五）保健品

地稔果实的利用是近年来人们研究的重点。地稔果实是一种多汁浆果，近球形，直径7～11mm，成熟的果实中还原糖占总糖的96.34%；果实中维生素C的含量与传统水果梨、香蕉等相当[46]。地稔果实中至少含有16种氨基酸，包括苏氨酸、缬氨酸、蛋氨酸、亮氨酸、异亮氨酸、苯丙氨酸、赖氨酸等7种人体所必需氨基酸和婴幼儿所需的组氨酸。谷氨酸具有较高的含量，且必需氨基酸占氨基酸总量32.80%。花青甙含量也较为丰富，达到300mg/kg。地稔果实中含有钾、钙、磷、镁、钠、铁、锰、铜、锌等多种矿质元素，且各矿质元素的比例适当，果实具有高钾低钠的特点，有利于维持机体的酸碱平衡。同时，常量元素钙的含量较高，达7 328.4mg/kg，可作为天然的补钙食品[47]。由于地稔果实营养丰富，天然醇香，酸甜适中，颜色诱人，果期长，可作为新一代水果进行开发利用。

（六）日化用品

地稔含有丰富的黄酮类和多糖类成分，具有较好的抗氧化及抗炎作用，且地稔含有挥发性成分，可尝试进行化妆品或精油的开发。

（七）观赏植物

畲药地稔兼具药用和观赏两大功能，一方面大规模生产作为制药原料，另一方面该植物固土能力好，花期长，花色诱人，可作为城市建筑裸地或道路绿化的地被植物。

第九节　总结与展望

地稔自身生长速度快且适应性强，野生资源相对丰富。地稔全草皆可入药，含有多种活性成分，如黄酮类、多糖、氨基酸类、内酯类、有机酸类及色素等，可作为天然食用色素的提取来源，尤其是地稔中含量丰富的多糖和黄酮类化合物具有较高的开发应用价值。具有广泛的药理及临床作用，在药理作用方面：目前已知的药理作用有止血作用、抗氧化作用、镇痛抗炎作用、降糖作用、抑制AGE的生成作用等；在临床应用方面：具有止血消炎作用、治疗痔疮作用、治疗带状疱疹作用、此外，地稔临床还用于治疗高热、肿痛、赤白血痢疾、黄疸、水肿、痛经、疔疮、毒蛇咬伤等病症[48]。通过对其化学成分及药理作用的进一步深入研究，可不断发掘其新的功效内涵，为新药研发提供理论依据和实验基础。深层次研究地稔，将对其开发降糖、抗心脑血管疾病以及抗肿瘤等方面作用具有重要意义。另外从专利与临床应用看，地稔的止血作用显著，可深入研究地稔止血作用的物质基础，建立谱效关系，并以其作为质量评价指标，保证临床用药的有效性。另外，因地稔在妇科疾病治疗上的应用广，研究学者可延伸到其对妇科肿瘤如宫颈癌、卵巢癌等的药效作用，探明作用机制与物质基础，加以开发利用。

同时随着地稔制剂的研发及临床使用，地稔药材市场需求将会逐年增大，但是地稔在不同地区、生境与生长年限等，叶片颜色、叶片大小、茎木质化程度等性状均存在较大差异，为了确保地稔药材及相关中药产品安全、有效和质量可控，研究提高地稔药材的质量控制水平也十分必要。有必要在这方面进行研究与总结，为临床用药安全、有效及开发研究奠定基础。且各地方对地稔标准的质量控制项目不全，虽有含量测定方面的研究报道，但缺乏专属性指标成分分析，不能准确反映与评定地稔药材质量的优劣。

到目前为止，地稔尚无成规模的人工繁育。虽然地稔全身都是宝，但是对地稔的利用仍然是出于对野生资源的开发，尚未进行有效的成规模的人工繁育与栽培，由于资源和技术有限，且采集困难，其功能尚未得到充分发挥和利用。而且，地稔本身的开发利用也不完全，特别是地稔果实，无论是作为新型水果进行开发，还是作为新的天然色素的原料来源，都应该是地稔的重要栽培目标，而针对果实生长的栽培技术却尚未有报道。因此，应加快地稔的驯化栽培、快速繁殖技术及地稔果实的高产栽培研究。综上所述，对地稔进行综合开发利用，其前景十分广阔。

在所有畲药中抗病毒与消炎止痛效果最好的是地稔，在十几年前已在丽水畲药课题组、程科军在复旦大学及美国某大学做过抗病毒、抗艾滋病、抗炎止痛等许多实验研究，特别是最近防控新冠病毒肺炎中，初步认为有较好的作用，结合前期工作，特别是众益药业做的抗肠道病毒、抗疱疹病毒、抗流感病毒及抗幽门螺旋杆菌及抗炎均有一定的作用，所以目前丽水市人民医院、丽水市中医院等单位组织课题组进行抗病毒性肺炎（特别是新冠病毒肺炎）研究，浙江康宁医药有限公司已研究生产出全国第一个畲药地稔精致饮片，批量生产投入市场，开启畲药全国应用首航。

参考文献

[1] 覃迅云，罗金裕，高志刚. 中国瑶药学[M]. 南宁：广西民族出版社，2002.

[2] Zhicheng Y，Xiuxiang L，Jinqiang S，et al. Advance in Melastoma dodecandrum Lour. Researches[J]. Medicinal Plant，2011（12）：67-71.

[3] 中国科学院植物研究所. 中国高等植物图鉴（第二册）[M]. 北京：科学出版社，1972.

[4] 国家中医药管理局《中华本草》编委会. 中华本草（5）[M]. 上海：上海科学技术出版社，1999.

[5] 中国科学院中国植物志编辑委员会. 中国植物志[M]. 北京：科学出版社，1983.

[6] 陈志英，李水福. 浅谈畲药地菍的研究概况[J]. 中草药，2007（7）：1 116-1 117.

[7] 浙江省食品药品监督管理局. 浙江省中药炮制规范[M]. 北京：中国医药科技出版社，2015：264-265.

[8] 中国科学院中国植物志编辑委员会. 中国植物志[M]. 第53卷. 第1册. 北京：科学出版社，1984：154.

[9] 刘燕. 乡土植物地稔的繁殖技术及园林应用进展[J]. 现代园艺，2016（16）：17-18.

[10] 邱才飞，钱银飞，陈华玲，等. 地稔果的利用及高产栽培技术[J]. 中国农业信息（上半月），2012（2）：34.

[11] 张超，方岩雄. 中药地菍黄酮类成分的分离与鉴定[J]. 中国药学杂志，2003，38（4）：256-258.

[12] 唐迈，廖宝珍，林绥，等. 地稔的化学成分研究[J]. 中草药，2008（8）：34-36.

[13] 林绥，李援朝，郭玉瑜，等. 地稔的化学成分研究（Ⅱ）[J]. 中草药，2009，40（8）：1 192-1 195.

[14] 张超，陈志成，姚慧珍，等. 地稔水溶性多糖MD1的分离纯化及组成分析[J]. 广州医学院学报，2002，30（2）：21-23.

[15] 曾荣香，张清华，管咏梅，等. 柱前衍生化高效液相色谱法测定地稔多糖中单糖组成[J]. 中国实验方剂学杂志，2015，21（10）：73-76.

[16] 石冬梅，刘剑秋，陈炳华. 地稔念果实营养成分研究[J]. 福建师范大学学报（自然科学版），2000，16（3）：70-71.

[17] 黄仕清，徐文芬，王道平，等. 地稔药材中挥发性成分的测定分析[J]. 贵州农业科学，2013，41（8）：76-78.

[18] 林绥，李援朝，郭玉瑜，等. 地稔的化学成分研究（Ⅱ）[J]. 中草药，2009，40（8）：1 192-1 193.

[19] 张超，方岩雄. 中药地稔化学成分研究[J]. 中国中药杂志，2003，28（5）：429-431.

[20] Dan Y, Qing-Yun M A, Yu-Qing L, et al. Chemical Constituents from Melastoma dodecandrum[J]. Natural Product Research and Development，2010.

[21] 张超，方岩雄. 地稔化学成分的研究（Ⅰ）[J]. 中草药，2003，34（12）：367-368.

[22] Li A H. The primary study on the red pigment from the fruits of Melastoma dodecandrum[J]. J Food Industry，1995（3）：20.

[23] 石冬梅，刘剑秋，陈炳华. 地稔果实红色素的提取及其稳定性[J]. 应用与环境生物学报，2002，8（1）：47.

[24] 石冬梅，林友文，李柱来. 地稔果实红色素的分离及组成初步鉴定[J]. 天然产物研究与开发，2003，15（3）：235.

[25] 王济纬，张宁，兰俊，等. 畲药嘎狗噜对肢体缺血再灌注损伤模型大鼠凝血功能影响研究[J]. 浙江中西医结合杂志，2017，27（7）：562-564.

[26] 周添浓. 地稔注射液对家兔血液的影响[J]. 广州中医学院学报，1995，

12（1）：40.

[27] 翟小玲，倪健，谷雨龙. 地稔总酚胃内漂浮片制备工艺的研究[J]. 中国中药杂志，2008，33（1）：31.

[28] 邓政东，程爱芳，李秀丽. 地稔凝集素的提取及凝血活性的研究[J]. 黑龙江农业科学，2015（2）：56-58.

[29] 张超，姚惠珍，徐兰琴. 地菍多糖MD1清除活性氧自由基及对人红细胞膜脂质过氧化作用影响的研究[J]. 广州医学院学报，2002，30（4）：18.

[30] 张超，张婷，姚慧珍，等. 地菍总黄酮体外抗小鼠肝线粒体脂质过氧化作用的研究[J]. 中医药学刊，2005，23（9）：1 680.

[31] 李丽，罗泽萍，周焕第，等. 地稔乙酸乙酯提取部位对糖尿病小鼠血糖、血脂及抗氧化作用的影响[J]. 中国老年学杂志，2015（35）：3 250-3 252.

[32] 雷后兴，鄢连和，李水福，等. 畲药地稔水煎液的镇痛抗炎作用研究[J]. 中国民族医药杂志，2008，3（3）：45-47.

[33] 周芳，张兴燊，张旖箫，等. 地稔水煎液镇痛抗炎药效学的实验研究[J]. 时珍国医国药，2007，18（10）：2 370.

[34] 李丽，周芳，罗文礼. 地菍水提物对四氧嘧啶致糖尿病小鼠的降糖作用[J]. 海峡药学，2008，20（12）：22.

[35] Weiss M F, Erhard P, Kader-Attia F A, et al. Mechanisms for the formation of glycoxidation products inend-stagerenaldisease[J]. KidneyInt, 2000, 57（6）：2 571.

[36] 张超. 地菍黄酮类化合物对人血清白蛋白Maillard反应抑制作用的研究[J]. 中医药学刊，2003，21（11）：1 891.

[37] 翁竞玉，梁丽清，周敬凯，等. 地菍总黄酮的急性毒性及降糖活性研究[J]. 中国畜牧兽医，2020，47（1）：275-281.

[38] 何迅，李勇军，刘丽娜，等. RP-HPLC测定地稔药材中没食子酸的含量[J]. 中国中药杂志，2005（3）：21-22.

[39] 李光喜，宋粉云，毋福海，等. HPLC测定地菍中的槲皮素[J]. 华西药

学杂志，2007（4）：455-456.

[40]　刘敏，刘帅英，余乐，等. 干燥温度和采收时间对畲药地稔中没食子酸及槲皮素含量的影响[J]. 中国现代中药，2014，16（7）：561-564.

[41]　马国华，林有润. 华南野牡丹科野生花卉种质资源的收集和繁殖[J]. 中国野生植物资源，2002（6）：72-73.

[42]　明惠仪，麻秀萍，杨菁，等. 民族药地稔研究的现状分析[J]. 中国实验方剂学杂志，2018，24（11）：228-234.

[43]　范蕾，杨漾池，余华丽，等. 12种畲药的研究进展[J]. 中国药师，2016，19（7）：1 374-1 377.

[44]　黄樱华，孙亦群，黄月纯. 紫地合剂的薄层鉴别研究[J]. 现代中药研究与实践，2013，27（6）：74-76.

[45]　林祖辉，张兆和，鄢连和，等. 畲药食凉调脂汤治疗高脂血症临床观察[J]. 中华中医药学刊，2007，25（10）：2 085-2 087.

[46]　中国预防医学科学院，营养与食品卫生研究所. 食物成分表[M]. 北京：人民卫生出版社，1995.

[47]　石冬梅，刘剑秋，陈炳华. 地稔果实营养成分研究[J]. 福建师范大学学报（自然科学版），2000，16（3）：69-71.

[48]　国家中医药管理局《中华本草》编委会. 中华本草（5）[M]. 上海：上海科学技术出版社，1999. 628.

景宁县

  景宁县设县于明景泰三年（公元1452年），后几经撤并，于1984年6月经国务院批准建立畲族自治县，现为全国唯一的畲族自治县和华东地区唯一的民族自治县，县域面积1 950km²，畲族人口占总人口10.84%。

  景宁地处亚热带季风气候区，具有气候温和，日照充足，雨量充沛，四季分明，立体气候明显的自然优势，是生态一流的诗画畲乡。"两山夹一水、众壑闹飞流"的地形地貌特征十分明显，境内海拔千米以上山峰779座。全县有林地242万亩，森林覆盖率81.1%，高山峡谷、高山湿地、地质遗址鬼斧神工，原始林木奇峻秀丽，动植物资源十分丰富。

  景宁县野生中药材品种繁多，蕴藏量大，资源极为丰富，早在20世纪80年代就有"畲乡药材誉九州"的美誉。据调查，全县中药材品种有1 000多种，其中畲医用中草药有500多种。为加快中药材的生产步伐，景宁县不但出台了许多优惠政策，安排专项资金，狠抓基地开发，而且成立了中药材管理机构，制订发展规划，确定"药材大县、药业大县"的发展战略，把中药材加工业作为重点工业来抓。当前，景宁县开展栽培种植的中药材有厚朴、栀子、杜仲、太子参、白术、薏苡仁、茯苓、金银花、天麻、元胡、浙贝母、玄参、吊瓜、银杏等，其中人工营造厚朴占全国首位，不但建起了全省最大的厚朴育苗基地，而且营造了全国最大的厚朴人工林。此外，景宁还是全国唯一的畲族自治县，也是华东唯一的民族自治县，还是近代畲药收入正式中药炮制规范的起源地，畲药品种丰富。此处将重点介绍集清火和观赏于一体的金果——栀子（附栀子根），抗肿瘤效果最佳的畲药——白山毛桃根。

第二辑

栀子

ZhiZi

栀 子 | ZhiZi
GARDENIAE FRUCTUS

本品为茜草科植物栀子*Gardenia jasminoides* Ellis的干燥成熟果实。9—11月果实成熟呈红黄色时采收，除去果梗及杂质，蒸至上气或置沸水中略烫，取出干燥[1]。别名：木丹、鲜支、卮子、支子、越桃、山栀子、枝子、小卮子、黄鸡子、黄荑子、黄栀子、黄栀、山黄栀、山栀等[2]。

第一节　本草考证与历史沿革

一、本草考证[3, 4]

对历代本草记载进行考证可知，历代栀子均来源于茜草科植物栀子的果实。栀子始载于《神农本草经》，列为中品，但并未对其形态进行描述，至宋《本草图经》才首次对栀子的植物形态做出具体阐述，并与水栀子进行了区别："栀子，今南方及西蜀州郡皆有之。木高七、八尺，叶似李而厚硬，又似樗蒲子，二、三月生白花，花皆六出，甚芬芳，俗说即西域詹匐也。夏、秋结实如诃子状，生青熟黄，中仁深红，九月采实曝干……此亦有两三种，入药者山栀子，方书所谓越挑也。皮薄而圆，小核，房七棱至九棱者为佳。其大而长者，乃作染色，又谓之伏尸栀子，不堪入药用。"

栀子可泻火除烦，清利湿热，凉血解毒，历代本草皆有记载。《本草衍义》："栀子虽寒无毒，治胃中热气，既亡血、亡津液，腑脏无润养，内生虚热，非此物不可去……又治心经留热，小便赤涩，用去皮山栀子、火煨大黄、连翘、甘草（炙），等分，末之，水煎三钱服，无不利也。"强调其清心除烦之功；《本草经疏》："栀子，清少阴之热，则五内邪气自去，胃中热气亦除。面赤酒疱齇鼻者，肺热之候也，肺主清肃，酒热客之，即见是证，于开窍之所延及于面也，肺得苦寒之气，则酒热自除而面鼻赤色皆退矣。其主赤白癞疮疡者，即诸痛痒疮疡皆属心火之谓。疗目赤热痛，及胸、心、大小肠大热，心中烦闷者，总除心、肺二经之火热也。此药味苦气寒，泻一切有余之火，故能主如上诸证"，强调其可泄上、中、下三焦之火；李中梓言："不知惟其上行，最能清肺，肺气清而化，则小便从此气化而出。经曰：膀胱藏津液，气化则能出者，是也。"可见栀子气薄上行可清水之上源，以达利湿之功，《本草思辨录》又言："独取其秉肃降之气以敷条达之用，善治心烦与黄疸耳。"表明其有去黄疸之功用。

二、历史沿革[3, 5]

栀子产区始记载于《名医别录》："一名越桃，生南阳（今河南省）"。其后《千金翼方》《新修本草》亦有相同记载：至宋，栀子的栽培产地开始扩大。《本草图经》曰："栀子，生南阳川谷，今南方及西蜀州郡（今江南地区、四川省）皆有之，……南方人竞种以售利。"说明汉代至宋朝栀子在河南南阳、四川、江南等地区有广泛分布，但由于染用栀子的兴起带动巨大的经济效益，致使南方产区竞相引种，因此扩大了栀子的栽种。明代，栀子逐渐形成一些南方省份的道地产区，如江西、福建、湖北等地。《本草品汇精要》记载栀子"[道地]临江军（今江西清江），江陵府（今湖北江陵），建州（今福建建瓯）"。民国时栀子在广东形成道地产区，并指出广西出染用水栀子，《药物出产辨》载："栀子以广东、北江、星子、连州产者佳，其次乐昌、英德、清远、翁源亦可。身短而圆者为山栀，合药用。身长者为水栀，染料用。广西亦均有出产"。可见自明代至今，栀子产区由北向南逐渐延伸，江西、福建、湖南等地逐渐形成道地产区。

第二节　植物形态与分布

一、植物形态[2]

常绿灌木，高1～2m。小枝绿色，幼时被毛，后近无毛。单叶对生，稀三叶轮生，叶柄短；托叶两片，生于叶柄内侧；叶片革质，椭圆形、阔倒披针形或倒卵形，长6～14cm，宽2～7cm，先端急尖或渐尖，基部楔形，全缘，上面光泽，仅下面脉腋内簇生短毛；侧脉羽状。花大，极芳香，顶生或腋生，具短梗；萼绿色，裂片5～7，线状披针形，通常比萼筒稍长；花冠高脚碟状，白色，后变乳黄色，基部合生成筒，上部6～7裂，旋转排列，先端圆；雄蕊与花冠裂片同数，着生于花冠喉部，花丝极短，花药线形，纵裂，2室；雌蕊1，子房下位，1室。果实深黄色，倒卵形或长椭圆形，有5～9条翅状纵棱，先端有条状宿存之萼。种子多数，鲜黄色，扁椭圆形。花期5—7月，果期8—11月。

二、分布

栀子常生于低山温暖的疏林中或荒坡、沟旁、路边，分布在江苏、浙江、安徽、江西、广东、广西、云南、贵州、四川、湖北、福建、台湾等地，主产浙江、江西、湖南、福建。

第三节 栽 培[6-9]

一、产地环境

栀子生物学特性：喜温暖湿润，阳光充足，较耐旱，忌积水。栀子幼苗应遮阴，成年栀子应阳光充足，栀子生长适宜温度15~35℃。土壤质量：土壤疏松肥沃，土层深厚，pH值6.0~7.0，土壤条件符合GB 15618的二级标准及以上。此外，空气质量与水质量应分别符合GB 3095和GB 5084中的二级标准及以上。

二、种苗繁育

栀子的繁育方式有种子、扦插、分枝、移株繁殖等，其中种子和扦插繁殖最为常用。

（一）种子育苗

11月前后，选择优良健壮、坐果率多、品质好的植株，采集果实大而饱满、无病虫害、色泽鲜亮、充分成熟，果实采集回来后带壳晒至半干，放通风阴凉干燥处留种。播种前取出种子并浸入30~40℃温水中，揉搓去杂质和瘪粒，取饱满种子，晾干待播。2月下旬至3月，播种前种子用0.5%硫酸亚铁溶液浸泡2h，捞出用清水冲洗，再放入35℃温水中浸种24h。处理好的种子在已准备好的苗床上按行距15~20cm开沟条播或撒播，用种量15~30kg/hm²。播种后覆盖薄薄的一层细土，再盖上稻草，保持苗床湿润。1个月左右开始出苗，出苗后择阴天揭去盖草，适时浇水保持土壤湿润。分多次间苗，拔去病弱苗，留强壮苗，最后按株距5~8cm定苗，进入苗期管理。

（二）扦插育苗

一般在春、秋2季进行。选2年以上的健壮枝条，剪成10~15cm的小段当作插穗，插条上留1~2片叶。一般用生根粉处理插穗，如采用100mg/kg溶液浸泡20min。按株行距5cm×10cm扦插于苗床中，插条入土2/3，插后浇透水。之后保持苗床湿润，注意遮阴。扦插1周后，插穗开始生根，进入苗期管理。

（三）分枝繁殖

栀子根茎部发棵较多，在早春或秋季，掘开表土，将每树四周16~20cm长的嫩枝从母株相连处分出，成为单株栽植。

此外，野生栀子多的地区，苗木来源还可从山地挖掘野生苗。苗的年龄对以后结果的影响较大，一般选择高33cm左右，树龄在2~3年的植株移植，成活率高，树势生长茂盛，结果多。年龄老的野生植株，以采取分株法为好，原棵掘来栽种，年龄老的移栽的植株枝势弱，发新枝少，结果也很少。

三、栽培管理

（一）栽植

栽植前浅耕土地1次，去除杂草，整平。栽植可选春季或秋季，春季在2—3月进行，秋季在10—11月进行。株行距（0.8~1.0m）×2.0m，穴规格35cm×35cm×35cm。每穴内施腐熟有机肥2.5~3.5kg、复合肥0.2kg，与底土拌匀即可栽植。每穴栽苗1株，根系尽量带土，主根过长可剪除部分，做到苗正根舒土实，并浇充足的定根水。

栀子在移栽后1~3年中，由于植株矮小，生长缓慢，如成片栽种时，则可在其株行中间种豆类等作物，这样不仅能增加其他作物的收获，提高土地利用率；而且还可增加土壤肥力，减少杂草滋生。此外，栀子可在果园、茶园梯田周围作为绿篱种植。

（二）田间管理

1.中耕除草

栀子移栽成活后需进行中耕除草。1~3年的幼林，每年4—6月和8—9月各中耕除草1次；冬季全垦除草并培土1次，以保湿防冻，有条件的可先浇淡水粪，再进行培土。成年结果树每年除草松土不少于2次，结合除苗进行施肥和培土。

2.追肥

幼林植株分次追肥以促进生长和发枝，一般在春、夏季施复合肥辅以氮肥促进枝条生长，冬季施基肥（有机肥）促进根的发育。成年植株追肥一般分4个阶段进行。分别称发枝肥、促花肥、促果实发育和花芽分化肥、越冬肥。

发枝肥：一般4月左右施肥，以氮肥为主，以促进发枝和孕蕾。一般施农家肥或化肥，如腐熟人畜粪水15～30t/hm²或硫酸铵15g/株。

促花肥：5月喷施叶面肥，以促进开花和坐果。可用0.15%硼砂+0.2%磷酸二氢钾喷施叶面，或用10mg/kg ABT+0.5%尿素喷洒叶面，或用50mg/kg赤霉素+0.5%尿素喷施叶面。

促果实发育和花芽分化肥：6月下旬至8月上旬喷施，以促进果实发育以及花芽分化。一般每株施氮磷钾复合肥0.25kg。

越冬肥：成年栀子产果后会消耗大量营养元素，因此，每年冬季沿树四周15～20cm，要进行深耕施肥及培土，以保护栀子越冬及恢复树势。一般施有机肥（堆肥、厩肥）30t/hm²、钙镁磷肥（+0.5%硼砂）1 500kg/hm²。

3.灌溉和排水

保持土壤湿润，干旱时要浇水，尤其是幼苗。栀子又怕涝，遇大雨及时清沟排水。

4.修剪整枝

栀子移栽后翌年开始修剪整形，修剪在冬季进行。修剪时，留1条主干和3条主枝，3条主枝要粗壮且分布均匀，各主枝再留3～4条副枝。对主干、主枝均需进行除蘖，剪除下部多余的萌蘖；剪去病枝、交叉枝、过密枝和徒长枝，使得枝条分布均匀向四周舒展，树冠成圆头型，便于通风透光，减少病虫害，提高坐果率。栀子移栽前2~3年，控制坐果数，以培养树形，控制花果数量，以免大小年，栀子在秋季仍可开花，后期的花不能形成成熟果实，因此在9—10月应摘除花蕾。

5.病虫害防治

栀子生长期间，若管理得当，病虫害则极少发生。若发现病虫害，以农业防治为主，物理防治、化学防治为辅，做到综合防治。栀子主要的病害有褐斑病、煤污病、炭疽病、黄化病、根腐病，虫害有咖啡透翅蛾、龟蜡介壳虫、栀子卷叶螟、蚜虫等。

农业防治：加强冬季栀子种植地的清洁工作。清除枯枝落叶，翻土清沟、培土、施冬季肥相结合。合理修剪，去除病虫枝、过密枝和交叉枝，增强栀子基地的通风透光条件。

物理防治：根据害虫的不同性质，5月下旬至10月，在栀子田间安装杀虫灯（1.22~2.00hm^{2}地装杀虫灯1个）或者悬挂双面黄板诱虫板（450~600个/hm^2）等。

化学防治：褐斑病：主要为害叶片和嫩果。病害发生时，一是加强修剪，烧毁病株、病叶，防治病毒蔓延与传播；二是用1∶100波尔多液或5%托布津1 000~1 500倍液喷洒，1次/10d。

栀子卷叶螟：幼虫为害枝梢和嫩叶。虫害发生时，用90%敌百虫1 000倍液喷洒，或用杀虫螟杆菌1∶100倍液喷雾。

咖啡透翅蛾：幼虫食花、叶、嫩枝，虫害发生期间用20%杀灭菌酯ECI 500~2 000倍液喷雾。

龟蜡介壳虫、蚜虫：为害枝梢、叶片及主干，用乐果乳油1 000~1 500倍液喷洒。

四、采收与加工

采收：9—11月果实逐渐成熟，依果实成熟程度分批采收，至少分两批采收。择晴天雨水干后进行采收，采摘红黄色成熟的果实。

加工：将摘下的鲜果置通风处摊开，防霉变。分批用蒸汽蒸煮鲜果实约3min，然后曝晒或烘烤至7成干，堆积3d左右，使其发汗，再晒或烘烤至全干。

贮藏：加工后，需进行质量检查，若栀子药材质量达到《中国药典》要求，则按照GMP的要求进行包装和储藏进入药材市场。未达到质量要求的可以用于工业色素提取。

第四节　化学成分

据相关文献报道，栀子中化合物类型有环烯醚萜类、二萜类、三萜类、黄酮类、有机酸类、木脂素类等，其中环烯醚萜类及二萜类是特征性成分。

一、环烯醚萜类化合物

栀子中的主要环烯醚萜类化合物有栀子苷、羟异栀子苷、山栀子苷、栀子酮苷、10-O-乙酰京尼平苷、京尼平苷-1-O-β-D-异麦芽糖苷、京尼平苷-1，10-di-O-β-D-吡喃葡萄糖苷、京尼平-1-β-龙胆二糖苷、鸡屎藤次苷甲酯、去乙酰车叶草甘酸甲酯、6-甲氧基去乙酰车叶草甘酸甲酯、京尼平、京尼平酸、6'-O-sinapoylgeniposide、6''-O-trans-sinapoylgenipingentiobioside、6''-O-trans-p-coumaroylgenipingentiobioside、6''-O-trans-cinnamoylgenpingentiobioside、6'-O-trans-p-coumaroylgeniposide、6'-O-trans-p-coumaroylgeniposidic acid、10-O-siccinoylgeniposide、6'-O-acetylgeniposide、11-（6-O-trans-sinapoylglucopyranosyl）gardendiol、10-（6-O-trans-sinapoylglucopyranosyl）gardendiol、ixoroside、反式-2'（4''-对羟基桂皮酰基）-玉叶金花苷酸、顺

式-2′（4″-对羟基桂皮酰基）-玉叶金花苷酸、（1S，4aS，6S，7aS）-1，4a，5，6，7，7a-hexahydro-6-hydroxy-7-methylene-1-（O-β-D-glucopyranosyl）-cyclopenta[c]pyran-4-carbaldehyde、jasminodiol、jasminoside、asminoside B、crocusatin-C、epijasminoside A、jasminoside H、jasminoside A、6′-O-sinapoyljasminoside A、jasminoside I、6′-O-sinapoyljasminoside C、（S）-3-（hydroxymethyl）-5，5-dimethyl-4-[（O-α-D-glucopyranosyl）methyl]cyclohex-2-enone等[10]。

二、二萜类化合物

栀子中二萜类化合物，属于藏红花衍生物，是栀子黄色素的主要成分，是稀有的水溶性色素，包括：藏红花酸、藏红花素-二-β-D-龙胆二糖苷、藏红花素-β-D-龙胆二糖-β-D-葡萄糖苷、藏红花素-β-D-葡萄糖苷、藏红花素-β-D-龙胆二糖-β-D-三葡萄糖苷、新西红花苷A等[11]。

三、三萜类化合物

栀子中三萜类成分主要有：栀子花酸甲、栀子花酸乙、熊果酸、齐墩果酸、棉根皂苷、常春藤皂苷元、斯皮诺素、泰国树脂酸、乙酰乌苏酸、铁冬青酸、异蒲公英赛醇、19α-羟基-3-乙酰乌苏酸、3aα-羟基熊果酸等[11, 12]。

四、黄酮类化合物

从栀子中分离得到的黄酮类化合物有槲皮素、芦丁、异槲皮苷、山奈酚-3-O-芸香糖苷、4，7-二羟基黄酮、7-羟基-5-甲氧基-色原酮、2-甲基-3，5-二羟基色原酮、5-羟基-7，3′，4′，5′-四甲氧基黄酮、槲皮素-3-O-β-D吡喃葡萄糖苷、5，7-二羟基-3′，4′，5′-三甲氧基黄酮、5-羟基-6，7，3′，4′，5′-五甲氧基黄酮、5，7，4′-三羟基-3′，5′-二甲氧基黄酮、5，4′-二羟基-7，3′，5′-三甲氧基黄酮、5，7，3′，4′，5′-五甲氧基黄酮等[11, 13, 14]。

五、香豆素类及木脂素类化合物

从栀子95%乙醇提取物中可分离得到香豆素类成分欧前胡素和异欧前胡素。于洋等[15]从栀子60%乙醇提取物中分离得到12个木脂素类成分，分别为：栀子脂素甲、丁香脂素、松脂素、丁香脂素-4-O-β-D-吡喃葡萄糖苷、落叶松脂素、八角枫木脂苷D、落叶脂素、落叶脂素-9-O-β-D-吡喃葡萄糖苷、蛇菰宁、山橘脂酸、榕醛、肥牛木素，此外还分离得到五味子甲酯[10]。

六、有机酸类化合物

国内外学者先后从栀子中分离得到的有机酸有绿原酸、3-咖啡酰-4-芥子酰奎宁酸、3，4-二咖啡酰-5-（3-羟-3-甲基）-戊二酰奎宁酸、3，5-二咖啡酰-4-（3-羟-3-甲基）戊二酰奎宁酸、原儿茶酸丁香酸、香草酸、莽草酸、3-羟基—香草酸（anillic acid-4-O-β-D-（6′-sinapoyl）glucopyranoside、methyl 5-O-caffeoyl-3-O-sinapoylquinate、ethyl-5-O-caffeoyl-3-O-sinapoylquinate、methyl 5-O-caffeoyl-4-O-sinapoylquinate、ethyl 5-O-caffeoyl-4-O-sinapoylquinate、methyl 3，5-di-O-caffeoyl-4-O-（3-hydroxy-3-methyl）-glutaroylquinate、ethyl 5-O-caffeoylquinate、3，5-dicaffeoylquinic acid、4，5-dicaffeoylquinie acid、caffeic acid和3，4-dihydroxy-benzoic acid[10, 13]。

七、挥发油类成分

刘慧等对栀子、炒栀子、焦栀子、栀子炭4种炮制品种挥发油类成分进行GC-MS分析，结果共鉴定了124种挥发油，其中生栀子53种、炒栀子54种、焦栀子32种、栀子炭43种，4个炮制品种共有1-乙基，3-甲基苯、1，2，4三取代苯、α-异佛尔酮、藏红花醛、4-亚甲基α-异佛尔酮等5个共有峰[16]。

八、其他类型化合物

从栀子中还分离得到丁香醛、3，4，5-三甲氧基-苯酚、4-羟基-3，5-二甲氧基-苯酚、4-甲氧基-苯甲醛、苯甲醇、4-羟基苯甲醇-O-β-D-葡萄吡喃糖基-（1→6）-β-D-葡萄吡喃糖苷、3，4-二羟基苯甲醇-O-β-D-葡萄吡喃糖基-（1→6）-β-D-葡萄吡喃糖苷、3-羟基-4-甲氧基苯甲醇-O-β-D-葡萄吡喃糖基-（1→6）-β-D葡萄吡喃糖苷、3-羟基-4-甲氧基苯甲醇-O-β-D-葡萄吡喃糖苷、邻苯二甲酸二丁酯、邻苯二甲酸二异丁酯、8-羟基-十五烷二酸、肌醇、筋骨草醇、D-甘露醇、苏丹III、β-谷甾醇、二十九烷、胆碱及多种微量元素等[13，17-19]。

第五节 药理与毒理

一、药理作用

现代药理研究表明栀子具有抗菌、抗炎、解热、镇痛、保肝、利胆、降血脂、降压、降糖、抗血栓、神经保护、镇静催眠、抗肿瘤等作用[10-12，20，21]。

（一）抗菌和抗炎作用

栀子的水浸液在体外能够抑制各种皮肤真菌；水煎液在体外则能够杀死吸血虫以及钩端螺旋体，并且具有抗埃可病毒的作用。栀子苷不仅可抑制炎症早期水肿和渗出，而且可抑制炎症晚期的组织增生和肉芽组织生成；京尼平显示出具有抗脑部炎症活性。

（二）解热镇痛作用

栀子苷具有一定镇痛作用，可明显升高小鼠对热板刺激的痛阈，且镇痛作用与剂量呈正相关趋势。栀子对用15%鲜酵母混悬液为致热剂所致的大鼠发热具有良好的解热作用，还可明显延长异戊巴比妥钠对小鼠睡眠时间的影响。

（三）保肝利胆作用

张学兰等对栀子的不同炮制品保肝作用进行了比较，结果表明栀子生品的保肝作用最强，炒品和炒姜品次之，炒碳品并无此作用；此外，栀子苷对CCl_4肝中毒小鼠具有显著的保肝作用。栀子苷明显增加大鼠胆汁流量，降低胆汁内胆固醇含量，可在一定程度上阻止胆固醇结石的形成。

（四）对神经系统的作用

实验研究表明栀子苷对继发性脑损伤具有保护作用；京尼平苷具有抗焦虑活性；京尼平具有神经保护作用；6′-O-乙酰京尼平苷和反6′-O-p-香豆酰基京尼平苷能改善Aβ转基因果蝇的短期记忆，说明具有潜在的抗阿尔茨海默病作用。

（五）对心血管系统的作用

实验研究发现栀子乙醇提取物可用于动脉粥样硬化等脉管疾病的治疗；藏红花酸可改善心肌缺血、防止心肌梗死等；西红花苷及其代谢物藏红花酸具有降血脂作用；京尼平苷及其代谢产物京尼平具有抗血栓作用。

（六）抗肿瘤作用

栀子中藏红花苷类成分具有抑制肿瘤细胞生长的作用，研究表明其在胃癌、肝癌、肠癌、前列腺癌和乳腺癌等癌症的治疗上效果明显。

（七）凝血作用

栀子炒焦品、烘品能够明显缩短凝血时间，但是姜栀子与对照组比较，凝血时间明显延长，其他炮制品则无缩短小鼠凝血时间倾向。

（八）其他作用

据相关文献报道，栀子及其所含化合物还有抗氧化、降血糖、促进黑色素合成、抑制幽门螺旋杆菌生长、利胰及降胰酶活性、保护视网膜损伤等作用。

二、毒理

栀子苷和栀子水提物对小鼠的急性毒性很低。周淑娟等[22]通过实验发现，栀子苷小、中剂量对大鼠具有一定的保肝作用，但是大剂量可能具有一定潜在的肝毒性。骨髓微核试验、Ames试验和睾丸染色体畸变试验表明，栀子并无致癌、致突变，致畸等特殊毒性。

第六节　质量体系

一、标准收载情况

（一）药材标准

《中国药典》2015年版一部、《广西壮药质量标准》（第二卷）、《台湾中药典》第二版。

（二）饮片标准

《中国药典》2015年版一部、《浙江省中药炮制规范》2015年版、《安徽省中药饮片炮制规范》2005年版、《北京市中药饮片炮制规范》2008年版、《重庆市中药饮片炮制规范》2006年版、《上海市中药饮片炮制规范》2008年版、《河南省中药饮片炮制规范》2005年版、《贵州省中药饮片炮制规范》2005版、《天津市中药饮片炮制规范》2018年版、《江西省中药饮片炮制规范》2008年版、《广西中药饮片炮制规范》2007年版、《湖南中药饮片炮制规范》2010年版、《福建省中药饮片炮制规范》2012年版、《甘肃省中药炮制规范》2009年版、《云南省中药饮片标准》（2005年版）第二册。

二、药材规格与性状

（一）药材规格

1984年国家医药管理局和卫生部制定的《七十六种药材商品规格标准》（以下简称《标准》），将栀子分为两个等级，一等：干货。呈长圆形或椭圆形，饱满。表面橙红色、红黄色、淡红色、淡黄色。具有纵棱，顶端有宿存萼片。皮薄革质。略有光泽。破开后种子聚集成团状，短红色、紫红色或淡红色、棕黄色。气微，味微酸而苦。无黑果、杂质、虫蛀、霉变。二等：干货。呈长圆形或圆形，较瘦小。表面橙黄色、暗紫色或带青色具有纵棱，顶端有宿存萼片。皮薄革质。破开后，种子聚集成团状，棕红色、红黄色、暗棕色、棕褐色。气微，味微酸而苦。间有怪形果或破碎。无黑果、杂质、虫蛀、霉变。

2007年《中药材产销》以产区（北方产区、江浙产区）、采摘早晚（生黑熟红）及药材形状将栀子规格分为4个：红栀子、黑山栀、温建栀、水栀子。

目前，药材市场上的栀子分为江西栀子和福建栀子。江西栀子又有野生品和栽培品之分，且以栽培品为主。在同一类型栀子商品中又分为精装货：颗粒饱满，大小一致，内外色红，色泽鲜艳，去除须，无黑果，无杂质、霉变等。净货：去除杂质，大小基本一致，颜色以红为主，少量略带青色、淡黄色，无黑果、杂质、霉变；统货：大小、颜色差异大，有一定杂质[3]。

（二）药材性状

1.《中国药典》2015年版一部

本品呈长卵圆形或椭圆形，长1.5 ~ 3.5cm，直径1 ~ 1.5cm。表面红黄色或棕红色，具6条翅状纵棱，棱间常有1条明显的纵脉纹，并有分枝。顶端残存萼片，基部稍尖，有残留果梗。果皮薄而脆，略有光泽；内表面色较浅，有光泽，具2～3条隆起的假隔膜。种子多数，扁卵圆形，集结成团，深红色或红黄色，表面密具细小疣状突起。气微，味微酸而苦。

2.《台湾中药典》第二版

本品呈长卵形或椭圆形，长2～4.5cm，直径0.8～2cm。表面深红色或红黄色，具5～8条翅状纵棱。顶端残存萼片，另端稍尖，有果柄痕。果皮薄而脆，内表面呈鲜黄色，有光泽，具2～3条隆起的假隔膜。种子多数，扁卵圆形，集结成团，红棕色，表面密具细小疣状突起。浸入水中可使水染成鲜黄色。气微，味微酸而苦。

三、炮制

《得配本草》对栀子的使用进行了概括："上焦、中焦连壳，下焦去壳，洗去黄浆炒用，泻火生用，止血炒黑，内热用仁，表热用皮，淋症童便炒，退虚火盐水炒，劫心胃火痛姜汁炒，热痛乌药拌炒，清胃血蒲黄炒"。古人炮制栀子方法亦颇多，包括炒制、制炭、煨制、姜制、蒸制、煮制、酒制、盐制、蜜制，药汁制（甘草、乌药、蒲黄）等，目前仍保留的主要有清炒法（炒黄、炒焦、炒碳）、姜制法和酒制法等[23]，炮制品包括栀子、炒栀子、焦栀子、姜栀子、酒栀子、栀子仁、栀子皮、栀子粉等。

（一）栀子

1.《中国药典》2015年版一部

除去杂质，碾碎。

2.《浙江省中药炮制规范》2015年版

取原药，除去果梗等杂质。筛去灰屑。用时捣碎。

3.《北京市中药饮片炮制规范》2008年版

取原药材，除去杂质。

（二）炒栀子

1.《中国药典》2015年版一部

取净栀子，照清炒法炒至黄褐色。

2.《浙江省中药炮制规范》2015年版

取栀子饮片，照清炒法炒制表面黄褐色，内部色加深时，取出，摊凉。

3.《北京市中药饮片炮制规范》2008年版

取净栀子，碾碎，置热锅内，用文火90～120℃炒至表面黄褐色，喷淋鲜姜汁适量，炒干，取出，晾凉。每100kg净栀子，用鲜姜10kg。鲜姜汁制法：取鲜姜10kg，洗净，捣烂，加水适量，压榨取汁，姜渣再加水适量，浸泡后再榨干取汁，合并姜汁（约12L）。

4.《天津市中药饮片炮制规范》2018年版

取生姜或干姜片，置锅内加适量清水，熬煮二次至姜味淡，合并两次煮液。另取栀子，置锅内加热，边炒边喷淋姜水，炒至显火色，微干，取出待凉。每净栀子100kg，用生姜5kg（如用干姜，每生姜3kg折合干姜1kg）。（姜炒栀子）

（三）焦栀子

1.《中国药典》2015年版一部

取栀子，或碾碎，照清炒法用中火炒至表面焦褐色或焦黑色，果皮内表面和种子表面为黄棕色或棕褐色，取出，放凉。

2.《浙江省中药炮制规范》2015年版

取栀子饮片，照清炒法炒制浓烟上冒，表面焦黑色，内部棕褐色时，微喷水，灭尽火星，取出，晾干。

3.《北京市中药饮片炮制规范》2008年版

取净栀子，碾碎，置热锅内，用中火炒至表面焦褐色或焦黑色，喷淋鲜姜汁适量，炒干，取出，晾凉。每100kg净栀子，用鲜姜6kg。鲜姜汁制法：取鲜姜6kg，洗净，捣烂，加水适量，压榨取汁，姜渣再加水适量，浸泡后再榨干取汁，合并姜汁（约10L）。

4.《上海市中药饮片炮制规范》2008年版

取生栀子，照炒碳法炒至表面焦褐色或焦黑色，种子团棕褐色。

5.《广西中药饮片炮制规范》2007年版

取生栀子，用武火炒至焦褐色，取出，放凉。

6.《天津市中药饮片炮制规范》2018年版

操作方法同姜炒栀子，炒至焦黄色。每净栀子100kg，用生姜5kg（如用干姜，每生姜3kg折合干姜1kg）。（焦姜栀子）

（四）栀子炭

1.《河南省中药饮片炮制规范》2005年版

取净栀子碎块，照炒碳法炒至黑褐色。

2.《广西中药饮片炮制规范》2007年版

取生栀子，用武火炒至焦黑色时，加盖，继续用文火煅烧至锅边缘冒黄白色烟时，把锅端下，喷淋清水，取出，晾干。

（五）姜栀子

1.《重庆市中药饮片炮制规范》2006年版

取栀子碎块，加姜汁拌匀，置锅内，按姜汁炙法，用文火加热炒干，取出放凉，即得。

2.《河南省中药饮片炮制规范》2005年版

照净栀子碎块，照姜炙法炒干。每100kg栀子块，用生姜12kg。

（六）酒栀子

《河南省中药饮片炮制规范》2005年版：取净栀子碎块，照酒炙法炒干。每100kg栀子块，用黄酒12kg。

（七）栀子皮

《河南省中药饮片炮制规范》2005年版：取净栀子横切，去仁，取壳。

（八）栀子仁

《河南省中药饮片炮制规范》2005年版：取净栀子横切，去壳，取仁。

（九）栀子粉

《云南省中药饮片标准》（2005年版）第二册：取药材，净选，洗净，干燥，粉碎成中粉，即得。

（十）栀子超微配方颗粒

《湖南中药饮片炮制规范》2010年版：栀子经炮制加工制成超微配方颗粒。

四、饮片性状

（一）栀子

1.《中国药典》2015年版一部

呈不规则的碎块。果皮表面红黄色或棕红色，有的可见翅状纵横。种子多数，扁卵圆形，深红色或红黄色，气微，味微酸而苦。

2.《浙江省中药炮制规范》2015年版

成熟者表面红黄色或棕红色（近成熟者表面灰棕色至灰褐色）。种子多数，扁卵圆形，集结成团，成熟者深红色或红黄色（近成熟者黄棕色至灰褐色），其余同栀子药材。

（二）炒栀子

1.《中国药典》2015年版一部

形如栀子碎块，黄褐色。

2.《浙江省中药炮制规范》2015年版

表面黄褐色。

3.《北京市中药饮片炮制规范》2008年版

为不规则的碎块，表面黄褐色。气微香，味微酸而苦。

4.《天津市中药饮片炮制规范》2018年版

表面黄红色或黄褐色显火色。（姜炒栀子）

（三）焦栀子

1.《中国药典》2015年版一部

性状同栀子或为不规则的碎块，表面叫褐色或焦黑色。果皮内表面棕色，种子表面为黄棕色或棕褐色。气微，味微酸而苦。

2.《浙江省中药炮制规范》2015年版

表面黑褐色，内部棕褐色。略具焦气，味苦。

3.《北京市中药饮片炮制规范》2008年版

为不规则的碎块，表面焦褐色或焦黑色。果皮薄而脆，内表面棕色。种子团棕色或棕褐色。气微，味微酸而苦。

4.《广西中药饮片炮制规范》2007年版

形同栀子或为不规则的碎块，表面焦褐色或焦黑色。

5.《天津市中药饮片炮制规范》2018年版

表面焦黄色。（焦姜栀子）

（四）栀子炭

1.《河南省中药饮片炮制规范》2005年版

形如栀子碎块，黑褐色或焦黑色。

2.《广西中药饮片炮制规范》2007年版

形同栀子或为不规则的碎块，表面黑色，存性。

（五）姜栀子

1.《重庆市中药饮片炮制规范》2006年版

表面金黄色，具姜辣味。

2.《河南省中药饮片炮制规范》2005年版

形如栀子碎块，金黄色。具姜味。

（六）酒栀子

《河南省中药饮片炮制规范》2005年版：形如栀子碎块，金黄色。

（七）栀子皮

《河南省中药饮片炮制规范》2005年版：为大小不一的果皮。

（八）栀子仁

《河南省中药饮片炮制规范》2005年版：为扁卵圆形的种子。

（九）栀子粉

《云南省中药饮片标准》（2005年版）第二册：为棕黄色至红棕色粉末。气微，味微酸而苦。

（十）栀子超微配方颗粒

《湖南中药饮片炮制规范》2010年版：为棕黄色至棕褐色的颗粒；气微，味微酸而苦。

五、有效性、安全性的质量控制

收集《中国药典》、全国各省市中药材标准及饮片炮制规范、台湾、香港中药材标准等质量规范，按鉴别、检查、浸出物、含量测定，如表12所示。

表12　有效性、安全性质量控制项目汇总表

标准名称	鉴别	检查	浸出物	含量测定
《中国药典》2015年版一部、《浙江省中药炮制规范》2015年版	显微特征（粉末）；薄层色谱鉴别（以栀子对照药材、栀子苷对照品为对照）	水分（不得过8.5%）；总灰分（不得过6.0%）	——	高效液相色谱法：药材：按干燥品计算，含栀子苷（$C_{17}H_{24}NO_{10}$）不得少于1.8%；饮片：栀子，同药材；炒栀子，不得少于1.5%；焦栀子，不得少于1.0%

（续表）

标准名称	鉴别	检查	浸出物	含量测定
《台湾中药典》第二版	显微鉴别（横切面、粉末）；薄层色谱鉴别（以栀子对照药材、栀子苷对照品为对照）	干燥减重（不得过8.5%）；总灰分（不得过8.0%）；酸不溶性灰分（不得过3.0%）	——	栀子苷（Geniposide）含量：不得少于1.8%（高效液相色谱法）；水抽提物：不得少于12.0%；稀乙醇抽提物（不得少于12.0%）
《湖南中药饮片炮制规范》2010年版	栀子超微配方颗粒：薄层色谱鉴别（以栀子对照药材、栀子苷对照品为对照）	栀子超微配方颗粒：水分（不得过7.0%）；其他符合中药超微饮片（中药超微配方颗粒）检验通则有关规定	栀子、炒栀子、焦栀子、栀子炭：醇溶性浸出物（热浸法）不得少于20%；栀子超微配方颗粒：不得少于25%	高效液相色谱法：栀子超微配方颗粒：按干燥品计算，含栀子苷（$C_{17}H_{24}NO_{10}$）不得少于3.5%
《天津市中药饮片炮制规范》2018年版	显微鉴别（粉末）；薄层色谱鉴别（以栀子对照药材、栀子苷对照品为对照）	水分（不得过8.5%）；总灰分（不得过6.0%）	——	高效液相色谱法：姜炒栀子：按干燥品计算，含栀子苷（$C_{17}H_{24}NO_{10}$）不得少于1.4%；焦姜栀子，不得少于1.0%
《福建省中药饮片炮制规范》2012年版	姜栀子：显微鉴别（粉末）；薄层色谱鉴别（以栀子对照药材、栀子苷对照品为对照）	姜栀子：杂质（不得过3%）；水分（不得过13.0%）	——	

（续表）

标准名称	鉴别	检查	浸出物	含量测定
《甘肃省中药炮制规范》2009年版	薄层色谱鉴别（以栀子苷对照品为对照）	——	——	高效液相色谱法：栀子和炒栀子，按干燥品计算，含栀子苷（$C_{17}H_{24}NO_{10}$）不得少于1.8%；焦栀子，不得少于1.2%；栀子碳，不得少于0.50%
《云南省中药饮片标准》（2005年版）第二册	栀子粉：显微鉴别（粉末）；薄层色谱鉴别（以栀子对照药材、栀子苷对照品为对照）	栀子粉：总灰分（不得过6.0%）；粒度，应符合规定；符合其他散剂项下规定	——	按干燥品计算，含栀子苷（$C_{17}H_{24}NO_{10}$）不得少于1.8%

六、质量评价

（一）混伪品鉴别

我国栀子属植物约有10个品种，包括栀子、长果栀子、大花栀子、海南栀子、狭叶栀子、匙叶栀子、大黄栀子、重瓣栀子、雀舌栀子和花叶栀子等，其中海南栀子、匙叶栀子、花叶栀子仅有文献记载，未见商品药材；重瓣栀子和雀舌栀子多做景观植物，较少作药用，故在此不再赘述[24]。

狭叶栀子，因其叶片狭长，呈披针形或线状披针形而得名，在广西、海南、广东、福建、浙江等地均有分布，果实椭圆形，较小，长1~2.5cm，故又称小果栀子，表面黄色或橙红色，有纵棱或棱不明显，市场上较少见。

大黄栀子在傣族俗称"糯帅聋"，果实有活血消肿作用，为云南傣族的民族药，与栀子的主要区别点为：长2.5～5cm，直径1.8～3cm，果柄长0.7～1cm，表面棕色至褐色，较光滑，具5条纵棱，稍凸起。果皮厚而坚硬，厚约0.18cm。种子暗红褐色或褐色。味淡。傣族妇女常将大黄栀子果实捣碎后用淘米水浸泡数日，用来洗头；此外，大黄栀子花亮黄色或白色，民间常将其花煮水后于各种食品上着色，傣家少女亦常将其作为发髻装饰物[25]。

长果栀子（大栀子），为《卫生部药品标准·蒙药分册》收载品种，功能主治为清血热，明目，祛"巴达干协日"，生津，调元，可用于血热，肝热，黄疸，急性结膜炎，肾热，膀胱热，血热头痛，口渴等症，部分地区也混作栀子用；与栀子区别点主要在于：个头较大，长4～6cm；直径1.5～2.5cm。表面橙红色或棕红色。

大花栀子（水栀子），一般作染料，药用多作外伤敷料，是栀子最为常见的伪品。可从性状、显微特征、薄层色谱、含量测定、紫外光谱、指纹图谱、蛋白高效毛细管电泳图谱、rDNA-ITS2序列等方面将水栀子与正品栀子进行区别[26-28]。性状：水栀子呈长椭圆形，较栀子大，长3～5.5cm，直径1.5～2cm，果皮表面红褐色、橙红色或红黄色，散有小的疣状突起（栀子无），果皮稍厚；显微特征：水栀子外果皮果棱处有2个维管束（栀子为1个），内果皮石细胞长椭圆形（栀子类方形），草酸钙簇晶直径18～40μm（栀子16～92μm）；薄层色谱鉴别：在紫外光灯（365nm）下检视，栀子薄层色谱较水栀子多两个亮黄色荧光斑点；紫外光谱：栀子在321、323、326nm处有吸收峰，共同构成一个明显的大峰，在274nm处有一明显的吸收谷，而水栀子在此段波长内则无吸收峰和吸收谷；此外，栀子与水栀子的HPCE图谱和rDNA-ITS2序列也具有明显的差异，可进行区分。

（二）成分分析与评价

现行法定标准仅收载了栀子中主要成分栀子苷的相关限度，为了更加全面评价栀子的质量，学者们对其多指标成分进行了分析与评价。

1.液相色谱法

杨海玲等采用HPLC法对栀子炮制前后（生栀子、炒栀子、焦栀子、栀子炭）主要成分进行了分析，结果显示除京尼平苷酸含量外，其栀子苷、京尼平-1-β-D-龙胆双糖苷、去乙酰车叶草酸甲酯、绿原酸、西红花苷Ⅰ、西红花苷Ⅱ、藏红花素、熊果酸等成分的含量均随着炮制温度的升高，呈逐步降低趋势，此外，多糖、挥发油类成分亦是如此，由此认为炮制的温度对栀子中成分含量的影响较大[23]。

吴亚超等[29]采用UPLC法对不同产地栀子中栀子新苷、山栀子苷、去乙酰车叶草苷酸甲酯、羟异栀子苷、京尼平龙胆双糖苷、绿原酸、栀子苷进行含量检测，结果显示江西野生栀子质量较佳，内陆省份栀子优于沿海省份。

嘎拉沁等[30-33]对比了栀子果皮和栀子种子中京尼平苷和京尼平龙胆二糖苷的含量，结果显示果皮中京尼平苷平均含量不到果实的一半，几乎不含京尼平龙胆二糖苷；种子中京尼平苷平均含量为果皮的3倍多，京尼平龙胆二糖苷含量比果实多0.5倍。此外，李云等建立了栀子中新绿原酸、隐绿原酸、藏红花素Ⅲ、鸡矢藤次苷甲酯等成分的HPLC含量测定法；付小梅等建立了栀子的指纹图谱，并将其与长果栀子、大花栀子等区别开来。

丽水市食品药品检验所王伟影等采用高效液相色谱法测定药材中栀子苷的含量，结果不同时间采收的栀子其栀子苷含量均高于2010年版《中国药典（一部）》的规定。说明丽水地产栀子质量优，可发展为道地药材。后又收集50批不同厂家生产的栀子，应用RP-HPLC波长切换法同时测定栀子苷、西红花苷Ⅰ与西红花苷Ⅱ

的含量；依据中国药典2015年版一部品种项下规定的方法测定水分、总灰分；采用原子吸收分光光度法测定其中18批样品中镉元素的含量。结果50批栀子中总灰分和栀子苷均符合标准规定；水分有2批不符合标准规定；西红花苷Ⅰ的含量为0.31%~1.35%、西红花苷Ⅱ的含量为0.04%~0.63%；18批栀子中镉元素有3批超出千万分之三的限度。说明大部分栀子饮片符合中国药典标准，质量情况较为乐观。栀子成分复杂多样，仅以其中环烯醚萜类的栀子苷作为质控指标稍欠全面，无法很好地反应出该品种的质量优劣，建议修订完善标准。

2.紫外分光光度法[34-39]

廖夫生等采用蒽酮-硫酸比色法对栀子中总多糖进行测定，结果显示江西产栀子中多糖含量均较高，质量较佳。陈亮等建立了紫外分光光度法测定栀子中总绿原酸、总环烯醚萜、总黄酮、总皂苷、西红花苷等类别成分的含量。

第七节　性味归经与临床应用

一、性味

苦，寒。

二、归经

归心、肺、三焦经。

三、功能主治

泻火除烦，清热利尿，凉血解毒；外用消肿止痛。用于热病心烦，湿热黄疸，淋证涩痛，血热吐衄，目赤肿痛，火毒疮疡；外治扭挫伤痛。

四、用法用量

6~9g。外用生品适量，研末调敷。

五、注意

脾虚便溏者忌服。

六、附方

（一）《伤寒论》栀子豉汤

治伤寒虚烦不得眠，心中懊憹：栀子十四个（剖），香豉四个（绵裹）。以酒四升，先煮栀子得二升半，纳豉煮取一升半，去滓，分为二服。温进一服，得吐者止后服。

（二）《宣明论方》大金花丸

治中外诸热，寝汗、睡语、惊悸、溺血、淋闭、咳衄，头痛并骨蒸，肺痿咳嗽：栀子、黄连、黄柏、黄芩各等分。为末，滴水为丸，如小豆大。每服二三十丸，新汲水下。小儿丸如麻子大，三五丸。

（三）《伤寒论》栀子柏皮汤

治伤寒身黄发热，肥栀子十五个（剖），甘草一两（炙），黄柏二两。上三味，以水四升，煮取一升半，去滓，分温再服。

（四）《伤寒论》枳实栀子豉汤

治伤寒大病愈后劳复者：枳实三枚（炙），栀子十四个（剖），豉一升（绵裹）。上三味，以清浆水七升，空煮取四升，内枳实、栀子，煮取二升，下豉，更煮五、六沸，去滓，温分再服，覆令微似汗。若有宿食者，内大黄如博棋子五、六枚。

（五）《普济方》栀子汤

治口疮、咽喉中塞痛，食不得：大青四两，山栀子、黄柏各一两，白蜜半斤。上切，以水三升，煎取一升，去滓，下蜜更煎一两沸，含之。

（六）《圣济总录》栀子汤

治肝热目赤肿痛：取山栀七枚，钻透入煻灰火煨熟，水煎去滓。入大黄末三钱匕，搅匀，食后旋旋温服。

（七）《圣济总录》栀子仁汤

治赤白痢并血痢：山栀子仁四七枚。锉，以浆水一升半，煎至五合，去滓。空心食前分温二服。

（八）《丹溪心法》治热水肿

山栀子五钱，木香一钱半，白术二钱半。细切，水煎服。

（九）《丹溪纂要》治胃脘火痛

大山栀子七枚或九枚，炒焦，水一盏，煎七分，入生姜汁饮之。

（十）《普济方》治伤寒急黄

栀子仁、柴胡（去苗）、朴硝（别研）、茵陈蒿各半两。上除朴硝外，各细锉。用水三大盏，煎二大盏，去滓，下朴硝，搅令匀，不计时候，分温三服，取利为度。

（十一）《丹溪心法》治气实心痛

山栀子（炒焦）六钱，香附一钱，吴茱萸一钱。上为末，蒸饼丸如花椒大。以生地黄酒洗净，同生姜煎汤，送下二十丸。

（十二）《经验良方》治血淋涩痛

生山栀子末、滑石等分。葱汤下。

（十三）《简易方论》治鼻中衄血

山栀子烧灰吹之。

（十四）《濒湖集简方》折伤肿痛

栀子、白面同捣，涂之。

（十五）《梅师集验方》治火丹毒

栀子，捣和水调敷之。

（十六）《千金方》治火疮未起

栀子仁灰，麻油和封，惟厚为佳。

（十七）《救急方》治烧伤

栀子末和鸡子清浓扫之。

第八节　资源利用与开发

一、资源蕴藏量及基地建设情况

丽水市野生栀子较多，各县均有分布，栽培基地主要集中于景宁、遂昌、青田等县，据不完全统计，截至2019年年底，全市栀子总种植面积约1 200亩，其中景宁约1 000亩、青田约200亩，主要基地有：浙江遂昌利民药业有限公司栀子基地、青田东源镇栀子基地，景宁澄照乡栀子基地等。

二、产品开发

栀子为药食两用植物，成熟果实除药用外，其所含栀子黄色素为天然色素，研究表明，栀子黄色素的热稳定性、酸碱稳定性远高于其他色素，可广泛应用于食品、保健品、化妆品、纺织、养殖业等领域[40]。浙江遂昌利民药业有限公司地处丽水市遂昌县，拥有食品添加剂栀子黄生产线，年产量可达100t，栀子黄生产的附加产品还有栀子油、栀子苷，衍生产品有京尼平、栀子蓝、栀子红及复配形成的其他色素等，开发前景广泛。

（一）药品

栀子可泻火除烦，清热利尿，凉血解毒，消肿止痛，《得配本草》言："山栀，得滑石治血淋溺闭，得良姜治寒热腹痛，得柏皮治身热发黄，配连翘治心经留热（心热则赤淋），佐柴胡、白芍治肝胆郁火，使生地、丹皮治吐衄不止"，临床上多配伍使用。胡燕珍等在对《中医方剂大辞典》的整理中发现，组方中含有栀子的中药方剂达3 500多个，包括栀子柏皮汤、栀子金花丸、丹栀逍遥散、栀子胜奇散、清瘟败毒饮、茵陈蒿汤、黄连解毒汤、如金解毒散、咳血方等经典方剂；含有栀子的中成药处方有450余个，包括栀子金花丸、复方栀子膏、复方栀子气雾剂、复方栀子止痛膏、三子散（颗粒）、丹栀逍遥胶囊（片）、协日嘎四味汤胶囊（散）、四季三黄胶囊、清肝利胆口服液等。

2019年11月国家药典委员会公示了160个中药配方颗粒的统一标准，其中包括栀子、炒栀子、焦栀子配方颗粒。中药配方颗粒的有效成分、性味、归经、主治、功效和传统中药饮片基本一致，既能保证中医传统的君、臣、佐、使和辨证论治、灵活加减的特点，又免去了病人传统煎煮的麻烦，同时还可灵活地单味颗粒冲服，卫生有效。该标准的公示将扩大栀子的应用范围，促进其现代化发展。

（二）保健品

目前已批准上市的含栀子保健品近90种，其中自然美牌维肝胶囊、兆康牌太白胶囊、华北牌安怡欣颗粒、千沙牌艾维特胶囊、艾尔口服液等，对化学性肝损伤有辅助保护功能；佰生堂牌佰生堂胶囊、旭洋牌帝渊胶囊、地芭增敏牌苓芪养颐胶囊等，具有辅助降血糖功能；致中和牌五加皮酒、修正牌修正健酒、洵龙牌栀泽软胶囊等，具有增强免疫力功能；健生牌颐清康胶囊、海音牌生益胶囊、九鑫牌洛兰兰胶囊等，具有调节血脂功能。此外，具有改善睡眠、清咽、调节血液、美容（去痤疮、祛黄褐斑）等功能的保健品中，亦含有栀子原料。

（三）染料（色素）

栀子果实中含有的栀子黄色素是天然水溶性黄色素，作为染料使用已有2 000多年历史，现已广泛应用于化工、食品、饲料和医药行业，国际市场需求量也很大。由于其良好的色泽和安全性，我国颁布实施了《食品添加剂：栀子黄》（GB 7912—2010）的国家标准。另外，栀子果实中还含有栀子苷等环烯醚萜类成分，在β-葡萄糖苷酶的作用下，与伯氨基酸（甘氨酸、赖氨酸、苯丙氨酸）在合适的条件下发生反应生成水溶性蓝色素，该蓝色素着色力强、溶解性好且具有较好的稳定性，同时还可以控制反应条件得到栀子红色素，并与其他色素调和产生一系列蓝绿变化的色调，可开发出多种颜色的色素，也已在化工和食品等行业得到广泛应用，我国于2012年颁布实施了《食品添加剂：栀子蓝》（GB 28311—2012）的国家标准。遂昌利民药业有限公司已经生产开发出栀子黄色素、栀子红色素与栀子蓝色素等产品。

（四）茶饮

栀子花期长、产量较高、香气鲜浓，并与茶叶生产季节相吻合，可以作为窨制花茶的原料，适合体内虚火大者饮用，具有一定的保健养颜之功效；栀子花鲜品或干燥后也可单独泡茶饮，栀子花茶具有清热凉血、止痰、止咳的作用；栀子果实也可泡茶饮用或与其他药食两用物品配伍使用，但由于栀子性味苦寒，脾胃虚弱人群不宜常喝。

（五）炼油

栀子种子含有丰富的油脂，含油量达22%，与大豆接近，相关研究表明，栀子种子油稳定性好，黏度低，富含亚油酸，且对高血压、冠心病等心血管疾病具有一定的疗效，故可作为新油源加以开发利用。

（六）日化品

近年来，栀子在化妆品领域的应用越来越广泛，特别是栀子花提取物，即栀子花精油，历来都是名贵的花香香料之一，其香味浓郁而独特，相关产品涵盖沐浴露、磨砂膏、香水、润肤乳、护手霜、卸妆油、凝露等，应用前景广泛。

（七）景观植物

栀子花为我国传统名花，花期芳香扑鼻，具有较高的观赏价值，可作为盆栽或者庭院绿篱，一直以来深受人们的喜爱。

第九节　总结与展望

　　栀子是我国第一批药食两用资源，具有非常大的开发价值，其成熟果实为常用清热泻火中药，在临床上的应用越来越多，近年来又有新的生物活性被发现，可用于镇咳、解热、降压、治疗皮肤病、缓解糖尿病并发症及保护中枢神经系统等；所含栀子黄色素为天然水溶性色素，在食品中应用广泛，在软饮料、配制酒、糕点、糖果、方便面、罐头等制作时可作为天然的着色剂，在服装布匹染料行业是良好的天然染料，具有较好的热稳定性；栀子花精油适用于各种日化品；此外，还可制茶、炼油，作为景观植物等。目前，丽水市多地已开展栀子种植，其中景宁县有着近20年的栀子种植经验，技术相对成熟，有望进一步开发新产品，逐步推进产业又快又好发展。

第二辑

栀子根

ZhiZiGen

附·栀子根（畲药山里黄根）| ZhiZiGen
GARDENIAE RADIX

本品为茜草科植物栀子*Gardenia jasminoides* Ellis的干燥根及根茎。秋、冬季果实成熟时采挖，除去泥沙，干燥。别名：山里黄根、黄枝根、山枝根、三枝根等[41]。

第一节　本草考证与历史沿革

栀子根在浙江、福建、广西、广东、湖南和四川等地的民间被普遍应用，具有清热利湿、凉血解毒、止血等功能，主要用于湿热黄疸，水肿臌胀，疮痈肿毒，风火牙痛，跌打损伤，病毒性肝炎，吐血，鼻衄，菌痢，乳腺炎等。本草典籍《中华本草》《中药大辞典》《分类草药性》《岭南草药志》《闽东本草》《草医草药简便验方汇集》《四川中药志》《常用中草药手册》等均有记载。

《浙江省中药炮制规范》2005年版首次收载栀子根，2015年版增加了显微特征、薄层色谱、水分、总灰分、浸出物等检验项目（由丽水市检验检测院起草）。近年来，丽水市检验检测院对栀子根开展了多项研究，为该药的进一步开发和利用提供了参考。

第二节　化学成分

栀子根中主要以三萜类及环烯醚萜类成分为主，此外还含有挥发油、有机酸、甾醇、糖类等。王雪芬等[42]从栀子根中分离得到D-甘露和齐墩果酸醋酸酯；曹百一等[43]从栀子根中分离得到10个化合物，分别为：桦木酸、齐墩果酸、齐墩果酸-3-O-β-D-吡喃葡萄糖醛酸苷-6′-O-甲酯、常春藤皂苷元-3-O-β-D-吡喃葡萄糖醛酸苷-6′-O-甲酯、竹节参皂苷Ⅳa、豆甾醇、β-谷甾醇、胡萝卜苷、香草酸、丁香酸；施湘君等[44]分离得到淫羊藿苷E5、10-O-反式咖啡酰基-6α-羟基京尼平苷、6α-羟基京尼平苷、京尼平苷等化合物；王斌等[45]采用超临界CO_2萃取法和水蒸气蒸馏法提取栀子根的挥发油，显示栀子中挥发油类成分以烷烃类和酯类为主。

第三节　药理与毒理

相关报道显示，栀子根临床主要用于治疗各型肝炎、各类出血症、痛症、感冒高热、赤白痢疾等，尤其在急性及传染性肝炎的治疗方面效果显著，然其主要药效物质基础、药理作用以及其临床配伍原理的研究仍处于初始阶段。目前有关栀子根药理作用的研究主要集中在其水提液对CCl_4所致小鼠急性肝损伤的保护作用方面[46-48]。

第四节　质量体系

一、标准收载情况（栀子根）

（一）药材标准

浙江省中药材标准第一册（2017年版）、《湖南省中药材标准》（2009年版）。

（二）饮片标准

《浙江省中药炮制规范》2015年版、《湖南中药饮片炮制规范》2010年版、《福建省中药饮片炮制规范》2012年版。

二、炮制

（一）《浙江省中药炮制规范》2015年版

除去杂质，洗净，润透，切厚片（细小者切小段），干燥。

（二）《湖南中药饮片炮制规范》2010年版

除去杂质，大小分开，浸泡4～6h，洗净泥沙，捞出，润透，切厚片，干燥，筛去灰屑。

三、饮片性状

为圆形或椭圆形厚片，或为圆柱形小段，直径0.3～3cm。表面灰黄色至灰棕色，有横长皮孔和纵直的裂纹，外层栓皮易成片状剥落。质坚硬，切面皮部易与木部分离，皮部薄，灰黄色；木部占大部分，灰白色或黄白色，有放射状纹理，有的中部可见细小棕色的髓部。气微，味淡（图7，图8）。

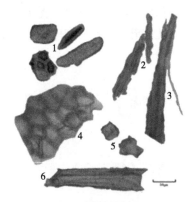

图7　显微特征图
1.石细胞；2.木纤维；3.晶纤维；4.木栓细胞；5.簇晶；6.导管

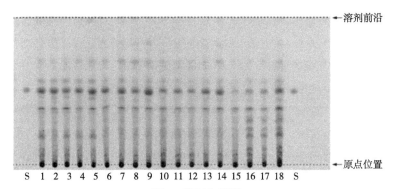

图8　薄层色谱图

S: 齐墩果酸对照品；1~18: 供试品

四、有效性、安全性的质量控制

收集《中国药典》、全国各省市中药材标准及饮片炮制规范、中国台湾、香港中药材标准等质量规范，按鉴别、检查、浸出物、含量测定，如表13所示。

表13　有效性、安全性质量控制项目汇总表

标准名称	鉴别	检查	浸出物
《浙江省中药炮制规范》2015年版（由丽水市检验检测院起草）	显微特征（粉末，详见图1）；薄层色谱鉴别（以齐墩果酸对照品为对照，详见图2）	水分（不得过12.0%）；总灰分（不得过4.0%）	醇溶性浸出物（热浸法，50%乙醇）不得少于8.0%
《湖南中药饮片炮制规范》2010年版	显微特征（横切面）；薄层色谱鉴别（以齐墩果酸对照品为对照）	——	醇溶性浸出物（热浸法，70%乙醇）不得少于2.0%
《福建省中药饮片炮制规范》2012年版	薄层色谱鉴别（以栀子根对照药材为对照）	——	——

五、质量评价

王伟影等[49, 50]采用HPLC法测定了栀子根中竹节参皂苷Ⅳa的含量，结果显示浙江丽水产的18批栀子根中竹节参皂苷Ⅳa的含量为0.013%～0.086%（图9）；李红等[51]以齐墩果酸-3-乙酸酯为指标优选栀子根的最佳产地，结果显示湖南邵东、浏阳>浙江安吉、湖南桂阳>湖南宁乡、安化和江西樟树>湖南醴陵、平江、攸县，并对比了栀子根与栀子叶、茎中的含量，结果显示根中的含量约为茎、叶的2倍；武城颖[52]等以齐墩果酸为指标性成分，建立栀子根的含量测定方法；毛燕等[53]采用水提法提取栀子根中总糖和还原糖，并采用硫酸蒽酮法测定其含量，结果显示在提取温度100℃、提取时间60min、料液比1∶40m时提取效率最高。

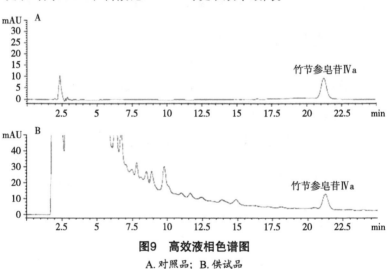

图9　高效液相色谱图

A.对照品；B.供试品

第五节　性味归经与临床应用

一、性味

甘、苦、寒。

二、归经

肝、胆、胃经。

三、功能主治

（一）《浙江省中药炮制规范》2015年版

清热利湿、凉血止血。用于湿热黄疸，水肿臌胀，疮痈肿毒，风火牙痛，跌打损伤。

（二）《湖南中药饮片炮制规范》2010年版

清热、凉血、解毒。用于感冒高热，湿热黄疸，病毒性肝炎，吐血，鼻衄，菌痢，淋病，肾炎水肿，乳腺炎，疮痈肿毒等。

四、用法用量

（一）《浙江省中药炮制规范》2015年版

15～30g。外用适量捣敷。

（二）《湖南中药饮片炮制规范》2010年版

25～50g，水煎服。外用适量，研粉外敷。

五、注意

脾胃虚弱者忌服。

六、附方

（一）《岭南草药志》治黄疸

山栀根30～60g。煮瘦肉食；治鼻血：山栀根30g，白芍15g。水煎服；治感冒高热：山栀子跟60g，山麻仔根30g，鸭脚树二层皮60g，红花痴头婆根30g。煎服，或加酒少许服；治肾脏性水肿：黄枝子根120g，孵仔母鸡1只。将药根与鸡加水炖烂，去渣食之；治跌打：桃树根、黄枝子根、母鸡木根各60g。水煎服。

（二）《福建药物志》治便血

鲜栀子根30g，黑地榆9g。水煎服。

（三）《闽东本草》治赤白痢疾

栀子根和冰糖炖服。

（四）《草医草药简便验方汇编》治米汤样尿

黄栀子根30g，棉毛旋覆花根30g。加水同瘦猪肉炖服。

（五）《福建药物志》治牙痛

栀子根30g，臭茉莉根、石仙桃各15g。水煎服。

第六节　总结与展望

　　栀子根在福建、湖南、浙江等地方炮制规范中均有收载，由于栀子根在急性及传染性肝炎等疾病方面疗效显著，其药用价值日益受到关注，据不完全统计，含有栀子根的中药处方有20多个，应用较为广泛。当前丽水市人民医院根据多年治疗黄疸型肝炎临床经验研制的山里黄医院制剂，临床疗效显著。栀子根不仅具有较高的药用价值，还可制成护肝保健品、饮料等，具有良好的市场前景。然而栀子根的化学成分、药理作用、临床应用等仍待进一步深入研究，以充分开发利用该资源，促进其产业化发展。

参考文献

[1]　国家药典委员会. 中华人民共和国药典：2015年版一部[S]. 北京：中国医药科技出版社，2018，248.

[2]　南京中医药大学. 中药大辞典[M]. 上海科学技术出版社，2006，3 352-3 356.

[3]　刘淼琴，彭华胜. 栀子种质沿革及历代质量评价[J]. 中华医史杂志，2016，46（5）：259-263.

[4]　胡渊龙. 基于藏象理论的栀子清热功用发微[J]. 中医中药·中西医结合，2017，4（6）：113.

[5]　刘方舟，杨阳，张一颖，等. 栀子药材道地性系统评价与分析[J]. 中国现代中药，2018，20（11）：1 330-1 339.

[6]　张永新，彭斯文，王成华，等. 湖南省道地药材栀子栽培技术规程[J]. 现代农业科技，2016，12：106-109.

[7]　涂任平. 栀子的种植栽培[J]. 现代园艺，2015，12：64-65.

[8]　周早弘. 栀子GAP规范种植技术[J]. 广西农业科学，2006，37（3）：253-255.

[9]　税丕先，熊英，庄元春，等. 栀子的规范化栽培方法[J]. 时珍国医国药，2005，16（12）：1 326-1 327.

[10]　孟祥乐，李红伟，李颜，等. 栀子化学成分及其药理作用研究进展[J]. 中国新药杂志，2011，20（11）：960-967.

[11]　冯美玲. 枸杞子和栀子的化学成分及其生物活性研究[D]. 杭州：浙江工业大学，2013.

[12]　邹毅，周敏. 栀子化学成分及药理作用的研究进展[J]. 江西化工，2019，5：47-48.

[13]　左月明，张忠立，杨雅琴. 栀子化学成分研究[J]. 中药材，2013，36（2）：225-227.

[14]　罗杨婧，左月明，张忠立，等. 栀子化学成分研究（III）[J]. 中药材，2014，37（7）：1 196-1 199.

[15]　于洋，高昊，戴毅，等. 栀子中的木脂素类成分研究[J]. 中草药，2010，4：509-514.

[16]　刘慧，姚蓝，陈建红，等. 栀子不同炮制品中挥发油类成分的GC-MS分析[J]. 中国中药杂志，2015，42（9）：1 732-1 737.

[17]　张忠立，左月明，罗光明. 栀子化学成分研究（II）[J]. 中药材，2013，36（3）：401-403.

[18]　刘电航，左月明，张忠立，等. 栀子化学成分研究（V）[J]. 中国实验方剂学杂志，2016，22（7）：46-48.

[19]　刘电航，左月明，张忠立，等. 栀子化学成分研究（VI）[J]. 中药材，2017，40（3）：596-599.

[20] 程科军，李水福. 整合畲药学研究[M]. 北京：科学出版社，2017，145-147.

[21] 王亭. 中药栀子有效成分及药理作用的研究进展[J]. 中国药师，2015，18（10）：1 782-1 784.

[22] 周淑娟，李强，刘卫红，等. 栀子苷对大鼠肝指数、肝功能及肝脏微粒体中CYP3A2的影响[J]. 中医研究，2010，23（3）：20-22.

[23] 吕辰子，张晓燕，王勃，等. 栀子炮制的现代研究进展[J]. 药物评价研究，2019，42（6）：1 245-1 249.

[24] 付小梅，赖学文，葛非，等. 中药栀子类药材资源调查和商品药材鉴定[J]. 中国野生植物资源，2002，21（5）：23-25.

[25] 陈雅林. 栀子属资源概况及栀子本草学研究[D]. 北京：北京协和医学院，2018.

[26] 杨阳. 中药栀子与水栀的辨识及思考[J]. 时珍国医国药，2004，15（5）：285.

[27] 冯成强，张义玲，张文生，等. 栀子及其混淆品水栀子的蛋白高效毛细管电泳法鉴别[J]. 北京中医药大学学报，2006，29（5）：347-349.

[28] 黄易，唐灿，傅俊江，等. 栀子及其近缘茜草科植物、混伪品的rDNA-ITS2序列分析[J]. 药物分析杂志，2015，35（10）：1 709-1 715.

[29] 吴亚超，杨文静，张磊，等. 栀子中栀子苷等7个化学成分测定及质量评价[J]. 中国药学杂志，2016，51（10）：841-847.

[30] 嘎拉沁·满都拉，上井幸司，汤口实，等. 栀子不同部位中活性成分的含量测定[J]. 医学信息，2014，27（4）：47-48.

[31] 李云，吴建雄，石伟，等. HPLC同时测定栀子药材中两类活性成分[J]. 世界科学技术——中医药现代化，2015，11：2 229-2 234.

[32] 林绍霞，张清海，席培宇. 一测多评法同时测定栀子中6种成分[J]. 中药材，2015，38（3）：531-535.

[33] 付小梅，孙菡，刘婧，等. 基于聚类分析和主成分分析的栀子指纹图谱研究[J]. 中草药，49（19）：4 653-4 661.

[34] 廖夫生，韦国兵. 栀子中总糖的含量测定研究[J]. 广州化工，2012，40（24）：116-117.

[35] 陈亮，林培玲，丁春花，等. 栀子绿原酸含量的紫外-分光光度法测定[J]. 福建中医药大学学报，2013，23（5）：36-37.

[36] 刘昊，芦乾，宋伟. 栀子药材中总绿原酸含量的紫外测定方法学研究[J]. 时珍国医国药，2012，23（12）：2 997-2 998.

[37] 付克，王书妍，包玉敏. 栀子中黄酮类化合物的提取和含量测定[J]. 内蒙古民族大学学报（自然科学版）：2012，27（5）：530-532.

[38] 王雷琛，王秀鑫，汪硕闻. 用二阶导数光谱法测定栀子中总环烯醚萜苷的含量[J]. 药学服务与研究，2010（3）：205-207.

[39] 贺鹏，罗旭璐，阙欢. 3种栀子中栀子黄色价、栀子苷及总皂苷含量比较[J]. 江苏农业科学，2014（8）：287-288，289.

[40] 李兆星，申洁，毕武，等. 中国栀子属植物资源及利用研究进展[J]. 中药材，2017，40（2）：498-503.

[41] 浙江省食品药品监督管理局. 浙江省中药炮制规范2015年版[S]. 北京：中国医药科技出版社，2016，65-66.

[42] 王雪芬，陈家源，张贵岭，等. 栀子茎和根化学成分的研究[J]. 中药通报，1986，11（10）：44-45.

[43] 曹百一，刘润祥，王晶，等. 栀子根化学成分的分离与鉴定[J]. 沈阳药科大学学报，2011，28（10）：784-787.

[44] 施湘君，王海宁，占扎君，等. 畲药山里黄根的苷类成分研究[J]. 浙江工业大学学报，2010，38（2）：142-144.

[45] 王斌，杨彬，穆鑫，等. 栀子根挥发油的成分分析[J]. 化学与生物工程，2011（8）：84-87.

[46] 苏志坚，黄智锋. 栀子根临床应用研究进展[J]. 光明中医，2016，31（10）：1 491-1 493.

[47] 黄思斯，黄真，汪小玉. 畲药山里黄根水提液对CCl₄所致小鼠急性肝损伤的保护作用[J]. 浙江中医杂志，2015，50（10）：774-775.

[48] 傅跃青，俞忠明，单云岗. 畲药山里黄根水提液对CCl₄体外诱导L-02

肝损伤作用有效部位筛选[J]. 浙江中西医结合杂志，2018，28（2）：146-149.

[49] 王伟影，毛菊华，余华丽，等. 畲药山里黄根中竹节参皂苷Ⅳa的含量测定[J]. 中国药师，2015，18（9）：1 606-1 607.

[50] 王伟影，毛菊华，陈张金，等. 畲药山里黄根的质量标准研究[J]. 药物分析杂志，2015，35（6）：1 105-1 109.

[51] 李红，蒋孟良，蒋晓煌. 栀子根最佳产地与最佳部位的优选[J]. 中国中医药信息杂志，2013，20（7）：66-68.

[52] 伍城颖，汪文涛，邹龙，等. 高效液相色谱法测定栀子根中齐墩果酸的含量[J]. 药物鉴定，2008，17（11）：24-25.

[53] 毛燕，曹华茹，黄必恒. 栀子根糖类化合物水提法提取条件研究[J]. 浙江林业科技，2006，26（4）：42-45.

白山毛桃根

第二辑

BaiShanMaoTaoGen

白山毛桃根 | BaiShanMaoTaoGen
Radix Actnidiae Erianthae

本品为猕猴桃科猕猴桃属植物毛花猕猴桃（*Actinidia eriantha Benth.*）的干燥根。别名：白藤梨根。毛花猕猴桃别名：毛花杨桃、白藤梨、白毛桃、毛阳桃、毛冬瓜、毛狗卵、白洋桃、白葡萄、毛卵、白毛卵、生毛藤梨等。

第一节 本草考证与历史沿革

一、本草考证

《中国畲药学》记载，毛花猕猴桃可"治胃癌，肠癌，肝硬化腹水，慢性肝炎，白血病，脱肛，疝气，子宫脱垂，疔疮"。《浙南本草新编（续编）》记载，毛花猕猴桃可"清热解毒，舒筋活络，补肾益气。治无名肿毒，腹股沟淋巴结炎，疝气，跌打损伤"。《浙江民间常用草药》记载，毛花猕猴桃可"清热解毒，舒筋活血，补肾益气。治全身疮疖，皮炎，无名肿毒，腹股沟淋巴结炎，疝气，跌打损伤"。《福建中草药》记载，毛花猕猴桃可"治肺热失音，大头瘟，湿热带下，石淋，白浊，乳痈，胃癌，鼻癌，乳癌"。《全国中草药汇编》记载，毛花猕猴桃"果：调中理气，生津润燥，解热除烦，用于消化不良，食欲不振，呕吐，烧烫伤；根、根皮：清热解毒，活血消肿，祛风利湿，用于风湿性关节炎，跌打损伤，丝虫病，肝炎，痢疾，淋巴结结核，痈疖肿毒，癌症"。此外，《湖南药物志》《闽东本草》《食疗本草》《开宝本草》，以及崔禹锡的《食经》等论著也对毛花猕猴桃有所记载。

二、历史沿革

毛花猕猴桃属半阳性植物，浙西南地区野生毛花猕猴桃主要分布在海拔为150～1 600m，多生长于上层林木较疏半阴半阳的灌木丛中；对土壤要求不甚严，其分布区的土壤多数为由页岩或沙岩发育而成的红壤和黄壤，土壤质地较疏松，表土层具有较厚的腐殖质土，有机质含量较丰富，pH值为4.5～5.5；对温度的适应范围较广，一般在年平均气温为9.2～17.4℃，极端最高气温42.6℃，极端最低气温-27.4℃的条件下都能正常生长发育。伴生植物主要有马尾松、杉、山胡椒、盐肤木、葛藤、木通、青岗栗、油茶、见风消、鸭脚木等，这些植物给猕猴桃创造了适宜的荫蔽环境，构成猕猴桃的天然棚架[1, 2]。浙西南地区属亚热带季风气候区，境内峦峰重叠，地形复杂，雨量充沛，生态环境多样，适宜毛花猕猴桃的生长发育。毛花猕猴桃扦插时，苗床选择细沙：蛭石：珍珠岩为1：1：3比例混合基质，基质厚度为35cm，生根粉浸泡时间为5min，生根粉浓度显著影响生根效果，以浓度为6g/kg时扦插效果最好，生根率达到了95%。野生毛花猕猴桃不同株系间农艺性状存在较大差异，优良株系筛选试验表明萌蘖能力强，茎干粗壮，农艺性状表现良好[3]。

第二节 植物形态与分布

一、植物形态[4]

毛花猕猴桃为野生落叶藤本植物。幼枝及叶柄密生灰白色或灰褐色绒毛，老枝无毛。叶对生，厚纸质，矩圆形至圆形，基部圆截形至圆楔形，极少近心形，老时上面仅沿叶脉有疏毛。下面密生灰白色或灰褐色星状绒毛。花淡红色，2~3朵成聚伞花序；萼片常为2片，连同花柄密生灰白色绒毛；花瓣5~6瓣，雄蕊多数；花柱丝状，多数。果实表面密生灰白色长绒毛，果肉细嫩多汁，酸甜适宜，维生素C含量高。

二、分布

毛花猕猴桃主要分布于浙江、福建、安徽、湖北、湖南、广东、广西、贵州等省区。生于海拔250~1 000m山地上的高草灌木丛或灌木丛林中。

第三节　栽　培

一、生态环境条件

毛花猕猴桃长势较强，抗逆性、抗病虫害性较强，适应性广，适合在年平均温12~13℃，有效积温4 500~5 200℃，无霜期210~290d的地区发展。毛花猕猴桃幼苗定植后留4~5个饱满芽定干，萌发后选1~2个让其向上生长，并搭架牵引，逐步形成"1主干2主蔓"基本树形。该树种栽后第二年挂果，第三年投产。

二、苗木繁育

毛花猕猴桃可通过种子播种、扦插（包括硬枝扦插、嫩枝扦插和根插）、压条和嫁接等方法进行繁育。在生产实践中，应根据现有生产条件，以及对技术的掌握程度，因时因地采用适宜的繁育方式繁育高品质苗木[5]。

三、栽培管理

（一）施肥管理

毛花猕猴桃施肥管理遵循基肥和追肥相结合的原则。秋施基肥，在树盘周围开环状施肥沟，施入有机肥、化肥，覆土，浇水。春季萌芽前追施萌芽肥，以速效肥为主；果实膨大期追施壮果肥。

（二）整形修剪

休眠期修剪以培养幼树树形，更新成年树结果枝组为主要目的，通过短截、回缩等方式合理配置结果枝组，一般1个主蔓上留4个侧枝。生长季修剪主要通过抹芽、疏枝、摘心等方式控制徒长枝，疏除无用枝。

（三）病虫害管理

毛花猕猴桃抗病虫能力较强，但随着人工栽培的不断规模化，病虫害也相对较多，常见的病虫害主要有：根腐病、溃疡病、褐斑病、炭疽病、灰霉病、叶蝉、东方小薪甲、蝽象及叶螨等。病虫害防治应遵循"预防为主，综合防治"的原则，物理防治与化学防治相结合，采用低毒低残留的农药，并尽量减少施药次数。

四、采收加工

毛花猕猴桃根入药。全年可采挖，洗净，晒干，切片或鲜用。

第四节　化学成分

白山毛桃根主要成分为三萜类、黄酮类、甾醇、糖类、微量元素、挥发油、木脂素等化合物[6]。黄初升[7]最先于1988年以毛花猕猴桃根为材料，分离提取出6种化学成分，分别为β-谷甾醇、胡萝卜苷、熊果酸、2α，3α，24-三羟基-12-烯-28-熊果酸、毛花猕猴桃酸A（24-乙酰氧基-2α，3α-二羟基-12-烯-28-熊果酸）、毛花猕猴桃酸B（2β，3β，23-三羟基-12-烯-28-熊果酸），其中后两种化合物为两种新的三萜类化合物。此后，又从毛花猕猴桃根中分离出二十四碳酸、葡萄糖，以及一个新三萜类化合物2α，3β，24-三羟基-12-烯-28-熊果酸[8]。1997年，白素平[9]又从毛花猕猴桃根中分离得到3个三萜类化合物，分别为2β，3β-二羟基23-氧代-12-烯-28-熊果酸（一种新的三萜类化合物）、2α，3β，23-三羟基-12-烯-28-熊果酸、2β，3β-二羟基-12-烯-26-熊果酸。同时他还对毛花猕猴桃的地上部分进行研究[10]，并首次从其地上部分分离得到毛花猕猴桃酸B（2β，3β，23-三羟基-12-烯-28-熊果酸）、2α，3β，24-三羟基-12-烯-28-熊果酸、熊果酸、β-谷甾醇、β-胡萝卜苷。此外，在糖类化合物的研究中，Boldingh[11]以毛花猕猴桃的叶、根为材料，分离出半乳糖、葡萄糖和甘露聚糖，且其比例为1∶2∶2；Xu[12]从毛花猕猴桃的根中分离出AEPA、AEPB、AEPC、AEPD4种多糖成分，它们均由半乳糖、阿拉伯糖和海藻糖构成，只是比例不同。郭维对毛冬瓜根挥发油进行分离分析，其主要挥发性成分中含有烃类（22.26%）、醛酮类（8.52%）、醇类（45.38%）、酚类（1.08%）、羧酸类（7.69%）、酯类（7.18%）、杂环类（2.72%）和环氧类（3.39%）等8大类。在主要成分中以萜类化合物为主（62.20%），包括5种单萜（5.29%）和17种倍半萜（56.91%）[13]。

第五节　药理与毒理

一、药理作用

白山毛桃根具有三萜类、糖类，以及类胡萝卜素、β-谷甾醇等多种化合物，其药理活性被广泛研究。研究表明，白山毛桃根具有抗肿瘤、增强免疫、抗氧化等活性[14]。

（一）抗肿瘤作用

王晓明等[15]使用系统溶剂法对毛花猕桃的根和叶的80%甲醇微波提取物进行初步分离，应用MTT比色法测定其不同溶剂的提取部位对肝癌细胞株SMMC-7721的生长抑制作用，结果表明，氯仿提取物和乙酸乙酯提取物表现出显著的抑制作用，其IC_{50}分别为221.82μg/mL和563.64μg/mL；郑燕枝[16]以人结肠癌细胞（RKO）、肝癌细胞（HepG2）和胃癌细胞（MGC-803、SGC-7901）4种人肿瘤细胞为实验模型，采用MTT法研究了其乙醇总提物及其4个不同极性的抗肿瘤活性部位，结果表明，其抗肿瘤活性部位为乙酸乙酯部位（EE-AER），且其对胃癌细胞SGC-7901抑制活性最强；王水英等[17]研究白山毛桃根提取物对人红白血病K562细胞增殖的抑制作用及其可能的作用机制，结果表明，白山毛桃根提取物能抑制K562细胞增殖和诱导细胞凋亡；林水花等[18]用毛花猕猴桃根、茎、叶不同部位提取液对胃癌细胞SGC-7901、乳腺癌细胞MCF-7、鼻咽癌细胞CNE2开展研究，结果表明、毛花猕猴桃地上各部分提取物对三种肿瘤细胞无明显的抑制作用，但其根部提取液对胃癌细胞SGC-7901和鼻咽癌细胞CNE2具有明显的抑制作用，且其乙酸乙酯部位抗肿瘤活性最强；王水英等[19]研究毛花猕猴桃根对黑色素瘤M21细胞增殖的影响，结果表明，该提取物可以抑制M21细胞的增殖、侵袭迁移能力；唐霖等[20]对白山毛桃根的乙酸乙酯、正丁醇和水层萃取物进行脑胶质瘤细胞抑制活性研究发现，乙酸乙酯萃取物的抑制活性最佳。再采用高效液相色谱法对乙酸乙酯萃取物的化学成分进行分析，发现2α，3α，24-三羟基-12-烯-28-乌苏酸为该部位的主要化合物，药理实验验证该化合物具有较好的抗脑胶质瘤细胞活性，细胞实验结果证明，制成纳米胶束可以显著提高其对脑胶质瘤细胞的抑制作用。

（二）增强免疫作用

Xu等[21]研究毛花猕猴桃水溶性总糖（AEP）及纯化后的四种多糖（AEPA、AEPB、AEPC、AEPD）的抗肿瘤和免疫调剂作用，结果表明，这些多糖不仅能显著抑制小鼠移植性肿瘤的生长，还能明显促进肿瘤小鼠脾细胞增殖，提高脾细胞中IL-2和IFN-γ的水平，增强自然杀伤细胞（NK）和细胞毒素T淋巴细胞（CTL）的活性。而且，他们还发现从毛花猕猴桃根中提取的水溶性多糖具有很强的提高细胞免疫和体液免疫反应的能力、引起Th1/Th2应激反应的平衡。此外，林少琴等[22]研究发现，毛花猕猴桃根的粗提物可以增强小鼠巨噬细胞的吞噬功能，在药物毒性剂量下，粗提物的功效与其用量成正比。

（三）抗氧化活性

Du等[23]采用多种实验（DPPH、ABTS、ORAC、FRAP、SASR和MCC）对8种猕猴桃属果实的抗氧化能力进行评价，结果表明，与栽培的中华猕猴桃和美味猕猴桃相比，野生的毛花猕猴桃和阔叶猕猴桃果实具有较强的抗氧化能力，且抗氧化能力与其所含多酚类化合物和维生素C的量呈正相关。

二、毒理

暂未查询到相关文献报道其安全性。

第六节　质量体系

一、标准收载情况

毛花猕猴桃根是2005年版《浙江省中药炮制规范》首次收录的11种畲族习用药材之一，后又被收载于2015年版《浙江省中药炮制规范》。

二、药材性状[4]

毛花猕猴桃根圆柱形，长短粗细不一。表面红棕色至紫褐色，凸凹不平，在弯曲处常有横向裂纹和浅陷横沟而略呈结节状。质坚韧，不易折断，断面柴性，皮部红棕色，可见白色结晶物，近皮部的木质部浅棕色，具较多白色结晶物，其他部位的木质部淡红色，导管孔明显，散生有白色结晶物。

三、炮制

取白山毛桃根，润软，切厚片，干燥。

四、饮片性状[24]

白山毛桃根为圆形厚片，直径0.5~7cm。表面红棕色至紫褐色，凹凸不平，有纵向沟纹。切面浅棕色，导管孔明显，皮部与木部交界处可见白色结晶状物。质轻而韧，不易折断，断面柴性，气微，味微涩。

五、有效性、安全性的质量控制

经研究表明，可通过鉴别（粉末显微特征、化学反应）、检查（水分、灰分）、浸出物对白山毛桃根的质量进行全面的控制。

（一）鉴别

1.白山毛桃根的粉末显微特征

白山毛桃根粉末黄褐色。草酸钙针晶较多，长20~200μm。石细胞较多，单个或数个存在，壁厚层纹明显，多数呈类方形，少数呈不规则形。木栓细胞较多，多呈类长方形或多角形。导管较大，多破碎，为具缘纹孔导管。淀粉粒较多，单粒多呈圆球形，脐点点状直径2~25μm；复粒由2~8个分粒组成。

2.白山毛桃根的理化鉴别

白山毛桃根粉末的理化鉴别，参考藤梨根《上海市中药材标准》（1994年版），取粉末0.2g于试管中，加2%氢氧化钠溶液5mL，振摇，取滤液（或离心，取上清液），溶液显棕红色至深红色，在此溶液中滴加5%盐酸溶液，使溶液成酸性，溶液颜色变为黄色至橙色。

（二）检查

水分不得过12.0%（《中国药典》水分测定法烘干法）。

总灰分不得过4.0%（《中国药典》灰色测定法总灰分测定法）。

浸出物按《中国药典》醇溶性浸出物测定法项下的热浸法检查。用70%乙醇作溶剂，将浸出物的限定度定为应不得少于14.0%。

（三）含量测定

白山毛桃根首次以畲药收载在2005年版《浙江省中药炮制规范》中，注明为"畲族习用药材"，但仅收载品种，无具体检验项目[25]。2017年，余乐等[26]选择能反映毛花猕猴桃根药物性质与质量情况的三萜和黄酮做为白山毛桃根的指标性成分测定其含量，建议其含量测定的标准按干燥品计算，含总黄酮以无水芦丁（$C_{27}H_{30}O_{16}$）以及含总三帖以熊果酸（$C_{30}H_{48}O_3$）计，均应不得少于1.0%。

六、质量评价

白山毛桃根及同属植物的品种鉴定

我国是猕猴桃属植物的故乡，早在两千多年前的《尔雅》一书中即有记载，唐《本草拾遗》、宋《本草衍义》及明《本草纲目》中也有猕猴桃属植物作药用的记载。目前猕猴桃属植物主要有中华猕猴桃（*Actinidia chinensis* Planch.）、毛花猕猴桃（*Actinidia erantha* Benth.）、对萼猕猴桃（*Actinidia valvata* Dunn）、大籽猕猴桃（*Actinidia macrosperma* C. F. Liang）、美味猕猴桃（*Actinidia deliciosa*（A. Chev.）C. F. Liang et A. R. Ferguson）、软枣猕猴桃（*Actinidia arguta*（Sieb. & Zucc）Planch. ex Miq.）、葛枣猕猴

桃（*Actinidia polygama*（Sieb. et Zucc.）Maxim.）、长叶猕猴桃（*Actinidia hemsleyana* Dunn）、异色猕猴桃（*Actinidia callosa Lindl.* var. *discolor* C.F.Liang）等品种[27, 28]。其中仅有中华猕猴桃（藤梨根）、对萼猕猴桃和大籽猕猴桃（猫人参）及毛花猕猴桃（白山毛桃根）的根及根茎作药用。

原植物性状：

（1）毛花猕猴桃。落叶缠绕木质藤本，长达10m。小枝密生灰白色绒毛，后变无毛，皮孔明显，髓白色，片状。叶对生，广椭圆形至卵状椭圆形，基部圆截形长7～16cm，顶端渐尖，或钝至短尖，基部近圆形，边缘有细尖锯齿，两面被灰白色星状绒毛。叶柄粗壮，被毛，长1.5～3.5cm。雌雄异株或杂性；花淡红色，腋生2～3朵成聚伞花序。花瓣5～6，雄蕊多数，花药黄色；花柱和柱头多数，放射状。浆果蚕茧状，长约3.5cm，表面密被灰白绒毛。花期4—6月，果期8—9月。

（2）中华猕猴桃。落叶性缠绕藤本，茎长达20m，幼枝和叶背面密生柔毛；枝条具白色片状髓。叶纸质，圆形、卵圆形或倒卵形，互生，长6～17cm，宽7～15cm，先端突尖、微凹或平截，叶缘有刺毛状细齿。雌雄异株，聚伞花序腋生，有花1～3朵；花乳白色，后变黄色，直径3.5～5cm。浆果，卵形、椭圆形或近圆形，长4～6cm，有棕色绒毛。花期5—6月，果期8—10月。

（3）对萼猕猴桃。中型落叶藤本植物；着花小枝淡绿色，长可达15cm，皮孔很不显著；隔年枝灰绿色，皮孔较显著；髓白色，实心。叶近膜质，叶片阔卵形至长卵形，顶端渐尖至浑圆形，基部阔楔形至截圆形，两侧稍不对称；边缘有细锯齿，腹面绿色，背面稍淡，两面均无毛，叶脉不很发达，叶柄水红色，无毛，苞片钻形，花白色，萼片卵形至长方卵形，两面均无毛或外面的中间部分略被微茸毛；花瓣长方倒卵形，花丝丝状，长约5mm，花药橙黄色，条状矩圆形，子房瓶状，洁净无毛，花柱比子房稍长。果成熟时橙黄色，卵珠状，稍偏肿，无斑点，顶端有尖喙，基部有反折的宿存萼片。

（4）大籽猕猴桃。中小型落叶藤本或灌木状藤本；着花小枝淡绿色，长可达20cm，无毛或下部薄被锈褐色小腺毛，叶腋上偶见花柄萎断后残存的刺状遗体；芽无毛；隔年枝绿褐色，皮孔小且稀，仅仅可见；髓白色，实心。叶幼时膜质，老时近革质，叶片卵形或椭圆形，顶端渐尖、急尖至浑圆形，基部阔楔形至圆形，两侧对称或稍不对称，边缘有斜锯齿或圆锯齿，老时或近全缘腹面绿色，无毛；背面浅绿色，脉腋上或有髯毛，中脉上或有短小软刺，叶脉不发达，无毛。花常单生，白色，芳香，苞片披针形或条形，边缘有若干腺状毛；萼片卵形至长卵形，顶端有喙，绿色，两面均洁净无毛；花丝丝状，花药黄色，卵形箭头状，子房瓶状，无毛，花柱长约5mm。果成熟时橘黄色，卵圆形或球圆形，果皮上无斑点，种子粒大。5月中旬开花，10月上中旬结果。

第七节　临床应用指南

一、性味与归经

毛花猕猴桃根：寒，淡、微辛；毛花猕猴桃叶：寒，微苦、微辛。归肝、大肠、胃经。

二、功能主治

毛花猕猴桃根：解毒消肿，清热利湿，用于热毒痈肿，乳痈，肺热失音，湿热痢疾，淋浊，带下，风湿痹，胃癌，食道癌。根皮外用治跌打损伤。

毛花猕猴桃叶：解毒消肿，祛瘀止痛，止血敛疮，用于痈疽肿毒，乳痈，跌打损伤，骨折，刀伤，冻疮溃破。

三、用法用量

水煎服：30～60g；外用适量捣敷。

四、注意事项

《浙江民间常用草药》记载毛花猕猴桃果实含糖10%。

五、附方

（一）浙江丽水药物志附方如下[29]

（1）治胃癌、肠癌。白山毛桃根50g，半枝莲25g，自花蛇舌草25g，三尖杉10g，铁丁角30g，七叶一枝花25～30g，花菇草（香菇）50g，水煎服。

（2）治子宫脱垂。白山毛桃根250g，老虎爪根120g，猪大肠头1节。炖1h，食大肠及汤。

（3）治疔疮。白山毛桃根皮、泡桐叶等量。共研成细粉，与酒糟混匀；用茶叶包好，放入火中炙烤，外敷。

（二）《浙江民间常用草药》附方如下[30]

（1）无名肿毒。鲜根适量，捣烂或加烧酒捣烂敷患处。

（2）腹股沟淋巴结炎。根捣烂，拌酒糟煨热外敷患处，每日一次。

（3）疝气。根一两，荔枝二两，鸡蛋两只，加烧酒一杯，水煎，食蛋和汁。

（4）跌打损伤。根皮捣烂外敷包扎。另取根四至八两，水煎服。

（5）全身疔疮、皮炎。根四至五两，加猪肉适量同煮食。

（三）《福建中草药》附方如下

（1）治肺热失音。毛花杨桃鲜根1两。水煎，调冰糖服。

（2）治湿热带下、石淋、白浊。毛花杨桃鲜根、野苎麻鲜根各1~2两。水煎服。

（3）治大头瘟（颜面丹毒）。毛花杨桃鲜根，用第二次米泔水磨浓汁涂患处。

（4）治乳痈。毛花杨桃鲜叶，加酒槽、红糖各少许，捣烂热敷患处。

（5）治胃癌、鼻咽癌、乳癌。毛花杨桃鲜根2两5钱，水煎服，15~20d为一疗程，休息几天后再服，连服4个疗程。

（四）《湖南药物志》附方如下

治食欲不振，消化不良：猕猴桃干果2两。水煎服。

（五）《闽东本草》附方如下

治偏坠：猕猴桃1两，金柑根3钱。水煎去渣，冲入烧酒2两，分2次内服。

第八节　丽水资源利用与开发

一、资源蕴藏情况

毛花猕猴桃自然分布较广，丽水各县市地区的山区阴湿地带均有分布。毛花猕猴桃果实可食；叶可饲猪；枝条浸出液含胶质可供造纸业作调浆剂，并可用于建筑方面与水泥、石灰、黄泥、沙子等混合使用，有加固作用，用以铺筑路面、晒坪和涂封瓦檐屋脊；根部可作杀虫农药；花是很好的蜜源；许多种类的枝、叶、花、果都十分美观，又适宜栽植于绿化园地作观赏植物。

二、基地建设情况

开展丽水特色中药材优良品种毛花猕猴桃优良新品种的选育和引进；加快中药材种苗快繁技术的研究与应用，为中药材种子种苗业的发展提供技术支撑。加强畲族民间药材毛花猕猴桃有效成分测定方法研究及产地药材质量监测与评价，重点加强药材前期加工技术及现代药材仓储技术的研究，支持产学研用协同创新，围绕大健康产业，开展产地药材有效成分提取、养生食品、中药产品等精深加工产品的研发与生产。

庆元县猕猴桃公司，利用猕猴桃150t，生产猕猴桃饮料3 000t，产值高达3 000多万元。毛花猕猴桃中药材资源的开发，不仅为山区农民增加收入开辟了一条重要门路，也为山区经济发展做出了应有的贡献。丽水市根据自身情况，以部分特色珍稀药材毛花猕猴桃的生境、分布、资源现状为基础，建立小型药用植物原生地保护区或限制采集区，为本地区野生珍稀药材留下避难所。

丽水市太山白猕猴桃专业合作社，坐落于莲都区仙渡乡太山自然村，距离丽水市区20km，现有栽培面积60余亩，是目前为止丽水种植白猕猴桃面积最大的一家，除销售白猕猴桃果实外，还开发了白猕猴桃果酒、花茶和叶茶等产品。

三、产品开发前景

目前，白山毛桃根的人工育苗已取得成功，能实现人工栽培。朱波等[31]通过多年毛花猕猴桃种植生产及研究，总结了毛花猕猴桃高效优质栽培所需最佳环境、栽培技术要点、主要病虫害及其防治、果实与药材采收、包装、贮藏与运输等，为毛花猕猴桃的种植与管理提供理论依据。毛花猕猴桃作为一种药食两用的植物，果实营养极为丰富，除含有普通水果富含的糖与酸外，维生素C的含量很高，并含有多种氨基酸与钙、镁、铁、锌等多种人体必需的矿物质[32, 33]；其根又是畲族民间常见用药，具有抗肿瘤、增强免疫力、抗氧化等药理作用，农村民间平时泡酒强筋骨、祛风湿、增体质、抗肿瘤应用普遍，丽水市中医院在肿瘤科病人用的很多，是亟待开发成治疗肿瘤的新型天然药物，因此发展前景十分可观。

第九节　总结与展望

　　猕猴桃属植物在我国有很长的药用历史，其中，毛花猕猴桃是畲族民间常见用药之一。随着毛花猕猴桃相关研究的不断深入，其药理作用逐渐被广泛认识，人们的关注度也不断提高。白山毛桃根具有抗肿瘤、增强免疫力、抗氧化等药理作用，有望被开发为一种治疗肿瘤等疾病的天然药物。但当前相关的临床使用和产品仍不是很多，需要展开进一步的研究开发。

参考文献

[1]　甘长飞. 浙江西南部野生猕猴桃资源调查[J]. 浙江农业科学，1983（1）：37-39.

[2]　黄正福，李瑞高，黄陈光，等. 毛花猕猴桃资源及其生态学特性[J]. 中国种业，1985（3）：2-3.

[3]　朱波，华金渭，吉庆勇，等. 毛花猕猴桃生物学特性与优良株系初选[J]. 浙江农业科学，2013（1）：32-34.

[4]　程科军，李水福. 整合畲药学研究[M]. 北京：科学出版社，2017：120-122.

[5]　蓝金珠. 毛花猕猴桃种苗繁育技术[J]. 现代农业科技，2014，6：122-125.

[6]　朱美晓，鄢连和，吴婷，等. 浙江地方标准收载的畲族特有品种研究现状[J]. 中国药业，2013，22（9）：5.

[7]　黄初升. 毛花猕猴桃根中的两个新三萜化合物[J]. 云南植物研究，1988，10（1）：93-100.

[8]　黄初升. 毛花猕猴桃根中的一个新三萜化合物[J]. 天然产物研究与开发，1992，4（3）：27-30.

[9]　白素平. 毛花猕猴桃三萜化学成分的研究[J]. 天然产物研究与开发，1997，9（1）：15-18.

[10] 白素平. 毛花猕猴桃地上部分化学成分的研究[J]. 中草药，1997，28（2）：69-72.

[11] Boldingh H. Seasonal concentrations of non-structural carbohydrates of five Actinidia speciesin fruit，leaf and fine root tissue[J]. Ann Bot，2000，85（4）：469-476.

[12] Xu H S. Chemical composition and antitumor activity of different polysacchairdes from the roots of Actinidia eriantha[J]. Carbohydr Polym，2009，78（2）：316-322.

[13] 郭维，范玉兰，郑绿茵，等. 毛冬瓜根挥发油化学成分分析[J]. 广西植物，2009，29（4）：564-566.

[14] 雷后兴. 畲药白山毛桃根的药理及应用研究[J]. 浙江中医杂志，2014，49（2）：146-148.

[15] 王晓明，杨祖立，施意，等. 毛冬瓜对肝癌细胞株SMMC-7721的抑制作用[J]. 浙江理工大学学报，2011，28（4）：606-610.

[16] 郑燕枝. 毛花猕猴桃根化学组分提取工艺及抗胃癌活性研究[D]. 福州：福建中医药大学，2013.

[17] 王水英，程晓东. 白山毛桃根提取物对人红白血病K562细胞作用研究[J]. 疑难病杂志，2013，12（5）：368-370.

[18] 林水花，吴建国，谢通，等. 毛花猕猴桃不同部位的抗肿瘤活性比较[J]. 福建中医药大学学报，2013，23（1）：46-47.

[19] 王水英，孙宇，金慧，等. 白山毛桃根提取物抑制黑色素瘤M21细胞增殖作用及其机制研究[J]. 辽宁中医杂志，2013，40（10）：2 101-2 104.

[20] 唐霖，蒋振奇，李娟，等. 白山毛桃根抗脑胶质瘤活性成分及其纳米胶束的制备[J]. 高等学校化学学报，2019，40（3），468-472.

[21] Xu H S，Yao L，Sun H X，et al. Chemical composition and antiumor activity of different polysacchairdes from the roots of Actinidia eriantha[J]. Carbohydr Polym，2009，78：316-322.

[22] 林少琴，余萍，朱苏闽，等. 毛花猕猴桃根粗提物抗癌效应及对小鼠免疫功能影响的初步研究[J]. 福建师范大学学报（自然科学版），

1987，3（2）：108-110.

[23] Du G R，Li M J，Ma F W，et al. Antioxidant capacity and the relationship with polyphenol and Vitamin C inActinidia fruits[J]. Food Chem，2009，113（2）：557-562.

[24] 浙江省食品药品监督管理局. 浙江省中药炮制规范[M]. 北京：中国医药科技出版社，2015：28-29.

[25] 浙江省食品药品监督管理局. 浙江省中药炮制规范[M]. 杭州：浙江科学技术出版社，2005：310-311.

[26] 余乐，陈张金，王伟影，等. 畲药白山毛桃根的质量标准研究[J]. 中华中医药学刊，2017，35（3）：652-655.

[27] 廖光联，陈璐，钟敏，等.88个猕猴桃品种（系）及近缘野生种的倍性变异分析[J]. 江西农业大学学报，2018，40（4）：689-698.

[28] 罗汉中. 毛花猕猴桃根治疗子宫体腺癌术后阴道出血一例[J]. 福建中医药，1985（1）：58.

[29] 程文亮，李建良，何伯伟，等. 浙江丽水药物志[M]. 北京：中国农业科学技术出版社，2014：409.

[30] 浙江省卫生局. 浙江民间常用草药[M]. 杭州：浙江人民出版社，1972：178-179.

[31] 朱波，华金渭，程文亮，等. 药食两用植物毛花猕猴桃高效优质栽培技术[J]. 内蒙古农业科技，2015，43（4）：84-87.

[32] 钟彩虹，张鹏，姜正旺，等. 中华猕猴桃和毛花猕猴桃果实碳水化合物及维生素C的动态变化研究[J]. 植物科学学报，2011，29（3）：370-376.

[33] 汤佳乐，黄春辉，吴寒，等. 野生毛花猕猴桃果实表型性状及SSR遗传多样性分析[J]. 园艺学报，2014，41（6）：1 198-1 206.

缙云县

缙云县位于浙江省南部腹地、丽水地区东北部，东临仙居县，东南靠永嘉县，南连青田县，西接丽水市，西北界武义县，东北依磐安县，北与永康市毗邻。东西宽54.6km，南北长59.9km，县界全长304.4km。总面积1 503.52km²。地貌类型分中心、低山、丘陵、谷地四类，其中山地、丘陵约占全县总面积的80%。地势自东向西倾斜。由于地势起伏升降大，气温差异明显，具有"一山四季，山前分明山后不同天"的垂直立体气候特征。

缙云县全县总人口47万人，全境属中亚热带气候区，四季分明，温暖湿润，日照充足。全县森林总蓄积量282万m³，森林覆盖率75.1%。县内水资源丰富，主要有好溪、新建溪、永安溪三条。缙云每年达到Ⅰ级空气质量的天数超过50%，其他绝大部分时间空气质量超过二级标准，生态环境质量居全国第34位。

缙云是国家级生态县、国家级生态示范区，是首批"两美"浙江特色体验地，中医药种植历史悠久，全县药用动植物、矿物资源1 523种，其中植物药1 387种、动物药128种、矿物药8种，发现新资源绞股蓝、三尖杉、隔山香、落新妇等41种。立足生态优势，缙云按照"着力发展药食同源品种，稳定发展道地药材品种，引导发展药旅融合"的思路，坚持"生态高效、道地优质"原则，重点培育效益高、示范效果好、道地性强的中药材基地和以养生为主题的中药材园。中药材主要品种以覆盆子、西红花、浙贝母、元胡、米仁、铁皮石斛、白芍、白术等为主，总面积2.85万亩，年产量3 000t以上，产值超1亿元。本章主要介绍活血功效最佳的黄金花柱——西红花。

西红花

XiHongHua

西红花 | XiHongHua
CROCI STIGMA

本品为鸢尾科植物番红花*Crocus sativus*的干燥柱头。别名番红花、藏红花。

第一节　本草考证与历史沿革

一、本草考证[1]

西红花于我国元代（公元1279年）前就已做药用，早于欧洲300年入药。《本草纲目》草部第十五卷，有记载"番红花，出西番回回地面及天方国，即彼地红蓝花也"。元时，以入食馔用。张华《博物志》言，"张骞得红蓝花种于西域，则此即一种，或方域地气稍有异耳。气味甘，平，无毒。主治心忧郁积，气闷不散，活血，久服令人心喜，又治惊悸。"《本草品汇精要》也有记载："番红花主宽胸膈，开胃进饮食，久服滋下元，悦颜色及治伤寒发狂。"《四部医典》《晶珠本草》记载："番红花形如菊，黄兼红，气微香，入口沁人心脾，降逆顺气，开结化瘀，力雄峻，乃红花中之极品。"西藏最早的古文献之一《敦煌遗书》的藏医卷中，记述了藏红花、藏菖蒲、钝裂银莲花、唐古特铁线莲花等药材的应用，并用冰片、藏红花、大黄等治疗瘟热症。元末明初的《回回药方》中收录了很多使用西红花的药方，其治疗范围除调经、安胎、止血、止痛、肝经肿硬外，还有中风瘫痪，口眼歪斜、紫白癜风、骨节疼痛、头旋（眩）。此外，在民族医药的研究中藏药传统方剂九味红花丸，蒙药中的地格达三三味、八位止血红花散等都以西红花为主要原料。

西红花最早文献是公元前11—10世纪时犹太国王所罗门的《雅歌》中提到的香料植物。我国西红花始见于《本草纲目拾遗》（公元1765年），在《本草品汇精要》（公元1505年）为撒馥兰的别名；《本草纲目》（公元1590年）则以番红花为正名，泊夫蓝、撒法即为别名。元人忽思慧《饮膳正要》（公元1330年）中有咱夫兰，其文字被《本草纲目》全部收载于红花条内。可见，泊夫蓝即咱夫兰。《本草纲目》将"红蓝花""番红花"列为两种药收载，但观其附图均极似菊科植物红花 Carthamus tinctonius L.。而在当时情况下，未能将两种红花的来源弄清，至清代赵学敏在《本草纲目拾遗》中写到："出西藏，形如菊，将一朵入滚水内，色如血，又入色亦然，可冲四次者真。"才对西红花有了基本概念。

二、历史沿革[1]

西红花原产于南欧、小亚细亚一带，距今已有几千年的历史。最早记载是在公元1550年左右《埃伯斯纸草书》之中，古埃及人用西红花来治疗胃肠的疾病。据伊朗医药古籍记载，西红花可治疗头疼、牙痛，有利尿、养神、美容、壮阳、解毒、降压、活血等功效。在印度西红花自古就被女性用来养颜、美容、延缓衰老。据《所罗门之歌》以及据埃及的纸草书记载，它被作为一种芳香类草药。14世纪时的一本著名烹饪书中写道："用西红花做菜肴的食谱不少于70种"，有着"作料皇后"的美誉。在佛罗伦萨南部，西红花作为壁画用的最理想的黄色颜料，因而成为佛罗伦萨文艺复兴时期画家们寻觅的颜料。在宗教仪式中，牧师用它做花冠，人们则用它印染新娘的披纱。

第二节 植物形态与分布

一、植物形态[2]

多年生草本植物。球茎扁圆形，近似于水仙球或大蒜蒲形态，外被有褐色膜质鳞片，内乳白色、肉质，上具多个芽眼。株高15cm左右，无地上茎，叶基丛生、无柄、窄长线形，叶脉白色，叶缘稍反卷，基部有3～5片宽阔的鳞片。花顶生，花瓣6片，紫兰色，倒卵形，花冠筒细管状，雄蕊大、黄色，雌蕊细长、下部淡黄色、上部和柱头深红色，柱头深裂，膨大呈漏斗状，伸出筒外，下垂，油润，具浓郁芳香。花期10月下旬至11月上中旬。

二、分布[3]

西红花主要出产在地中海、欧洲和中亚地区，在伊朗、希腊、意大利、西班牙、印度、中国、日本等国家均有栽培，其中以西班牙、伊朗、印度为主，被西班牙人誉为"红色金子"。目前，西红花已经被国家中医药管理局列为重点发展的中药材品种，在浙江、上海、西藏等地都有种植，产于西藏的西红花又称藏红花。

第三节 栽 培

一、生态环境条件

西红花原产于西班牙、荷兰和印度等国，在我国西藏和新疆等地有种植。它对环境要求较严，喜冷凉、湿润和半阴环境，较耐寒，可在-10℃低温下生长。畏炎热，忌雨涝积水，喜排水良好、腐殖质丰富的沙质土壤，夏季休眠。秋季种植后不久即发根，接着便萌叶开花，至翌年4—5月地上部都枯萎。在我国，西红花大都生长在青藏高原等高纬度地区，其花径能达7~9cm，干花柱头亩产可达1.5~1.8kg。而引种于江南，由于气候条件、纬度等各方面的制约，其花径略小于西部地区，一般花径在4~6cm，干花柱头亩产为1~1.2kg[4]。

西红花在不同的生长发育时期，对环境条件有不同的要求[2]。球茎以肥沃、疏松、排水良好的沙质壤土生长良好。西红花是喜肥作物，尤其在球茎膨大之前的营养生长期，更需要充足的养分。在黏性重、透气透水性差、阴湿的地方生长不良。

西红花在田间生长期间适温范围为1~19℃。冬季温暖湿润有利于植株的营养生长。一般能耐-8~-7℃的低温，低于-10℃或超过25℃植株生长不良。西红花在花芽分化期、成花和开花过程中对温度十分敏感。花芽分化适温范围为24~27℃。花芽在分化发育过程中，要求温度具有"低—高—低"的变化节律，前期温度略低对花芽分化有利；中期温度较高，花芽分化快，成花数多；在球茎贮藏期间，如果给予较高温度处理，能促使提早开花；后期，花器官的生长又要求较低的温度。开花期适温为14~18℃，5℃以下花朵不易开放，20℃以上待放花苞能迅速开放，但又会抑制芽鞘中幼花的生长。

西红花球茎在室内培育开花时，要求空气相对湿度保持在80%左右，湿度偏低，开花数减少。湿度超过90%易引起球茎放根，造成根的枯黄损伤。西红花球茎移栽田间后必须保持土壤湿润，以利球茎吸水，充分发根和展叶生长。翌春3—4月新球茎膨大期间更需充足水分，以利新球茎增大，但生长期间田间不能积水。西红花花芽分化后期要防止湿度过大，以免提前发根并影响球茎繁殖。球茎贮藏培养阶段和花芽萌发期，应保持阴暗，保湿降温。

西红花的生长需要充足的阳光，芽的生长有较强的向光性。在光照充足和适宜的温度下，能促进新球茎的形成、膨大。花芽萌动时，室内应保持阴暗。花芽萌发后，光照对芽鞘长度有明显调节作用，当芽鞘长3cm时，散射光充足时，芽鞘可控制在7～12cm，芽鞘短而粗壮，有利开花。光照不足，芽鞘细长，花蕾伸出芽鞘外困难，易死花烂花，影响花丝产量和质量。

二、栽培场地及施肥[2]

种植西红花球茎的田块要求土壤肥沃疏松，排灌方便，地下水位低的高燥田，pH值5.5～7.0。前作应避免使用甲黄隆、苄磺隆等化学除草剂，以免引起种球腐烂。前作收获后，一般施进口含硫三元复合肥600～750kg/hm²作底肥，进行多次翻耕耙碎土块，清理残根，然后平整土地，使土块充分细碎疏松。球茎种下后，施腐熟栏肥30～45t/hm²或稻草15.0～22.5t/hm²覆盖行间作面肥。

三、种球早栽[2]

种球要求单个重15g以上，球大产量高。栽种前首先要做好种球浸种消毒工作，用50%扑霉灵2 000倍液或70%进口甲基托布津800倍液浸种10min，浸种后及时移栽大田。其次按球茎大小分类定植，即以单芽、双芽、三芽分别定植，以芽定株距，单芽10cm，双芽15cm，三芽20cm，行距一般为20～25cm。种植深度以种球直径的2倍为宜。分类定植便于管理，促进平衡生长。最佳栽种时间为11月上中旬，最迟不超过11月底。为了力争早种，在开花偏迟的年份，当室内球茎开花量达80%左右时，就应抓紧将种球移入田间，余下20%的花可在田间采收。总的要求是在寒流到来前移栽至田间，以延长球茎在田间的生长时间，有利于早发根、长叶，促使西红花根粗叶茂。

四、田间管理[2]

移栽球茎时遇土壤发白及气候干燥时，需要灌水抗旱，方法是在沟内灌满水，待水分将畦面湿润后立即排水。第1次追肥在1月中旬，施淡人粪肥15.0～22.5t/hm²；第二次追肥在2月上旬，施淡人粪肥15.0～22.5t/hm²；第3次在3月初，施含硫进口三元复合肥150kg/hm²，并用0.2%磷酸二氢钾叶面喷雾2～3次，相隔7～10d喷1次。球茎定植后，侧芽仍会生长，要及时剥除。西红花田要严防杂草，在定植覆土后，用丁草胺1 500mL/km²兑水喷雾，可防除看麦娘等禾本科杂草。以后田间有草就拔除，切忌锄铲或施用未经试验的除草剂，以免伤害西红花根系或造成药害。清明后长的草不需拔除，以利土壤降温保湿，推迟叶片枯死。

五、病虫害防治[5]

西红花主要病虫害有枯萎病、锈病、腐烂病、炭疽病、长须蚜等。用木霉菌株TL09制成可湿性粉剂，对大田藏红花枯萎病具有很好的生物防治效果。在播种前用2.5%适乐时悬浮种衣剂3mL兑水4mL，拌种1kg，防治苗期根腐病效果较好。另外，锈病防治要在锈病发生初期用25%粉锈灵或15%粉锈清800～1 000倍液喷雾，隔7d施药1次，连续交替防治2～3次即可。在苗期或开花前喷药，每亩用40%乐果乳油40～50mL、5%锐劲特30～40mL，防治长须蚜效果较好。绿色木霉发酵液能够破坏炭疽病细胞完整性，抑制芒果炭疽病生长，祛菌灵、赛霉灵和多得清等3～5种有效杀菌剂可作为西红花球茎腐烂病的防治应用。

六、采收加工[2]

5月上旬当西红花叶片全部枯黄时，选晴天土壤呈半干状时进行收获。起获的球茎应去掉泥土并薄摊畦面，然后运回室内。运回的球茎可用50%扑霉灵2 000倍液或70%进口甲基托布津800倍液浸种1min，然后薄摊在阴凉、干燥、通风的地面上，高度不超过10cm。

第四节　化学成分

西红花中大约含有150种化合物，但是目前只有不到50种化合物的化学结构得以明确。在众多的化合物中由34种化合物组成其挥发性成分，这些挥发性成分主要为萜类、萜烯醇类和酯类。而非挥发性成分则包括西红花苷（Crocin）、西红花酸（Crotecin）、西红花苦苷（Picrocrocin）等。

西红花中三种具有代表性的化合物分别是西红花苷、西红花苦甙和藏红花醛。西红花苷是主要的着色颜料，西红花柱头的红色主要是由西红花苷构成，含量近10%。西红花苷是一类亲水的类胡萝卜素。相比其他的类胡萝卜素成分，西红花苷或是反式西红花酸都具有很明显的颜色，这跟它们具有很高的水溶性有关系。西红花苷具有很强的水溶性并且具有抑制自由基的产生以及抗肿瘤的作用，因此它一直被当做保健饮品服用[6]。西红花苦苷则是转化为藏红花醛的必要化合物，藏红花醛属于单萜类化合物，它是由西红花苦苷去掉糖基形成的[6]。西红花苦苷和藏红花醛是环香叶烷型单萜类化学成分，分别是西红花苦味和香味的物质基础[7]。

一、萜类

目前从西红花中分离得到了38个萜类成分，其中四萜类5个，三萜类2个，二萜类12个和单萜类19个，四萜和二萜类分布于花柱中，三萜类分布在球茎中，单萜类在花柱、花瓣和花粉中均有分布[7]。

1982年，Pfander等[8]首先从西红花花柱中分离鉴定了5个此类化合物，分别是八氢番茄红素、六氢番茄红素、四氢番茄红素、玉米黄素和β-胡萝卜素，并研究认为玉米黄素可能是西红花苷类、西红花苦苷和藏花醛的前体化合物。2011年，Rubio-Moragaa等[9]从西红花球茎中分离鉴定了2个齐墩果烷型三萜皂苷类化合物

azafrine1和2，两者为同分异构体，仅3位取代基的构型存在差异。

二萜类是西红花中量最高的一类化合物，也是其最重要的活性组分之一，目前分离鉴定了12个化合物，此类化合物为西红花酸的羧基与葡萄糖、龙胆二糖、三葡萄糖的羟基形成酯，因西红花酸上C-13位构型差异，此类化合物具有顺式和反式，其中10个为顺式结构，2个为反式结构，分别为西红花酸crocetin、crocetin monomethyl ester、dimethylcrocetin、crocetin mono（β-D-glucosyl）ester、crocetin β-D-glucosyl-methyl ester、crocetin di（β-D-glucosyl）ester、crocetin mono（β-D-gentiobiosyl）ester、crocetin β-D-gentiobiosyl-β-D-glucosyl ester、crocetin di（β-D-gentiobiosyl）ester、crocetin（β-gentiobiosyl）（β-neapolitanosyl）ester、13-cis-crocetin di（β-D-gentiobiosyl）ester和13-cis-crocetin β-D-gentiobiosyl-β-D-glucosyl ester[8, 10-16]。

二、类胡萝卜素及其苷类[17]

西红花酸与糖形成的一系列酯类化合物，是番红花的主要药用和水溶性色素成分，在溶液中受到pH值、光照、温度和氧气的影响，包括了全反式西红花苷：α-西红花素、β-西红花素、γ-西红花素、西红花素Ⅰ～Ⅴ；以及顺式西红花苷酯类化物芒果素-6′-O-西红花酰基-1″-O-β-D-葡萄糖苷酯。

三、胡萝卜素类[17]

胡萝卜素类是西红花中的脂溶性色素成分，有α-胡萝卜素、β-胡萝卜素、玉米黄质、八氢番茄烃、六氢番茄烃、番茄烯等。

四、挥发油[17]

柱头中的挥发油有近60个，是由玉米黄质等胡萝卜素类降解产生的，结构特殊。其中的藏红花醛是西红花质量控制的重要指标。

五、挥发油前体[17]

在西红花柱头的干燥和储存过程中通过不同的降解途径可产生部分挥发油前体，属于三甲基环已烯衍生物的苷类化合物，有西红花苦素等。西红花苦素是西红花中的主要苦味成分，它在酸性或碱性条件下或酶的作用下可转化为藏红花醛。这也是不同品种中藏红花醛含量不同的原因。

六、其他[17]

另外番红花中还含有大量氨基酸、少量皂苷、类黄酮和树脂等。

第五节　药理与毒理

有研究表明西红花苷对高脂血症、高血压及其他心血管疾病有一定的治疗作用[6]。

一、药理作用

（一）对高脂血症的影响[7]

脂质正常代谢就是脂类降解与合成的平衡。有研究表明，发现西红花苷-Ⅰ和西红花酸都具有显著性调节血脂作用。西红花酸除了能够抑制胰腺酶之外，其作用机制还可能是抑制内源性胆固醇合成及促进胆固醇向胆汁酸转化及排泄；提高血清超氧化物歧化酶（SOD）、谷胱甘肽过氧化物酶（GPX）活性；提高脂蛋白脂酶（LPL）表达水平，降低载脂蛋白CⅢ（apoCⅢ）水平，加速三酰甘油（TG）消除，达到降低血浆TG的目的。

（二）治疗心脑血管疾病[7]

有研究表明，将西红花乙醇提取物经十二指肠给药后，发现其能明显缩小脑梗死灶，减轻脑梗死动物的活动行为障碍，同时明显降低脑指数、MDA量，说明西红花对大鼠脑梗死具有明显保护作用。藏红花醛、西红花苷－Ⅰ和西红花酸对脑缺血再灌注损伤都有保护作用。其中藏红花醛能够改善脑缺血再灌注引起的氧化应激损伤；西红花苷－Ⅰ通过抑制脑缺血再灌注损伤引起的氧化、硝化损伤、细胞外调节蛋白激酶（ERK）通路激活和G蛋白偶联受体激酶2（GRK2）移位达到保护作用；而西红花酸对脑血管再灌注损伤的保护作用可能与其抗氧化、降低NO量、增加谷胱甘肽过氧化物酶（GSH-Px）活性，减少caspase-3mRNA和核转录因子-κB（NF-κB）表达相关。除西红花酸对动脉粥样硬化的疗效已确定外，也发现西红花苷－Ⅰ能够抑制鹌鹑动脉粥样硬化的形成，保护血管内皮细胞，减少巨噬细胞中的胆固醇酯，抑制泡沫细胞的形成，抑制平滑肌细胞中[Ca2+]i的升高和降低氧化低密度脂蛋白（Ox-LDL）表达。此外，西红花水提取物、西红花酸、藏红花醛通过ip给药的方式能改善心肌缺血，作用机制可能与其抗氧化活性和保护心脏功能有关。

（三）抗精神失常作用[7]

《饮膳正要》记载，西红花"主心忧郁积，气闷不散。久食令人心喜"，现代药理学和临床研究也证实其具有抗抑郁、抗焦虑和治疗强迫症的作用。因此，可能成为治疗精神失常类疾病的良药。实验证明西红花花柱和花瓣提取物的抗抑郁作用均与氟西汀没有显著性差异，说明皆有可能成为氟西汀的替代药物。研究认为，西红花苷－Ⅰ、藏红花醛和山奈酚是其抗抑郁的药效物质基础。也有实验证明，西红花水提取物和藏红花醛都具有抗焦虑作用，但西红花水提取物中量最高的化合物西红花苷－Ⅰ却没有此作用，西红花抗焦虑作用可能是多种成分协同作用的结果或者在西红花苷类成分中还存在尚未发现的微量活性成分。

（四）治疗神经退行性疾病[7]

西红花酸能够提高谷胱甘肽（GSH）、多巴胺量，降低硫代巴比妥酸反应物（TBARs）量，提高抗氧化酶活性，揭示西红花酸可能通过抗氧化作用发挥神经保护作用，对帕金森病有一定治疗作用。此外，西红花酸能够抑制Aβ单体聚集成低聚物或纤维，并且能够使已形成的Aβ低聚物或纤维降解，可用于阿尔茨海默病的治疗。

（五）抗糖尿病[7]

西红花酸能够改善地塞米松引起的副作用，说明西红花酸能够阻止地塞米松引起的胰岛素抵抗。西红花醇提取物能够降低正常大鼠血糖，并对胰腺有保护作用。

（六）抗肿瘤作用[17]

现代药理研究证实西红花粗提物、西红花酸、西红花苷都具有较强的广谱抗癌活性，且毒副作用很小。西红花提取物局部用药可抑制二甲苯并蒽（DMBA）诱发的皮肤癌的发生；同剂量西红花提取物小鼠口服，可限制甲基胆蒽（MCA）诱发的软组织肉瘤；并且西红花提取物具有细胞毒活性，可延迟肿瘤发生，延长荷瘤小鼠的生存时间，其对多种人类恶性肿瘤细胞呈现剂量依赖性抑制作用而不损害正常细胞功能。此外，西红花素和西红花酸酯均可抑制非洲淋巴细胞病毒早期抗原的表达，前者作用强于后者；还有人发现西红花苷在抗肿瘤作用中表现出性别选择性，对雌大鼠的抗癌作用强于雄性大鼠，可能与激素的作用有关。西红花苷的水溶性、强抗肿瘤活性及低毒性使其成为西红花组分中最有可能开发的抗癌药物之一。

（七）保肝利胆作用[17]

西红花酸能降低胆固醇、增加脂肪代谢，配伍山楂、草决明、泽泻等可用于脂肪肝的治疗；番红花制剂能抑制肝炎病毒、促进HBSAg转阴，提高免疫力，减轻肝炎实质炎症，防止细胞坏死，促进肝细胞的恢复与再生。

（八）对子宫的兴奋作用[17]

西红花水煎剂对多种动物的在体及离体子宫均表现有兴奋作用。小剂量可使子宫紧张性或节律性收缩，大剂量使子宫紧张性或兴奋性增高，甚达痉挛。

（九）美容养颜作用[17]

西红花萃取液能彻底清洁毛孔，提高肌肤抗氧化、抗衰老能力；其中所含的腺苷成分可延长凝血酶原生成时间和活化时间，降低全血黏度，改善皮肤的血液微循环。

（十）其他[7]

西红花还具有降血压、抗菌、消炎止痛、美白、抗肺纤维化、抗肾纤维化和治疗胃溃疡、视网膜病变、癫痫、惊厥等作用。

二、毒理作用

有研究表明，西红花急性毒性试验表明无毒[18]，无致突变性和抗突变性，[17]但西红花高浓度溶液可以造成大鼠肝损伤，肝功能改变主要表现为ALP升高，其酶学指标无明显变化，可能西红花导致胆管细胞的损伤。肝脏病理结果亦显示西红花高浓度溶液可引起肝组织病理学改变，表现为肝细胞排列紊乱，肝细胞肿胀，部分碎裂，脂肪滴沉积。西红花损伤肝脏的作用靶点可能为线粒体。

第六节　质量体系

一、收载情况

（一）药材标准

《中国药典》2015年版一部、《进口药材标准》《药品检验补充检验方法和检验项目准件》《香港中药材标准》第五期。

（二）饮片标准

《中国药典》2015版一部、《浙江省中药饮片炮制规范》2005年版、《安徽省中药饮片炮制规范》2005年版、《天津市中药饮片炮制规范》2012年版、《湖南中药饮片炮制规范》2010年版、《新疆维吾尔自治区中药维吾尔药饮片炮制规范》2010年版。

二、药材性状

（一）《中国药典》2015年版一部[19]

呈线形，三分枝，长约3cm。暗红色，上部较宽而略扁平，顶端边缘显不整齐的齿状，内侧有一短裂隙，下端有时残留一小段黄色花柱。体轻，质松软，无油润光泽，干燥后质脆易断。气特异，唯有刺激性，味微苦。

（二）《进口药材标准》

呈线形，三分枝，长约3cm。暗红色，上部较宽而略扁平，顶端边缘显不整齐的齿状，内侧有一短裂隙，下端有时残留一小段黄色花柱。体轻，质松软，无油润光泽，干燥后质脆易断。气特异，微有刺激性，味微苦。

（三）《香港中药材标准》第五期

呈线形，三分枝，长2～3.5cm，暗红色或红棕色。上部较宽而略扁平，顶端边缘显不整齐的齿状，内侧有一短裂隙，下端有时残留一小段黄色花柱。质松软，无油润光泽，干燥后质脆易断。气特异，微有刺激性，味微苦。

三、炮制

（一）《中国药典》2015年版一部[19]

同药材。

（二）《浙江省中药饮片炮制规范》2005年版[20]

低温烘干，除去杂质。

（三）《安徽省中药饮片炮制规范》2005年版

秋冬二季花开时摘取竹筒，摊放筛中晾干或文火烘干者为生晒花，名为"干西红红花"；若再进行加工，使其油润光亮者为熟花，名为"湿西红花"。

（四）《天津市中药饮片炮制规范》2012年版

除去杂质。

（五）《湖南省中药饮片炮制规范》2010年版

除去杂质。

（六）《新疆维吾尔自治区中药维吾尔药饮片炮制规范》2010年版

除去杂质。

四、饮片性状

（一）《中国药典》2015年版一部[19]

同药材。

（二）《浙江省中药饮片炮制规范》2005年版[20]

呈线形，三分枝，长约3cm。暗红色，上部较宽而略扁平，顶端边缘显不整齐的齿状，内侧有一短裂隙，下端有时残留一小段黄色花柱。体轻，质松软，无油润光泽，干燥后质脆易断。气特异，唯有刺激性，味微苦。

（三）《安徽省中药饮片炮制规范》2005年版

为细线形，长约3cm。暗红色，上部较宽而略扁平，顶端边缘显不整齐的齿状，内侧有一短裂隙，下端有时残留一小段黄色花柱。体轻，质松软，无油润光泽，干燥后质脆易断。气特异，唯有刺激性，味微苦。

（四）《天津市中药饮片炮制规范》2012年版

呈线形，三分枝，长约3cm。暗红色，上部较宽而略扁平，顶端边缘显不整齐的齿状，内侧有一短裂隙，下端有时残留一小段黄色花柱。体轻，质松软，无油润光泽，干燥后质脆易断。气特异，唯有刺激性，味微苦。

（五）《湖南省中药饮片炮制规范》2010年版

呈线形，三分枝，长约3cm。暗红色，上部较宽而略扁平，顶端边缘显不整齐的齿状，内侧有一短裂隙，下端有时残留一小段黄色花柱。体轻，质松软，无油润光泽，干燥后质脆易断。气特异，唯有刺激性，味微苦。

（六）《新疆维吾尔自治区中药维吾尔药饮片炮制规范》2010年版

呈线形，三分枝，长约3cm。暗红色，上部较宽而略扁平，顶端边缘显不整齐的齿状，内侧有一短裂隙，下端有时残留一小段黄色花柱。体轻，质松软，无油润光泽，干燥后质脆易断。气特异，唯有刺激性，味微苦。

五、有效性、安全性的质量控制

收集《中国药典》、全国各省市中药材标准及饮片炮制规范、台湾、香港中药材标准等质量规范，按鉴别、检查、浸出物、含量测定，列表14、表15如下。

表14　有效性、安全性质量控制项目汇总表

标准名称	鉴别	检查	浸出物	含量测定
《中国药典》2015年版一部	显微鉴别（粉末）、经验鉴别、化学反应、紫外光谱鉴别、薄层色谱鉴别（以西红花对照药材作为对照）	干燥失重（不得过12.0%）；总灰分（不得过7.5%）；吸光度（在432nm波长处的吸光度不低于0.50）	醇溶性热浸法（不得少于55.0%）	高效液相色谱　按干燥品计算，含西红花苷-Ⅰ（$C_{44}H_{64}O_{24}$）和西红花苷-Ⅱ（$C_{38}H_{54}O_{19}$）的总量不少于10.0%

（续表）

标准名称	鉴别	检查	浸出物	含量测定
《进口药材标准》	显微鉴别（粉末）、经验鉴别、化学反应、紫外光谱鉴别、薄层色谱鉴别（以西红花对照药材、西红花苷-I作为对照）	干燥失重（不得过12.0%）；总灰分（不得过7.5%）	醇溶性热浸法（不得少于55.0%）	高效液相色谱 按干燥品计算，含西红花苷-I（$C_{44}H_{64}O_{24}$）不少于5.0%
《香港中药材标准》第五期	显微鉴别（粉末）、薄层色谱鉴别（以西红花苷-I、西红花苷-II作为对照）、指纹图谱鉴别（供试品色谱图中应有与对照指纹图谱相对保留时间范围内一致的4个特征峰）	杂质（不多于1.0%）水分（不多于12.0%）；总灰分（不多于5.0%）、酸不溶性灰分（不多于0.5%）；吸光度（在432nm波长处的吸光度不低于0.50）；重金属（砷、镉、铅、汞分别不多于2.0mg/kg、0.3mg/kg、5.0mg/kg、0.2mg/kg）、农药残留（详见表2）、霉菌毒素（黄曲霉素B_1不多于5μg/kg、总黄曲霉素不多于10μg/kg）	水溶性热浸法（不少于46.0%）；醇溶性热浸法（不少于50.0%）	高效液相色谱 按干燥品计算，含西红花苷-I（$C_{44}H_{64}O_{24}$）和西红花苷-II（$C_{38}H_{54}O_{19}$）的总量不少于10.0%

（续表）

标准名称	鉴别	检查	浸出物	含量测定
《药品检验补充检验方法和检验项目准件》	——	薄层色谱检查（以金安O、新品红、柠檬黄和胭脂红作为对照，不得显相同颜色斑点）；高效液相色谱检查（供试品色谱中不得出现与金安O、新品红、柠檬黄和胭脂红对照色谱保留时间相同的色谱峰）	——	——
《浙江省中药饮片炮制规范》2005年版	薄层色谱鉴别（以西红花对照药材作为对照）	——		
《安徽省中药饮片炮制规范》2005年版	经验鉴别、化学反应、紫外光谱	干燥失重（不得过12.0%）；总灰分（不得过7.5%）；吸光度（在432nm波长处的吸光度不低于0.50）	——	——
《天津市中药饮片炮制规范》2012年版	显微鉴别（粉末）、经验鉴别、化学反应、紫外光谱鉴别、薄层色谱鉴别（以西红花对照药材作为对照）	干燥失重（不得过12.0%）；总灰分（不得过7.5%）；吸光度（在432nm波长处的吸光度不低于0.50）	醇溶性热浸法（不得少于55.0%）	高效液相色谱按干燥品计算，含西红花苷-Ⅰ（$C_{44}H_{64}O_{24}$）和西红花苷-Ⅱ（$C_{38}H_{54}O_{19}$）的总量不少于10.0%

（续表）

标准名称	鉴别	检查	浸出物	含量测定
《湖南省中药饮片炮制规范》2010年版	薄层色谱鉴别（以西红花对照药材作为对照）	总灰分（不得过7.5%）；吸光度（在432nm波长处的吸光度不低于0.50）	醇溶性热浸法（不得少于55.0%）	——
《新疆维吾尔自治区中药维吾尔药饮片炮制规范》2010年版	经验鉴别、薄层色谱鉴别（以西红花对照药材作为对照）	干燥失重（不得过12.0%）；总灰分（不得过7.5%）	——	高效液相色谱按干燥品计算，含西红花苷-I（$C_{44}H_{64}O_{24}$）不少于5.0%

表15 《香港中药材标准》农残限量标准

有机氯农药	限度（不多于）
艾氏剂及狄氏剂（两者之和）	0.05mg/kg
氯丹（顺-氯丹、反-氯丹与氧氯丹之和）	0.05mg/kg
滴滴涕（4，4'-滴滴依、4，4'-滴滴滴、2，4'-滴滴涕与4，4'-滴滴涕之和）	1.0mg/kg
异狄氏剂	0.05mg/kg
七氯（七氯、环氧七氯之和）	0.05mg/kg
六氯苯	0.1mg/kg
六六六（α，β，δ等异构体之和）	0.3mg/kg
林丹（γ-六六六）	0.6mg/kg
五氯硝基苯（五氯硝基苯、五氯苯胺与甲基五氯苯硫醚之和）	1.0mg/kg

六、质量评价

（一）质量情况

西红花的品质评价以样品颜色、味道和香气的评价为主。西红花苷、藏红花醛、藏红花苦素分别是西红花颜色、香气和苦味的物质基础，三者常被作为指标成分来评价西红花品质的优劣。常见的分析方法主要有紫外-可见分光光度法、高效液相色谱法，气相色谱串联质谱法和光谱法等[21]。

1.紫外-可见分光光度法

西红花样品以热水/水振摇或搅拌提取，根据提取液在440nm左右（西红花苷的可见光最大吸收）的吸光度来评价样品的质量（日本药典-JP16、欧洲药典-EP8、英国药典-BP2013）；根据提取液在257nm（藏红花苦素的紫外最大吸收），330nm（藏红花醛的紫外最大吸收），440nm的吸光度将药材分为Ⅰ至Ⅲ等（ISO-3632），吸光度越大，等级越优[22]。

2.高效液相色谱法

HPLC常被用于西红花中西红花苷类成分的含量测定，西红花样品提取溶剂多为稀乙醇、50%甲醇和水，少为酸水；提取方法为避光或不避光的超声提取或浸提，提取温度或为冰浴或室温；流动相的组成中多含有酸水。另外，为解决西红花苷Ⅰ和西红花苷Ⅱ对照品稳定性差、价格高不易获得的问题，何凤艳等以栀子黄色素为原料，制备了西红花苷对照提取物，并考察了其在西红花饮片质量控制中的应用[23]。

3.气相色谱串联质谱法

采用GC-MS技术，刘绍华等以峰面积归一化法测定了西红花挥发油中26个成分的含量，发现藏红花醛含量最高[24, 25]。Amanpour等采用GC-MS-Olfactometric法分析了西红花中的芳香性及挥发性化合物，共检测到28种醛酮酸类化合物，其中醛类化合物含量占总挥发性化合物的71%[26]。

4.近红外光谱及拉曼光谱法

Zalacain等收集了产自伊朗、希腊及西班牙的111批西红花，考察了近红外光谱测定5种西红花苷及藏红花苦素含量的可能性。采用逐步多元线性回归法，建立了上述6种成分的近红外含量测定模型，实验结果表明，上述6种成分中，仅西红花苷Ⅰ和西红花苷Ⅱ的近红外光谱定量模型相关性较好，可用于西红花中两者含量的预测[27]。采用便携式近红外光谱仪，张聪等采集了23批上海崇明产西红花的近红外光谱图，以偏最小二乘法、Un-scrambler预处理软件，对实验数据进行处理，建立了西红花苷Ⅰ与西红花苷Ⅱ含量的检测模型[28, 29]。Anastasaki等收集了114批产自希腊、伊朗、意大利、西班牙的西红花样品，采用拉曼光谱技术和化学计量法，建立了西红花总苷和ISO色度的拉曼光谱预测模型[30]。

5.其他方法

采用胶束毛细管电动色谱法，Gonda等建立了同时测定西红花中藏红花苦素、西红花苷Ⅰ、西红花苷Ⅱ、藏红花醛含量的方法，测定时间仅需18min，极大提高了样品的分析效率[31]。

（二）混伪品[21]

西红花资源的稀缺导致市场价格昂贵及伪品的出现。目前常用的西红花真伪鉴别方法有外观性状检查、分子生药学检查、色谱指纹图谱检查等。

市场上常见的西红花伪品有西藏产的红花Carthamustinctorius L.[32, 33]、菊科植物 Chrysanthemummorifolium Ramat.染色的舌状花、玉米黍（禾本科植物Zeamays L.染色的柱头）、莲须（睡莲科植物Nelumbo nuciferaGaertn.的干燥雄蕊）、纸浆制成的线状物等。

郑琪等采用聚合酶链式反应和荧光染料检测技术，建立了基于PsbA-trnH序列的西红花鉴别方法，在PCR反应产物中加入染料SYBR Green Ⅰ后，西红花样品出现绿色荧光，而红花、菊花、玉米黍、莲须等伪品无荧光[34]。车建等发现ITS1，ITS2序列是鉴定西红花的有效分子标记段，可以区分西红花及其伪品（莲须、玉米黍、菊花、红花）[35]。Marieschi等采用序列特异性扩增分子标记法来鉴别西红花的常见非法添加物，可以很好地将山金车Arnica montana L.、红木Bixa orellana L.、金盏菊Calendula officinalis L.、红花、荷兰番红花C. vernus L.（Hill）、姜黄Curcuma longa L.、萱草Hemerocallis sp.与西红花区别开来[36]。采用HPLC法，以绿原酸、羟基红花黄色素A、尿囊素含量为指标，安慧景等建立了西红花常见伪品菊花、红花、玉米黍的鉴别方法[37]。姚建标等比较了西红花与栀子HPLC图中西红花苷Ⅰ与栀子苷的峰面积，发现这2种成分峰面积的比值可用来区分西红花与栀子[38]。

此外，使用工业染料对次品西红花染色，以次充好或对伪品染色，以假乱真，都是西红花市场上常见的现象。邹耀华等建立了检测11种非法添加色素的HPLC检测方法[39]。胡晓炜建立了西红花中金橙Ⅱ的超高效液相色谱检测法和液质联用检测法，样品在3min内测定完毕[40]。采用化学计量学方法，Masoum等对西红花水溶液及染料的三维光谱图进行分析，建立了西红花中柠檬黄、日落黄染料的检测模型[41]。

第七节　临床应用指南

一、性味

《中国药典》2015年版一部：甘，平。

《中华本草》（维吾尔族药卷）：二级干热。

二、归经

《中国药典》2015年版一部：归心、肝经。

三、功能主治

《中国药典》2015年版一部：活血化瘀，凉血解毒，解郁安神。用于经闭癥瘕，产后瘀阻，温病发斑，忧郁痞闷，惊悸发狂。

《注医典》：具有收敛、溶化、开通阻塞的作用。

《拜地依药书》：具有固涩，散发和成熟异常体液，调节异常黏液质，消除腐蚀，增强内脏，养颜生辉，明目除眩，祛寒止痛，强心，爽神，利尿，开通肝阻，催产，补胃，补肝，补脑，清理肾及膀胱，催眠，消除腮腺炎的功能。

四、用法用量

《中国药典》2015年版一部：1～3g，煎服或沸水泡服。

《中华本草》（维吾尔族药卷）：内服：1～2g。外用：适量。可入蜜膏、蒸露、糖浆、汤剂、入软膏、油剂等制剂。

五、注意

《中国药典》2015年版：孕妇慎用。

《中华本草》（维吾尔族药卷）：对肾有害，并能导致食欲不振，需配洋茴香、醋糖浆、小檗实。

《注医典》：用量过多，引起头痛，智力下降，甚至乐极生悲，导致死亡。

《拜地依药书》：引起头痛、恶心。

六、附方

（一）治经闭，经痛，产后腰痛

番红花2g，丹参15g，益母草30g，香附12g。水煎服。（《青岛中草药手册》）

（二）治产后瘀血

丹皮、当归各6g，大黄4.5g，番红花2g，干荷叶6g，研末。调服，每日3次，每次6g，开水送下。（《青岛中草药手册》）

（三）治月经不调

番红花3g，黑豆150g，红糖90g。水煎服。（《青岛中草药手册》）

（四）治腰背、胸膈、头项作痛

番红花碾烂，合羊心、牛心或鹿心，用火炙令红色，涂于心上。食之。（《品汇精要》）

（五）治跌打损伤

番红花3g。煎汁，加白酒少许。外洗患处。（《青岛中草药手册》）

（六）治吐血，不论虚实，何经所吐之血

番红花一朵，无灰酒一盏。将花入酒，炖出汁服之。（《纲目拾遗》）

（七）治各种痞结

藏红花每服一朵，冲汤下。忌食油荤、盐，宜食淡粥。（《纲目拾遗》）

（八）治中耳炎

鲜番红花汁、鲜薄荷汁适量，加入白矾末少许，搅匀。滴耳中。（《青岛中草药手册》）

（九）治伤寒发狂，惊怖恍惚

撒法即二分，水一盏，浸一宿服之。（《医林集要》）

（十）治肝热，腑热，血热

牛黄16.5g，石膏10g，西红花、瞿麦各15g，蓝盆花、查干泵嘎各6g，胡黄连6.5g，格达25g，拳参10.5g，木通5g。制成散剂。每次1.5~3g，每日1~3次，温开水送服。（《蒙医药方汇编》）

第八节　丽水资源利用与开发

一、资源蕴藏量

西红花几乎无野生资源。

二、基地建设情况

缙云宏峰西红花专业合作社的"懿圃"西红花被认定为中国长寿之乡产品。缙云宏峰西红花专业合作社的"懿圃"西红花产于缙云前路乡南弄村东南方向5km，土名吴田畈、海拔750m的高山上。这里是药、稻、桃、鸡、鱼生态循环种养殖、红花、紫米、茶、酒饭香伴休闲的"市十佳休闲性家庭农场"和"市十佳开心农场"。农场创办者和负责人是67岁老人应兆土。该农场是全县农业示范点之一和休闲观光新亮点，年游客上万人，产值100余万元。被浙江省旅游局、省卫生和计划生育委员会、省农业厅评为浙江省中医药文化养生旅游示范基地，2018年缙云县宏峰西红花专业合作社西红花基地入选2018年度种植业"五园创建"省级示范基地。

三、产品开发

（一）中成药

西红花在临床上对于镇静安神、调和气血、活血化瘀、清热止痛等症状具有一定的疗效，其应用较为广泛的中成药，有二十五味珊瑚丸、七十味珍珠丸、脑心安胶囊等。

（二）食品

西红花在限定使用范围和剂量内作为药食两用品。《香辛料和调味品名称》（GB/T 12729.1—2008）中也将西红花作为香辛料和调味品收入，可用于鱼虾类食物的调制，也可用于菜肴的着色。

（三）保健品

西红花应用于保健食品且已获得国家批准的有5个品种。与人参、刺五加、巴戟天、羊红膻共五味中药研制而成的盛力胶囊，与铁皮枫斗、益母草等研制而成的西红花铁皮枫斗膏具有抗疲劳、增强免疫力的保健功能；与西洋参、灵芝、香菇、丹参、五味子研制而成的祛斑口服液，适用于有黄褐斑者；与滇红茶、丹参、桃仁等研制而成的颐心茶有调节血脂的功效。

（四）化妆品

西红花可用于洁面及修复类化妆产品，其含有的抗氧化剂能清除自由基，彻底清洁毛孔内的不洁物，西红花提取液的补水保湿霜能在收缩毛孔的同时为肌肤补充水分，且能发挥活血耐低氧的功效，明显改善血液微循环。

第九节　总结与展望

西红花作为活血化瘀类中药，在心脑血管疾病方面的药用价值明确，国内也将西红花中的活性组分西红花苷类成分开发成药物，可用于胸痹心痛，心血阻症，症见胸痛、胸闷、憋气、心悸、舌紫暗或有瘀点、瘀斑。不过西红花化学成分复杂，药理活性多样，并且不断被发现新的药理作用，如抗癌、美白、治疗视网膜病变和脂肪肝等，是一味值得深入研究与开发的中药。我国在西红花的药理研究领域发展迅速，但在新产品开发研究方面相对薄弱，相关基础理论研究远大于应用创新的研究比例。在西红花相关产品开发过程中，需要加强西红花活性成分的稳定性保护研究，并选择合适的制剂成型技术，使产品质量稳定，保证临床用药的安全和有效。

西红花仅用花柱药用部位实在太狭窄，扩大药用部位亟待解决。西红花非药用部位的化学成分以黄酮类、酚酸类为主，此外，还有皂苷、生物碱和蒽醌等成分。虽然在西红花的非药用部位中也检测到了西红花苷、藏红花醛和藏红花苦素等，但含量较低。现代药理研究表明，西红花非药用部位具有抗氧化、抗真菌、抗炎、止痛、细胞毒性、降血脂、降血压和对肝脏、肾脏的保护等作用，其中，抗氧化作用显著，与其所含黄酮类成分相关。大约17万朵西红花才能产1kg的柱头，我国西红花（柱头）年均产量几吨，意味着每年被丢弃的花朵可达几十吨。西红花花朵中的黄酮、酚酸等成分具有良好的抗氧化活性，可开发为抗氧化产品。目前，对于西红花非药用部位的研究多集中在去柱头花部，尤其是花瓣部位，而对球茎、侧芽和茎叶等部位研究较少。另外，西红花球茎和茎叶等部位所占植物的比重远大于花部，且资源丰富，其化学成分和药理研究有待加强。

在今后的研究开发过程中，需要重视西红花治疗疾病的作用机制研究，明确活性成分的作用通路和靶点，加大对西红花非药用部位的综合利用，深度开发西红花具有科学价值和市场影响力的产品。

参考文献

[1] 黄卫娟, 龙春林. 番红花的药用历史与现代研究[J]. 中央民族大学学报（自然科学版）, 2015, 24（3）: 55-58.

[2] 徐伟. 药用西红花特征特性及其栽培技术[J]. 浙江中西医结合杂志, 2011, 21（12）: 896-898.

[3] 李伟平, 张云, 丁志山. 西红花的研究进展[J]. 北京联合大学学报, 2011, 25（3）: 55-58.

[4] 蔡国华, 朱馨敏. 浅谈西红花的栽培与管理技术[J]. 上海农业科技, 2007, 11（9）: 97.

[5] 顾立群, 高凯娜, 陈虹, 等. 藏红花栽培技术研究[J]. 现代园艺, 2019, 5（3）: 42-43.

[6] 楚溪, 刘涛, 韩雪, 等. 西红花的化学成分和心血管药理作用的研究概况[J]. 广州化工, 2016, 44（18）: 30-33.

[7] 王平, 童应鹏, 陶露霞, 等. 西红花的化学成分和药理活性研究进展[J]. 中草药, 2014, 45（20）: 3 015-3 028.

[8] Pfander H, Schurtenberger H. Biosynthesis of C 20-carotenoids in Crocus sativus[J]. Phytochemistry, 1982, 21（5）: 1 039-1 042.

[9] Rubio-Moragaa Á, Gerwigb G J, Castro-Díaz N, et al. Triterpenoid

saponins from corms of Crocus sativus: Localization, extraction and characterization[J]. IndCrops Prod, 2011, 34: 1 401-1 409.

[10] Li C Y, Wu T S. Constituents of the stigmas of Crocus sativus and their tyrosinase inhibitory activity[J]. J Nat Prod, 2002, 65: 1 452-1 456.

[11] Tarantilis P A, Beljebbar A, Manfait M, et al. FT-IR, FT-Raman spectroscopic study of carotenoids from saffron (Crocus sativus L.) and some derivatives[J]. Spectrochim Acta Part A, 1998, 54: 651-657.

[12] Van Calsteren M R, Bissonnette M C, Cormier F, et al. Spectroscopic characterization of crocetin derivatives from Crocus sativus and Gardenia jasminoides[J]. JAgric Food Chem, 1997, 45: 1 055-1 061.

[13] Tung N H, Shoyama Y. New minor glycoside componentsfrom saffron[J]. J Nat Med, 2013, 67: 672-676.

[14] Straubinger M, Jezussek M, Waibel R, et al. Novelglycosidic constituents from saffron[J]. J Agric FoodChem, 1997, 45: 1 678-1 681.

[15] 周素娣, 周锦祥. 国产西红花化学成分的研究[J]. 中草药, 1997, 28 (12): 715-716.

[16] Pfister S, Meyer P, Steck A, et al. Isolation and structure elucidation of carotenoid-glycosyl esters in gardenia fruits (Gardenia jasminoides Ellis) and saffron (Crocus sativus Linn.) [J]. J Agric Food Chem, 1996, 44 (9): 2 612-2 615.

[17] 张代平. 番红花化学成分及生理活性研究概述[J]. 海峡药学, 2009, 21 (11): 99-100.

[18] 汪云, 李红霞, 朱丽影. 藏红花对大鼠肝毒性的实验研究[J]. 哈尔滨医科大学学报, 2010, 44 (2): 133-138.

[19] 国家药典委员会. 中华人民共和国药典[S]. 一部. 北京: 中国医药科技出版社, 2015: 129.

[20] 浙江省食品药品监督管理局. 浙江省中药炮制规范2005年版[S]. 北京: 中国医药科技出版社, 2005: 342.

[21] 刘江弟, 欧阳臻, 杨滨. 西红花品质评价研究进展[J]. 中国中药杂

志，2017，42（3）：405-412.

[22] British Pharmacopoela. ISO-3632. Saffron（Crocus sativus L.）. Part 1
（specification）and Part 2（test methods）[S]. 2010.

[23] Pittenauer E, Koulakiotis N S, Tsarbopoulos A, et al. In-chainneutral
hydrocarbon loss from crocinapocarotenoid ester glycosides and the
crocetinaglycon（Crocus sativus L.）by ESI-MS n（n=2，3）[J].
J Mass Spectrom, 2013, 48（12）：1 299.

[24] 刘绍华，黄世杰，胡志忠，等. 藏红花挥发油的GC-MS分析及其在
卷烟中的应用[J]. 中草药，2010，41（11）：1 790.

[25] Tahri K, Bougrini M, Saidi T, et al. Determination of safranal
concentration in saffron samples by means of VE-Tongue, SPME-GC-
MS, UV-Vis spectrophotometry and multivariate analysis[C]. Busan：
IEEE Sens J, 2015.

[26] Amanpour A, Sonmezdag A S, Kelebek H, et al. GC-MS-olfacto-
metric characterization of the most aroma-active components in a
representative aromatic extract from Iranian saffron（Crocus sativus L.）[J].
Food Chem, 2015, 182：251.

[27] Zalacain A, Ordoudi S A, Díaz-Plaza E M, et al. Near-infrared
spectroscopy in saffron quality control：determination of chemical
composition and geographical origin[J]. J Agric Food Chem, 2005, 53
（24）：9 337.

[28] 张聪，胡馨，张英华，等. 近红外光谱法测定西红花中西红花苷Ⅰ含
量的研究[J]. 中成药，2010，32（9）：1 559.

[29] 胡馨，张聪，张英华. 西红花中西红花苷Ⅱ及总苷的近红外光谱研究
[J]. 中国现代中药，2012，14（5）：1.

[30] Anastasaki E G, Kanakis C D, Pappas C, et al. Quantification of
crocetin esters in saffron（Crocus sativus L.）using raman spec-troscopy
and chemometrics[J]. J Agric Food Chem, 2010, 58（10）：6 011.

[31] Gonda S, Parizsa P, Surányi G, et al. Quantification of main bioactive

metabolites from saffron (Crocus sativus L.) stigmas by a micellar electrokinetic chromatographic (MEKC) method[J]. J Pharm Biomed Anal, 2012, 66: 68.

[32] 胡江宁, 姚德中, 章江生, 等. 西红花抗肿瘤作用的研究进展[J]. 安徽农业科学, 2014, 42 (3): 699.

[33] 王玉英, 林慧萍, 李水福, 等. 西红花的真伪优劣检定[J]. 中草药, 2010, 41 (7): 1 194.

[34] 郑琪, 蒋超, 袁媛, 等. 基于特异性聚合酶链式反应的西红花快速分子鉴别研究[J]. 中国药学杂志, 2015, 50 (1): 23.

[35] 车建, 唐琳, 刘彦君, 等. ITS序列鉴定西红花与其易混中药材[J]. 中国中药杂志, 2007, 32 (8): 668.

[36] Marieschi M, Torelli A, Bruni R. Quality control of saffron (Crocus sativus L.): development of SCAR markers for the detection of plant adulterants used as bulking agents[J]. J Agric Food Chem, 2012, 60 (44): 10 998.

[37] 安慧景. 西红花常见伪品的鉴别及掺伪量测定[D]. 北京: 北京协和医学院, 2012.

[38] 姚建标, 金辉辉, 何厚洪, 等. 西红花特征图谱研究及真伪鉴别[J]. 中草药, 2015, 46 (9): 1 378.

[39] 邹耀华, 殷红妹, 郭怡飚, 等. HPLC-PDA法检测西红花和红花中十一种非法添加色素[J]. 中国卫生检验杂志, 2010 (11): 2 724.

[40] 胡晓炜. 超高效液相色谱法检测西红花中非法添加的染料金橙Ⅱ[J]. 中国药业, 2011, 20 (14): 40.

[41] Masoum S, Gholami A, Hemmesi M, et al. Quality assessment of the saffron samples using second-order spectrophotometric data assisted by three-way chemometric methods via quantitative analysis of synthetic colorants in adulterated saffron[J]. Spectrochim Acta A Mol Biomol Spectrosc, 2015, 148: 389.

松阳县

松阳县地处浙南山地，全境以中、低山丘陵地带为主，四面环山，中部盆地以其开阔平坦称"松古平原"，地势西北高，东南低。总面积中，山地占76%，耕地占8%，水域及其他占16%，谓"八山一水一分田"。松阳，被誉为"最后的江南秘境"，是一个与中医药有着深厚渊源的千年古县。一脉好山，一川好水，一派好空气。在辽阔的松阳大地上，优良的自然山水和生态环境孕育了极为丰富、品质极高的中草药资源，境内药用动植物达2 400余种。现有国家重点保护植物22种，其中国家一级保护植物有东方水韭、银杏、南方红豆杉、钟萼木（伯乐树）4种，国家二级保护植物有福建柏、白豆杉、九龙山榧树、榧树、长叶榧树、长序榆、鹅掌楸、凹叶厚朴、闽楠、毛红椿、香果树等18种。

松阳中医底蕴深厚，唐代道教大宗师、越国公叶法善，其养生文化博大精深，由其发明的养生饮品——端午茶流传至今并广受推崇。明朝之后，松阳中医世家盛出，有"酉田先生"叶氏、"仁寿堂""张三馀"张氏、"中药楼"杨家堂宋氏、"包一钱"城西包氏等中医世家，其中三都酉田叶氏七代数十人从医，深受乡人信任和爱戴，并著有《妇科切要》《医案》《集效全书》《梦熊诊所医书》《益寿奇验医案》等传世医书，形成了一脉相承的医学理论体系。

建县1 800多年来，松阳农耕文化发育良好，为民间传统中医药发展提供稳定的基础。从清代初期到民国的300年间，松阳民间对中医药有"三多"之说：一是民间药堂药号多，在县城，仅是有名号的药堂就有二三十家；二是民间中医师多，每个药堂至少有一名中药师；三是中草药材多，一方面指外地运到松阳的药材多，药商大多聚集于此，另一方面是松阳本地生长的中草药材颇为丰富，经科学系统梳理，本地的中草药材、药用植物有1 197种。为此，松阳挖掘"松阳中医药"文化底蕴，整理松阳县历代名老中医医案、叶法善道教养生文化、叶天士温病理论。目前，本土中医特色著作《松阳常用中草药（一）》已定稿，其中收集整理民间单方验方100个，完成端午茶、歇力茶等传统养生单方验方60余个，对本土100余种草药土名进行了确定。2019年7月，由松阳水南小学7位老师编制的中医药校本教程《百草韵》已经完成，并在暑期期间进一步完善。作为社团教学，目前已在部分学生中投入使用。传承中医药传统文化，厚植全县域"信中医、学中医、懂中医、用中医"的中医文化土壤，中医药发展自信愈加坚定。在位于县城中弄中医药特色区块的本草园里，种植展示了32种常见中草药，并设立植物标识标牌，上面注有别名、药性、功效等。文化墙上，绘有松阳历代名中医、古代药堂药号、端午茶文化展示等，以点带面，复兴中医药文化，打造富有松阳特色的中医药文化片区。尤其是2016年以来，松阳先后提出打造"中医药复兴地""国际中医药康养胜地"目标，立足"三农"整体转型，着力构建中医药服务、产业、文化、保障"四个体系"，实现"兴文化、兴三农、兴经济"，为中医药完整传承和可持续发展作出示范。松阳种植中药（畲药）主要有柳叶蜡梅、畲药小香勾、鱼腥草、铁皮石斛、金银花等，此处重点介绍全市民间药膳传用最广的畲药——小香勾。

第二辑

小香勾

XiaoXiangGou

小香勾 | XiaoXiangGou

为桑科植物条叶榕*Ficus pandurata Hance var. angustifolia Cheng*或全叶榕*Ficus pandurata Hance var. holophylla Migo*[1]的干燥根及茎。本品系畲族习用药材。

别名：细叶牛乳绳、小叶牛奶绳、牛奶浆、牛奶珠、小攀坡、水风藤，水沉香、毛天仙果等[2]。

第一节　本草考证与历史沿革

本草考证与历史沿革[3]

据《新华本草纲要》记载，琴叶榕的根与叶味甘、微辛，性温、和瘀通乳的功能。用于黄疸、疟疾、痛经、乳痈、腰背酸痛、跌打损伤。琴叶榕为小香勾的基源植物全叶榕和条叶榕的原变种植物，两者功效较为接近，又因全叶榕和条叶榕在江浙地区分布广泛，畲民习用小香勾用于风湿痹痛，消化不良，小儿疳积，腹泻。《浙江省中药炮制规范》2005年版首次收载小香勾，2015年版增加了性状、显微特征等检验项目（由丽水市检验检测院起草）。近年来，丽水市检验检测院对小香勾开展了较多研究，为该药的进一步开发和利用提供了参考。

第二节　植物形态与地理分布

一、植物形态

全叶榕（全缘琴叶榕、全缘榕）为落叶小灌木，高1～2m；小枝，嫩叶幼时被白色短柔毛，后变无毛。叶片纸质，倒卵形、狭倒卵形或倒披针形，长3～7.3cm，宽1.5～2.8cm，先端渐尖，基部圆形至宽楔形，上面无毛，背面叶脉有疏毛和小瘤点，基生侧脉2，侧脉3～5对；叶柄疏被糙毛，长3～5mm；托叶披针形，迟落。隐花头花序单生叶腋或成对腋生，椭圆形，或近球形，较小，直径4～6mm，熟时紫红色，顶部脐状突起不明显，基部不狭缩成柄；隐花果柄长5mm，纤细。基生苞片3，卵形；雄花和瘿花同生于一个隐头花序内，雄花有梗，生内壁口部，萼片4，线形，雄蕊3，稀2，长短不一，瘿花有梗，或无梗，萼片3～4，倒披针形至线形，子房近球形，花柱短，侧生，柱头漏斗形；雌花生于另一隐头花序内，雌花萼片4，三角状披针形或卵状三角形，紫黑色，子房近球形，花柱侧生，延长。花果期5—12月。

条叶榕为落叶小灌木；小枝，嫩叶幼时被白色短柔毛，后变无毛。叶片厚纸质，线状披针形，长3～13cm，宽1～2.2cm，先端渐尖，基部圆形至宽楔形，上面无毛，背面叶脉有疏毛和小瘤点，基生侧脉2，侧脉3～5对；叶柄疏被糙毛，长3～5mm；托叶披针形，迟落。隐花头花序单生叶腋或成对腋生，椭圆形或球形，直径5～10mm，熟时紫红色，顶部脐状突起明显，基部不狭缩成柄；隐花果柄长5mm，纤细。基生苞片3，卵形；雄花和瘿花同生于一个隐头花序内，雄花有梗，生内壁口部，萼片4，线形，雄蕊3，稀2，长短不一，瘿花有梗，或无梗，萼片3～4，倒披针形至线形，子房近球形，花柱短，侧生，柱头漏斗形；雌花生于另一隐头花序内，雌花萼片4，三角状披针形或卵状三角形，紫黑色，子房近球形，花柱侧生，延长。花期6—7月，果期10—11月。

二、地理分布

琴叶榕产于浙江、海南、广西、云南、福建、湖南、湖北、江西、安徽（南部）、广东。生于山地，旷野或灌丛林下。越南也有分布。

全叶榕我国东南部各省常见，分布浙江、福建、湖南、四川，广东、广西。

条叶榕我国东南部各省常见（西至湖北宜昌）。

第三节　栽　培

一、生态环境条件

小香勾的基源植物为桑科榕属落叶小灌木植物，生长于山坡灌丛，松、杉林下，路旁、旷野等地处。

二、苗木繁殖[4]

1.扦插育苗法

于早春2—3月萌发前，选取2年生健壮、充实、无病虫害的枝条，剪除枝梢幼嫩部分，截成长20～30cm的插条，每段至少要有3个节，下端近节处削成马耳斜面形，在500mg/kg萘乙酸（NAA）溶液中浸泡5～10min，插入整理好的苗床上。扦插时，按照行距15cm，株距5～10cm，先用小木棒或竹筷在苗床上打孔，然后将插穗斜插入小孔内，插好后压实、浇水，并在苗床上方搭好拱形棚架，盖好塑料薄膜保温、保湿。扦插10d后检查1次，若苗床土壤表面泛白，可适当洒水。保持土壤湿润1～2个月，插穗开始大量生根成活，枝芽也随着气温升高逐渐抽发新梢。插条大批发芽抽枝之后，于4月中旬拆除塑料薄膜棚。拆除棚架后，要及时进行苗床管理，除草施肥，适时排水和灌溉，防治病虫危害。培育1年后，于翌年春季萌发前出圃定植。一般扦插成苗率在95%以上，该法可以在短期内培育大量苗木。

2.压条繁殖法

压条方法主要有两种，即苗木压条和利用母株基部枝条进行压条，后者成活率显著高于前者。具体方法为：选择母株基部枝条（80cm以上），在距母株基部5～10cm处挖沟，用土把枝条压入沟内，浇透水，35d后即可与母体分离进行移栽。

3.定植

在整好的地上，按照株行距1.5m×2m挖穴，穴的口径和深度各为30cm，每穴施入土杂肥10kg作为基肥。栽植时，将扦插苗或根蘖苗取出，每穴栽入1～2株，栽时分层填土压紧。当土填至一半时，将苗木轻轻上提一下，使其根系舒展，然后再回填其余的土，至栽植穴全部填满，压紧后浇足定根水。

三、栽培管理[5]

1.苗期管理

中耕除草一般每年进行3次，第1次在插条发芽后，揭除塑料薄膜时，及时进行中耕除草；第2次在6月；第3次在8月进行。

2.肥水管理

小香勾对肥不敏感，比较耐瘠薄，基本每年秋冬季施一次基肥即可。

3.灌溉

幼苗期要勤浇水，保持土壤湿润，有利发根。如遇干旱，要及时灌溉，抗旱保苗；在雨季，要及时疏沟排水，以防产生涝灾。

4.病虫害防治

小香勾病虫害较少。基本无主要害虫。小香勾主要病害是炭疽病，在每年7—9月发生危害，可用200倍波尔多液或500倍多菌灵液喷布防治，效果很好。

四、采收加工

小香勾的叶、根、果均有开发价值。每年5—9月，可以采集小香勾的嫩叶，作为一种野菜销售；9月小香勾成熟果实和收集的落叶，晒干作为药材使用。种植若干年后，可以删砍部分枝干，或隔3～5年结合冬季翻耕施肥，在侧向挖取部分地下根切片，随采随用，或晒干销售。在浙南山区还被用作烹制菜肴的调味品、保健品和制果酱。

第四节　化学成分

通过对近些年来有关小香勾、条叶榕、全叶榕及原变种植物琴叶榕的化学成分研究的分析发现，小香勾的化学成分包含三萜类、黄酮类、香豆素类、酚酸类、植物甾醇类、无机元素、挥发油及其他种类。具体内容概括如下。

一、香豆素类

张小平[6]等采用高效液相色谱-四极杆飞行时间质谱（HPLC-QTOF-MS）技术对条叶榕根茎乙酸乙酯提取物中的多种活性化学组分进行了分析鉴定，最终鉴定出条叶榕根茎乙酸乙酯提取物中的8种香豆素为佛手柑内酯、6-甲氧基-7-羟基-8-异戊烯基香豆素、7-甲氧基-6-羟基-8-异戊烯基香豆素、欧芹酚、七叶亭、7-羟基香豆素、补骨脂素、别欧前胡素。HUIQING LV等[7]在将琴叶榕的醇提液及水提液浓缩制成干粉后，溶于甲醇至适宜浓度，以HPLC-ESI-MS方法分离鉴定出补骨脂素、7-羟基香豆素、佛手柑内酯。

二、黄酮类

张小平等[6]采用高效液相色谱-四极杆飞行时间质谱（HPLC-QTOF-MS）技术对条叶榕根茎乙酸乙酯提取物中9种黄酮进行分析鉴定，为槲皮素-O-己糖苷、圣草酚、柚皮素、木犀草素、芹黄素-O-己糖苷、芹黄素、6-C-异戊烯基芹黄素、异戊烯基木犀草素、8-C-异戊烯基芹黄素。研究发现条叶榕的总黄酮含量为：叶、茎、根的黄酮含量分别为17.039mg/kg、10.769mg/kg、14.249mg/kg。研究全叶榕的总黄酮含量为：叶、茎、根的黄酮含量分别为20.859mg/kg、7.449mg/kg、22.029mg/kg。RAMADAN MA等[8]从琴叶榕叶片的乙酸乙酯萃取物中以硅胶色谱初步分离，各产物经反相色谱上样，以不同体积比的氯仿-甲醇洗脱得到化合物槲皮素、槲皮素-3-O-葡萄糖苷、山奈酚3-O-β-新橙皮糖苷和芦丁。另有HUIQING LV等[7]在琴叶榕的地上部位鉴定出木犀草素。李青松等[9]探讨琴叶榕根中以芦丁为标准的总黄酮含量的最佳提取条件，结果显示，在碱提取法、石油醚提取法、醇提取法中以醇提取法效果最佳，最佳提取条件为用30倍量60%乙醇，70℃条件下浸提2h，所得粗黄酮量为100.79mg/mL。

三、酚酸类

张小平等[6]采用高效液相色谱-四极杆飞行时间质谱（HPLC-QTOF-MS）技术对条叶榕根茎乙酸乙酯提取物鉴定出12种多酚，为原儿茶酸、儿茶素、原儿茶醛、绿原酸、表儿茶素、香草酸、咖啡酸、三羟基二苯乙烯己糖苷、对香豆酸、四羟基二苯乙烯己糖苷、原儿茶酸乙酯、对羟基苯甲酸。HUIQING LV等[7]从琴叶榕地上部分的醇提液中采取HPLC-ESI-MS的方法发现了绿原酸。

RAMADAN MA等[8]将琴叶榕乙酸乙酯萃取物中可溶部分在硅胶色谱柱上样，以不同体积比的氯仿—甲醇作为流动相洗脱，辅以Sephadex（LH20）CC色谱分离得到2个酚酸类化合物，经鉴定为原儿茶酸和一种未曾在榕属植物中报道过的酚酸类化合物3-O-α-L-阿拉伯吡喃糖基-4-羟基苯甲酸。

四、三萜类

AMANY SAYED AHMED等[10]通过将琴叶榕果实的正己烷萃取部分经硅胶CC色谱柱分离得到了6个三萜类化合物，分别鉴定为：3β-乙酰氧基-20-蒲公英醇-22酮（3β-acetoxy-20-taraxasten-22-one）、a-香树脂醇、β-香树素、3β-羟基-12，20-焦油基二烯-22-酮（3β-hydroxy-12，20-taraxast-diene-22-one）、2β-羟基-3β-乙酰氧基-β-香树脂醇（2β-hy-droxyl-3β-acetoxy-β-amyrin）、3，22β-二羟基-13（18）齐墩果烯（3，22β-dihydroxy-13（18）-oleanene）。经数据库查找比对后，AMANY SAYED AHMED等[10]提出在正己烷萃取部位分离得到的三萜类化合物3β-acetoxy-20-taraxasten-22-one、3β-hydroxy-12，20-taraxastdiene-22-one、2β-hydroxyl-3β-acetoxy-β-amyrin和3，22β-dihydroxy-13（18）-oleanene，均为榕属植物中首次被发现的新化合物。RAMADAN MA等[8]则在琴叶榕茎皮的正己烷萃取部位分离得到了α-香树脂醇乙酸乙酯、β-香树脂酮、3β-乙酰氧基-20-蒲公英甾醇-22酮、n-香树脂醇；氯仿萃取部位分离得到了2α，3β-二羟基白桦脂酸酯、熊果酸；乙酸乙酯萃取部位分离得到了白桦脂酸。KHEDR All等[11]在琴叶榕全株的乙酸乙酯萃取部位中发现了α-香树脂醇、3β-乙酰氧基-20-蒲公英醇-22酮、3β-乙酰氧基-11α-甲氧基-12-齐墩果烯、3β-酰氧基-11α-甲氧基-12-熊果烯、11-氧代-α-香树脂醇乙酸酯、11-氧代-β-香树脂醇乙酸酯、1β-羟基-3β-乙酰氧基-11α-甲氧基-12-熊果烯、3β，21β-二羟基-11α-甲氧基-12-齐墩果烯、21α-羟基-3β-乙酰氧基-11α-甲氧基-12-熊果烯、3β-羟基-11α-甲氧基-12-熊果烯、11α，21α-二羟基-3β-乙酰氧基-12-熊果烯。

五、植物甾醇类

琴叶榕乙酸乙酯萃取部位分离得到9个植物甾醇类化合物，分析鉴定为β-谷甾醇、豆甾醇、β-谷甾醇-3-O-β葡萄糖苷、3，6-二酮-4，22-豆甾二烯、4-烯-3，6-豆甾二酮、22-烯-3，6-豆甾二酮、3，6-豆甾二酮、6-羟基-4，22二烯-3-豆甾酮、6-羟基-4-烯-3-豆甾酮[11]。

六、脂肪酸

张小平等[6]采用高效液相色谱-四极杆飞行时间质谱（HPLC-QTOF-MS）技术对条叶榕根茎乙酸乙酯提取物进行分析鉴定了4种脂肪酸壬二酸、三羟基十八碳-10-十八碳烯酸、9，12，13-三羟基-10-十八碳烯酸、9，10，11-三羟基-12-十八碳烯酸。

七、无机元素

李青松等[9]通过火焰原子吸收分光光度法进行了琴叶榕根中Zn、Fe、Mn、Cu、Cr五种微量元素的含量测定，结果表明其微量元素的含量由高到低分别为：Zn>Mn>Fe>Cu>Cr。

八、其他类

琴叶榕中的挥发油成分较少，仅有KHEDR All等[11]从该药材的乙酸乙酯萃取部位分离得到了一个挥发油成分，经鉴别为棕榈酸。此外，蜡醇分布于琴叶榕的茎皮之中，经乙酸乙酯萃取可分离得到，在其含有化学成分中所占比例很小。应跃跃[12]研究在条叶榕中，茎的粗纤维含量最高，占44.85%；根的总糖含量最高，达20.88%；叶的粗脂肪、维生素C、水浸出物及粗蛋白含量最高；条叶榕氨基酸总量叶部>茎部>根部；三个部位都含有很高的谷氨酸比例，都检出了7种人体必需氨基酸；条叶榕中含有丰富的人体必需的微量元素Zn、Cu、Mn、Fe，特别是Fe、Mn、Zn含量很高，矿质元素总量叶>根>茎；发现全叶榕叶部的粗脂肪、粗蛋白和总糖在三者中全部是最高，粗脂肪、粗蛋白和总糖三者含量之和比较则叶部>茎部>根部；全叶榕氨基酸总量叶部>根部>茎部；三个部位都含有很高的谷氨酸比例；三个部位都检出了7种人体必需氨基酸；全叶榕各部的矿质元素分布与含量与条叶榕大致相当，但总含量有所下降。张小平等[6]采用高效液相色谱–四极杆飞行时间质谱（HPLC-QTOF-MS）技术对条叶榕根茎乙酸乙酯提取物进行分析鉴定了1种蒽：大黄素。

第五节　药理与毒理

一、药理作用

近年来，有关小香勾、条叶榕、全叶榕及原变种植物琴叶榕药理作用方面的研究主要包含抗氧化和抗炎症作用、降酶保肝、抗肿瘤及镇痛作用，具体详述如下。

（一）抗氧化和抗炎症作用

2013年浙江省丽水市人民医院的叶一萍[13]报告，利用小香勾健脾、祛湿和刺络拔罐的化湿通络、行气活血作用，对急性痛风性关节炎的病人进行治疗。采用口服双氯芬酸钾片进行对照，结果发现小香勾的治疗有效率与对照组未见明显差异，均有较好的治疗效果，但用小香勾治疗的患者中均未见明显胃肠道反应，口服双氯芬酸钾片的患者中超过半数的有明显的胃肠道反应，如恶心、泛酸、腹泻等。HUIQING LV等[10]通过DPPH法和羟基自由基法检测其抗氧化能力，爪水肿实验和尿酸钠（MSU）晶体诱导大鼠炎症介质TNF-a和PGE2水平实验进行抗炎症作用的检测，比较琴叶榕水提液和醇提液的抗氧化和抗炎症作用。结果显示，与水提液相比较，醇提液具有更强的抗氧化和抗炎症能力，其清除DPPH和羟基自由基作用具有显著的浓度依赖性，IC_{50}分别为118.4pg/mL和192.9pg/mL。醇提液对于抑制爪水肿和降低TNF-a及PGE2炎症因子具有明显作用，可能与醇提液富含多酚类化合物有关。琴叶榕根部的水提液中具有能降低Wistar大鼠血清中MDA含量以及提高血清中SOD活性功效的化学成分，具有一定的抗自由基能力。琴叶榕醇提液对于家兔的细菌性前列腺炎疗效较好。

（二）降酶保肝作用

琴叶榕茎皮部位的乙酸乙酯萃取层分离得到白桦脂酸，刘妙娜等[14]研究表明高剂量的白桦脂酸具有显著的抗肝纤维化活性。此外，相关文献研究指出，氧化应激反应作为肝组织损伤的作用机制之一，可破坏肝细胞内自由基的产生和抗氧化防御系统之间的平衡，从而造成肝细胞和肝组织不同程度损伤，同时，作为评估其损害程度的生化指标如MDA、SOD、AST、ALT等的含量也会出现不正常的变化。核因子E2相关因子2（Nuclear factor erythroid-2-re-lated factor 2，Nrf 2）与抗氧化反应元件（anti-oxidant re-sponse dlenient，ARE）共同构成了细胞中起调节编码抗氧化蛋白的信号通路，可以发挥抗氧化应激损伤作用，且黄酮类成分槲皮素具有激活Nrf 2-ARE信号通路的功效。

（三）抗肿瘤作用

琴叶榕被报道的化学成分中共有五环三萜类化合物20个。ABDEL-KADER M等[15]发现齐墩果酸三糖皂苷A、B对于抑制A2780细胞株和M109肺癌细胞株的IC_{50}值分别为0.8μg/mL和1.0μg/mL。SUH W S等[16]则指出齐墩果酸型皂苷具有高安全性的肿瘤细胞毒性作用，有开发成抗肿瘤先导化合物的价值。PATHAK A K等[17]则发现熊果酸能阻断STAT3通路抑制多发性骨髓瘤细胞增殖及促使癌变细胞凋亡，直接起到抗肿瘤作用。琴叶榕的茎及果实所含的植物甾醇类化合物亦具有抗肿瘤功效[18]。

（四）镇痛作用

2013年王喜周[19]等对条叶榕的镇痛作用进行研究，对实验小鼠连续灌喂不同提取部位和剂量的条叶榕，分别采用三种抗炎实验（二甲苯致小鼠耳肿胀实验、角叉菜胶致小鼠足跖肿胀实验、小鼠皮下棉球肉芽肿增生实验）和两种镇痛实验（醋酸致小鼠扭体法实验和小鼠热板法）。结果：条叶榕能降低二甲苯所致小鼠耳廓肿胀率，抑制角叉菜胶所致的小鼠足跖肿胀以及小鼠皮下棉球所致的肉芽肿增生，减少醋酸所致小鼠扭体次数，提高小鼠热板痛阈值；同剂量的条叶榕醇提液的抗炎镇痛效果强于水提液。结论：条叶榕的具有较好的抗炎镇痛，并且醇提液强于水提液。条叶榕的水提液和醇提液对二甲苯所致小鼠耳片肿胀、角叉菜胶所致小鼠足肿胀以及小鼠皮下棉球肉芽肿增生均有抑制作用，说明条叶榕能够有效缓解炎症发生过程中的症状；条叶榕水提液和醇提液均能抑制醋酸刺激腹腔黏膜引起的痛反应，减少小鼠的扭体次数，提高小鼠热刺激体表的痛阈，延长热板痛反应时间，说明条叶榕可以分别通过中枢神经和外周神经产生镇痛作用；同剂量条叶榕醇提液的抗炎镇痛作用高于水提液，与前期研究的黄酮类物质更易被乙醇溶剂提取有关。条叶榕抗炎镇痛作用可能与榕属植物含有生物活性物质有关，如黄酮类、萜类、三萜类、甾醇类和多糖类等成分有关；条叶榕气味芳香，可能与中药芳香化湿，通畅气机，通则不痛的理论有关。总之，条叶榕具有镇痛抗炎作用。

（五）其他

琴叶榕分离得到的香豆素类化合物早已被报道具有光敏性，可用于治疗白斑病[20]。琴叶榕根中所含微量元素锌作为人体必需的微量元素之一，几乎涉及到所有的细胞代谢，如在生长发育、生殖遗传、免疫、内分泌等重要生理过程中起着极其重要的作用。若机体缺乏锌元素，轻则免疫力下降，重则流产或精子活力下降而导致不育等症，这在一定程度可以预示琴叶榕具有开发成为保健品的市场潜力，值得进一步深入研究。

二、毒理研究

有研究表明[21]小香勾是畲族人民的药食同源植物品种，在畲族日常生活中"小香勾烧兔""小香勾红烧猪脚""小香勾老鸭煲""小香勾排骨豆腐汤"等是补肝益肾，滋肾填精的特色药膳。小香勾的药膳有提高机体免疫力，增强抗病能力的功效，所以小香勾无毒性。

第六节　质量体系

一、标准收载情况

丽水市食品药品检验所于2003年开始收集整理小香勾药材标准，向省药检监督管理局提供小香勾药品质量标准研究报告。经过几年的研究，小香勾作为畲药收载于2005年版《浙江省中药炮制规范》。2005年版《浙江省中药炮制规范》小香勾的质量标准仅对品名、来源、炮制、功能。在后续10余年时间里，小香勾作为畲药品种，丽水市食品药品检验所发挥丽水地理特点，继续对小香勾的质量标准进行研究。对小香勾质量标准中性状、显微鉴别、薄层鉴别等多方面进行完善，在2015年版《浙江省中药炮制规范》中增加了性状、显微鉴别、薄层鉴别的标准。

二、药材性状

为不规则的厚片或圆柱形小段。根皮表皮灰棕色至黑褐色，具细小纵皱纹，切面皮层较窄，木部宽广，黄白色，质坚韧，气香特异，味淡。茎皮表皮红棕色至棕褐色，有的具灰白色地衣斑，切面可见髓部。气微，味淡。

三、炮制

2015年版《浙江省中药炮制规范》记载：除去杂质，洗净，润透，切厚片或段，干燥。

四、有效性、安全性的质量控制

2015年版《浙江省中药炮制规范》记载如下。

（一）显微鉴别

粉末黄白色至棕色。淀粉粒单粒类球形、三角状卵形或椭圆形，直径4～20μm，脐点点状、裂缝状或人字状；复粒由2～6分粒组成。具缘纹孔导管和网纹导管散在。晶纤维较多，草酸钙方晶直径3～15μm。木栓细胞多角形，棕色。

（二）薄层鉴别

取本品粉末0.5g，加甲醇20mL，超声处理30min，滤过，滤液蒸干，残渣加甲醇1mL使溶解，作为供试品溶液。另取补骨脂素对照品，加甲醇制成每1mL含0.5mg的溶液，作为对照溶液。照《中国药典》薄层色谱法试验，吸取上述两种溶液各5μL，分别点于同一硅胶G薄层板上，以正己烷-乙酸乙酯（7∶3）为展开剂，展开，取出，晾干，置紫外光（365nm）下检视。供试品色谱中，在与对照品色谱相应的位置上，显相同颜色的荧光斑点。

五、质量评价

（一）小香勾易混淆品种鉴定

1.原植物性状

小香勾的基源植物为条叶榕（*Ficus pandurata Hance var. angustifolia Cheng*）和全叶榕（*Ficus pandurata Hance var. holophylla Migo*），株高1～2m，植物落叶小灌木，全叶榕（全缘

琴叶榕、全缘榕）叶倒卵形、狭倒卵形、披针形或倒披针形，先端渐尖，中部不收缩；柄长3~4mm。条叶榕与原种（琴叶榕）区别在于叶片厚纸质，叶线状披针形，长3~16cm，宽1.5~2.8cm，先端渐尖，侧脉8~18对。

2.混淆品——天仙果

天仙果[*Ficus erecta Thunb. var. beecheyana*（Hook.et Arn.）King]为桑科榕属植物，与小香勾基源植物条叶榕和全叶榕为同科同属植物，与条叶榕和全叶榕的植物形态区别在于，天仙果的叶倒卵状长圆形或长圆形，上面粗糙，疏生短粗毛，下面被柔毛及瘤状突起；隐花果直径11~15（20）mm。

在畲民的日常生活中，也把天仙果作小香勾用。在浙江天仙果的植物资源较少，畲民习用中主要以条叶榕和全叶榕为主，天仙果用量较少。故在2015年版《浙江省中药炮制规范》中为未收载天仙果作为小香勾的基源植物。虽然天仙果与条叶榕、全叶榕为同科同属植物，其化学成分有很多相似之处，但被法定标准中收载，故天仙果为小香勾的混淆品[22]。

3.混淆品——琴叶榕

琴叶榕（*Ficus pandurata Hance*）变种之后形成了条叶榕和全叶榕，所以琴叶榕是小香勾基源植物条叶榕和全叶榕的原变种植物。从植物学上讲，琴叶榕、条叶榕和全叶榕是同同科同属同种植物。从法定标准来说，琴叶榕未被2015年版《浙江省中药炮制规范》所收载，故琴叶榕为小香勾的混淆品。

（二）含量测定研究

余华丽[23]建立畲药小香勾中补骨脂素的定性鉴别和含量测定方法，采用薄层色谱（TLC）法进行定性鉴别，并采用高效液相色谱法进行含量测定，对不同地区采集的10个样本进行分析，结果显示小香勾的TLC图斑点清晰、分离度好；补骨脂素的质量浓度在0.645 6~21.52μg/mL范围内与峰面积呈良好的线性关系

（r=0.999 9）；精密度、稳定性、重复性试验的RSD<2%；平均加样回收率为99.61%，RSD=1.37%（n=6）。结论：该方法简便易行、准确、重复性好，可用于畲药小香勾的质量控制。王伟影[24]完善了畲药小香勾的质量标准，分别对小香勾的粉末显微特征、指标性成分（补骨脂素）进行鉴别和测定，为小香勾的质量标准提供可靠的依据。

第七节　性味归经与临床应用

一、性味归经

2015年版《浙江省中药炮制规范》：小香勾，辛、甘，温。归脾、肾经。

二、功能主治

2015年版《浙江省中药炮制规范》：小香勾，祛风除湿，健脾止泻。用于风湿痹痛，消化不良，小儿疳积，腹泻。

《中国畲族医药学》：小香勾，消化不良，小儿疳积，腹泻，疝气。

三、用法用量

2015年版《浙江省中药炮制规范》：小香勾，10～30g。

《中国畲族医药学》：小香勾，内服汤剂10～30g，鲜品30～60g。

四、附方

《中国畲族医药学》《中国畲药学》[25]

1.消化不良性腹泻

小香勾30g，煎水100mL内服。

2.小儿疳积

小香勾100g，加水500mL，与鹌鹑蛋30g一起煮，每日食蛋4~8g，每次2~4个。

3.小儿疝气

小香勾30~50g，赤木丹根20~30g，加猪脚尖、桂圆、荔枝和红枣适量，水煎服。

第八节 丽水资源利用与开发

资源蕴藏情况

小香勾在丽水各县市均有分布，以野生资源为主，基地尚在建设中，未成规模化种植。

第九节 总结与展望

小香勾最初为畲族人们的习用药材，其知名度受地域限制。《浙江省中药炮制规范》作为浙江省地方性法规，2010版《浙江省中药炮制规范》成功收载了小香勾品种，这是对小香勾药用作用的肯定，也对小香勾在全省乃至全国的广泛应用起到了至关重要作用。

小香勾在民间认为是药食两用品种，智慧的人们善于就地取材，丽水的龙泉、遂昌、松阳、莲都等地，人们时常添加小香勾与鸡、猪脚等荤菜一起烧制，能使熬制的汤汁更加鲜美，同时能降低菜肴的油腻性。在食用这些美食的同时，善于总结与发现的人民，渐渐体会到了小香勾对小儿疳积、消化不良、腹泻、祛风除湿的药用价值，正是小香勾的药食两用性，使其日常使用频率越来越高，条叶榕的日常使用频率高于全叶榕的，但其保健价值和药用价值低于全叶榕。目前其食用尚未经新资源食品批准因而无标准，亟待做安全性等各方面工作。还有景宁等畲民进一步用无花果和赤叶槭树皮或根作大香勾，据说资源更丰富、价格低、作用不逊于小香勾，尚待进一步研究。

参考文献

[1] 浙江省食品药品监督管理局. 浙江省炮制规范[M]. 北京：中国医药科技出版社，2015：13-14.

[2] 雷后兴，李水福. 中国畲族医药学[M]. 北京：中国中医药出版社，2007：307-308.

[3] 江苏省植物研究所，中国医学科学院药物研究所，中国科学院昆明植物研究所. 新华本草纲要[M]. 上海：上海科学技术出版社，1988：17.

[4] 吉庆勇，彭昕，程文亮，等. 小香勾生物学特性与栽培技术[J]. 现代中药研究与实践，2015，29（3）：3-4.

[5] 林燕. 条叶榕栽培技术[J]. 农业科技通讯，2017（4）：263-265.

[6] 张小平，蒋可志，吕惠卿，等. HPLC-Q-TOFMS鉴定条叶榕根茎乙酸乙酯提取物中的主要化学成分[J]. 质谱学报，2015，36（4）：310-320.

[7] H. Lv, X. Zhang, X. Chen, et al. Phytochemical Compositions and Antioxidant and Anti-Inflammatory Activities of Crude Extracts from Ficus pandurata H.（Moraceae）[J]. Evidence-Based Complementary and Alternative Medicine，2013：1-8.

[8] Ramadan, M. A., Ahmad, A. S., Nafady, A. M., Mansour, A. I. Chemical composition of the stem bark and leaves of Ficus pandurata Hance[J]. Natural Product Research，2009，23（13）.

[9] 李青松，丁冶春，王瑞琦，等. 琴叶榕根中黄酮类化合物的提取条件研究[J]. 中国现代应用药学，2006，23（1）：28-30.

[10] Amany，Sayed and Ahmed. PENTACYCLIC TRITERPENES FROM FICUS PANDURATA HANCE. FRUIT[J]. Bulletin of Pharmaceutical Sciences.

[11] Amgad I. M. Khedr，Sabrin R. M. Ibrahim，Gamal A. Mohamed，et al. New ursane triterpenoids fromFicus pandurataand their binding affinity for human cannabinoid and opioid receptors[J]. Archives of Pharmacal Research，39（7）：897-911.

[12] 应跃跃. 小香勾营养价值分析及黄酮研究[D]. 杭州：浙江大学，2012.

[13] 叶一萍，王法明，李慧珍. 畲药小香勾合刺络拔罐治疗急性痛风性关节炎疗效观察[J]. 浙江中医杂志，2013，48（2）：108-109.

[14] 刘妙娜，王腾，李巍，等. 桦木酸抗肝纤维化作用的实验研究[J]. 华中科技大学学报（医学版），2015，44（6）：682-685，690.

[15] M. Abdel-Kader，J. Hoch，J. M. Berger，et al. Two bioactive saponins from Albizia subdimidiata from the Suriname rainforest[J]. J Nat Prod，2001，64（4）：536-539.

[16] S. WS. Synthetic triterpenoids activate a pathway for apoptosis in AML cells involving downregulation of FLIP and sensitization to TRAIL[J]. Leukemia，2003，11（17）.

[17] A. K. Pathak，M. Bhutani，A. S. Nair，et al. Ursolic Acid Inhibits STAT3 Activation Pathway Leading to Suppression of Proliferation and Chemosensitization of Human Multiple Myeloma Cells[J]. Molecular Cancer Research Mcr，5（9）：943-955.

[18] De Stefani E，Boffetta P，Ronco A L，et al. Plant Sterols and Risk of Stomach Cancer：A Case-Control Study in Uruguay[J]. Nutrition & Cancer，37（2）：140-144.

[19] 王喜周，应跃跃，张昊，等. 条叶榕抗炎镇痛作用研究[J]. 陕西中医，2013，34（5）：621-623.

[20] 张德杰，黄世林，陈楠楠，等. 补骨脂素加长波紫外线照射对白血病 K562细胞的杀伤作用[J]. 中西医结合学报，2005（6）：65-68.

[21] 邱胜平. 畲药药食同源植物品种和药膳食谱调查[J]. 中国民族医药杂志，2016，22（8）：56-58.

[22] 一鹤. 介绍几种具有滋补价值的野生植物[J]. 福建中医药，1962（3）：41-44.

[23] 余华丽，王伟影，毛菊华，等. 畲药小香勾中补骨脂素的定性鉴别与含量测定[J]. 中国药房，2015，26（6）：815-817.

[24] 王伟影，毛菊华，余华丽，等. 畲药小香勾的质量标准研究[J]. 中华中医药学刊，2015，33（8）：1 979-1 981，2 075.

[25] 雷后兴，李建良. 中国畲药学[M]. 北京：人民军医出版社，2014：68-69.

庆元县

庆元县位于浙江省西南部，地理位置东经118°50′～119°30′，北纬27°25′～27°51′。2005年被评为"中国生态环境第一县"，森林覆盖率高达82.4%，在全国2 000多个县、市、区中排名第一。

北面与本省丽水市的龙泉市、景宁畲族自治县接壤，东西、南面与福建省寿宁县、松溪县、政和县交界。南北长49km，东西宽67km，土地面积1 898km²。全境山岭连绵，群峰起伏，地势自东北向西南倾斜。北、东部为洞宫山脉所踞，山间盆地相对高度海拔600～800m，斋郎村海拔1 210m，是全县最高居民点；主峰百山祖，海拔1 856.7m，为浙江省第二高峰。西南部和中部，是仙霞岭—枫岭余脉，山间盆地相对高度海拔330～600m。这一地区分布有较多河谷，地势平缓，土质肥沃，灌溉方便，是粮食主要产区，其中黄田、隆宫、安南盛产毛竹；屏都、竹口乃"柑橘之乡"；新窑村海拔240m，为全县最低点。

气候属亚热带季风区，温暖湿润，四季分明，年平均气温17.4℃，降水量1 760mm，无霜期245d。总的特点是冬无严寒，夏无酷暑。就局部而言，东、北部气温较之西南部和中部低，无霜期短，昼夜温差大。这一气候，最宜于香菇等菌类生长。河流有松源溪、安溪、竹口溪、南阳溪、左溪、西溪、八炉溪7条，除竹口溪外，均以洞宫山脉为分水岭，向东北流入瓯江，向西南流入闽江，向东南流入交溪（福安江），故有"水流两省达三江"之说。水力资源丰富，已经开发的装机容量有15 600kW，并与华东大电网并联，98.6%的农村可使用电力照明、碾米和其他农副产品加工，全县已于1988年实现初级电气化。

作为"中国生态第一县"，良好的生态环境为各种真菌类的生长提供了天然的环境保护。庆元香菇即是庆元特产，中国国家地理标志产品。

庆元香菇又称花菇。据考,人工栽培香菇始于南宋,相传系生于建炎四年(公元1130年)庆元县的一位名叫吴三公的农民发明。1989年,经国际热带菌类学会主席张树庭教授考察研究,确认庆元是世界人工栽培香菇技术的发祥地,并亲笔题写了"香菇之源"匾额。

2002年06月12日,原国家质检总局批准对"庆元香菇"实施原产地域产品保护。

庆元种植主要中药有灰树花、灵芝、铁皮石斛、黄精、重楼等,最有名气除灰树花外就是香菇了,本章重点介绍丽水唯一可制作注射剂的抗癌药——香菇。

香菇

XiangGu

香 菇 | XiangGu
Lentinus edodes（Berk.）sing

本品为真菌类担子菌纲伞菌目伞菌科香蕈*Lentinus edodes*（*Berk.*）Sing的子实体。因其含有一种特有的香味物质——香菇精，形成独特的菇香，所以称为"香菇"。又名冬菇、香菌、爪菰、花菇、菊花菇、香蕈、香菰、香信、中国菇。

第一节　本草考证与历史沿革

一、本草考证

香菇是我国著名的药用菌[1, 2]。《日用本草》始入药用，云："蕈生桐、柳、枳椇木上，紫色者名香蕈。"宋代陈仁玉《菌谱》载："合蕈，生邑极西韦羌山，高迥秀异。寒极雪收，林木坚瘦，春气微欲动，土松芽活，此菌候也。菌质外褐色，肌理玉洁芳香，韵味发釜鬲，闻百步外。盖菌多种，例柔美，皆无香，独合蕈香与味称。"《菌谱》所言合蕈与《日用本草》之香蕈，从其所述的外褐色，肌理玉洁，气味芳香及其生长季节，皆为一致。历代医药学家对香菇的药性及功用也均有著述[3]。如《本草纲目》收载"香菇乃食物中佳品，味甘性平，能益胃及理小便不禁"，并具"大益胃气""托痘疹外出"之功。《医林篡要》认为香菇"甘、寒"，"可脱豆毒"；《日用本草》认为香菇"益气、不饥、治风破血"；《本经逢源》认为香菇"大益胃气"。《神农本草》认为服食饵菌类可以"增智慧""益智开心"。

二、历史沿革

丽水庆元、龙泉是世界香菇人工栽培文化发源地，香菇文化历史悠久、拥有众多香菇文化遗产。这些地方气候温和，冬暖夏凉，全年最热平均气温26℃，最冷月平均气温7℃，森林覆盖率86%，非常适宜菇类生长。

香菇的人工栽培始于中国，东汉王充（公元27—97年）《论衡·初篇》："紫芝之栽如豆、如珠玉，气而生"。晋葛洪（公元284—363年）《抱朴子内篇·黄白篇》："夫芝菌者，自然而生。《仙经》有以五石、五木种芝，芝生，取而服之，亦与自然芝无异，俱令人长生"。这是史书中最早与庆元香菇的记述。随着"种芝术"的开始流传，少数山民从被风雪刮倒的阔叶树干上发现了野生香菇的原型，它像撑开的伞，散发诱人的芳香，食之不仅美味可口，且还可以用来医治风寒等疾病[4]。随后，山民发现这种菌蕈是可以通过人工砍坎的方式助其生长，这是人工栽培香菇的最初阶段。此时对香菇的生长规律尚无完整认识，也缺乏系统的操作方法。

直至南宋建炎（公元1127—1130年）之后，庆元乡贤吴三公，发明了人工栽培香菇的技术，开创了香菇生产的先河。吴三公在百山祖北麓荼枚圩香菇湾一带打猎烧炭的过程中，他发现阔叶树倒地所生之蕈无毒味美，便取名"香蕈"。后又发现香蕈多从刀斧砍痕中长出，砍多处蕈多如鳞，砍少处蕈少，无砍处则无蕈，因而总结出"剁花法"。他在西洋、竹山一带制菇和传播菇术时，对剁而未出者狠狠猛击树木，数日后遍树出菇，继而发明"惊蕈术"。吴三公在长期广泛的探究中总结出了场地选择、菇木种类、剁花、遮衣、倡花、惊檔、烘烤等一整套科学的人工栽培、管理和加工方法，菇民奉其为香菇祖师[1]。香菇砍花法栽培技艺在我国延续了1 000多年，在2009年被评定为省级非遗项目，除龙泉、庆元、景宁三县菇民之外，形成了一套十分严密的行规。

之后，元代王祯《农书》（公元1313）详细记载了香菇栽培法。"今山中种蕈亦如此法。但取向阳地，择其所宜木（枫、椿、栲等树）伐倒，用斧碎，以土覆之，经年树朽，以蕈吹锉，匀播坎内，以蒿叶及土覆之。时用泔浇灌，越数时以锤击树，谓之惊蕈。雨露之余，天气逐暖，则蕈生矣。末讫遗种在内，未岁仍复发。"这是最早香菇砍树栽培的简述。所谓"用泔浇灌""以锤击树"，即是以前菇农的"浸水打木"[5]。

人工栽培香菇的成功，为香菇生产提供了广阔空间。相传明朝初年，国师刘基为香菇人工栽培技术奏请"皇封专利"，庆元以及周边的龙泉、景宁成为全国独一无二的传统菇民区。在漫长的数百年时间里，庆元菇民足迹遍及闽、赣、粤、皖、川、陕、云、贵等十多个省市。清康熙《庆元县志》也有记载："庆邑之民，以制蕈为业。老者在家，壮者居外，川、陕、云、贵无所不历"。

1989年以来联合国教科文组织国际热带菇类学会主席张树庭教授来庆元考察论证，并亲笔题词"香菇之源"，"香菇栽培庆元起源"得到了国内外专家高度认同。1995年庆元县被国务院发展研究中心市场经济研究所授予"世界人工栽培香菇历史最早"的中华之最。2014年，庆元香菇文化系统被认定为中国重要农业文化遗产。

为了避免香菇技术外传，在庆元本地方言的基础上还产生了菇山语言菇寮白。菇寮白并不是地方方言的分支，而是属于帮会性的菇业行话。庆、龙、景三县毗邻，其地方语言不甚相同，但所用菇寮白则完全一致。

为了弘扬和传承香菇文化，庆元县每年农历七月十六至七月十九定期举办香菇始祖朝圣活动，每三年在11月11日举办中国（庆元）香菇文化节，邀请全国食用菌主产区政府代表、国内外食用菌行业学者、食用菌经营者及媒体齐聚庆元，为食用菌产业发展献计献策。

为提升香菇技术，1979年庆元县成立食用菌科研中心开展代料香菇栽培技术研究和推广。1988年，县食用菌科研中心在吴克甸的带领下，育成中低温型迟熟香菇品种"241-4"，研究形成了包括冬春季低温期接种、刺孔增氧、袋内转色、秋冬季出菇、温差催蕾等一整套科学合理的"庆元香菇栽培模式"，这是我国代料香菇栽培史上的一次重大技术变革，1994年获浙江省科技进步二等奖。"241-4"品种及"庆元香菇栽培模式"迅速推广至全国各香菇产区，成为浙、闽、赣、皖等省香菇产区的当家品种及栽培模式，从而大幅度提高了我国代料香菇产量、品质与效益。庆元香菇一度占据全世界香菇市场30%~40%的份额。

时至今日，浙江省丽水市庆元县已发展成为了我国香菇的传统优势产区，也是主要产区，开创了世界人工栽培香菇的辉煌历史[6]。庆元全县从事食用菌产业的生产者达7万多人，占全县农业人口50%多，食用菌常年栽培量1.2亿袋，年产量近10万t，食用菌年产值达35亿元以上。全县食用菌企业380多家，其中加工型企业近80家，县级以上农业龙头企业15家。

1992年1月11日，庆元香菇市场隆重开业，成为国内最早，全世界最大的香菇专业市场。目前，全国1/4的香菇在庆元香菇市场集散，2018年交易额达25.96亿元。种植技术的进步和文化的传承为产业发展壮大打下坚实基础。如今，庆元香菇产品逐步由初加工向休闲、保健、药用等高附加值产品方向发展，形成了香菇生产、加工、贮藏、商贸、物流为中心的现代香菇产业体系。

第二节　植物形态与分布

一、植物形态

香菇为异宗结合的四极性菌类。一个子实体能产生4种不同交配型（A1B1、A2B2、A1B2、A2B1）的担孢子，担孢子萌发形成单核菌丝，不同交配型的单核菌丝结合进行质配后，形成异核的双核菌丝。在子实体形成过程中，双核菌丝中的两个细胞核在原担子中进行核配，形成一个双倍体的细胞核。双倍体核经减数分裂形成4个单倍体核，每一含单个单倍体核的子细胞发育成一个担孢子，从而完成整个生活史。

成熟的香菇菌盖半肉质，直径5～12cm，有时可达20cm。幼时呈半球型，后呈扁半至稍扁平状，表面菱色、浅褐色、深褐色至深肉桂色，中部往往有深色鳞片，而边缘常有白色毛状或絮状鳞片。菌肉厚，白色，菌褶白色，稠密，弯生。柄中生至偏生，白色，内实，常弯曲，长3～5cm，直径0.5～0.8cm，菌环以下部分往往覆有棉毛状白色鳞片，干燥后不明显。菌环窄而易消失。孢子无色，光滑，椭圆形，$5\mu m \times 2.5\mu m$。

二、分布

我国的香菇主要分布在安徽、江苏、上海、浙江、江西、湖南、福建、台湾、广东、广西、云南、贵州、四川等地。人工栽培几乎遍及全国。世界上的香菇主要分布在太平洋西侧的一个弧形地带。北至日本的北海道，南至巴布亚新几内亚，西到尼泊尔的道拉吉里山麓。此外，非洲北部地中海沿岸也有香菇变种，新西兰分布着类似的香菇，南美的塔哥尼亚也有栽培[5]。

第三节　栽　培

一、生态环境条件[5]

1.养分

香菇属腐生性真菌，只能从现成的营养基质中吸收碳源、氮源、矿物质等进行生长发育。在自然条件下，野生香菇生于壳斗科、桦木科、金缕梅科等阔叶树的倒木上吸收营养。人工木屑栽培香菇则需要在培养料中添加蔗糖、麦麸、玉米粉、米糠等易被香菇菌丝吸收的碳源、氮源及其他物质。糖浓度为1%～5%，碳源与氮源的比例为（25∶1）～（40∶1）。此外，微量的碳、镁、钾、磷、锰、铁、锌、钼、钴等矿质元素可促进香菇菌丝的生长。维生素B_1对香菇菌丝碳水化合物代谢起着重要作用。木屑栽培香菇后期常因缺维生素B_1而引起菌丝自溶。适合香菇子实体生长的维生素B_1的浓度大约为5×10^{-6}mol/L。在培养基中加入适量的单宁酸可刺激菌丝的生长。腺嘌呤或嘧啶对菌丝生长有利。吲哚乙酸、赤霉素等生长调节剂对香菇菌丝生长也有一定的作用。

2.温度

香菇是一种变温结实性的菌类，温度效应非常大。香菇孢子萌发，菌丝生长和子实体的分化发育，对温度均有明显不同的要求。担孢子萌发最适温度为22～26℃。菌丝生长温度范围为5～32℃，最适温度为25～27℃。不同的香菇品种，对温度的敏感程度各不相同，常用的H-03、E-02，其菌丝在15～20℃的温度范围内能够缓慢生长，而Cr-02、GL-47等菌株在温度低于18℃条件下就不能正常生长，且常常发生菌丝倒伏、发黄，不过当温度升到18℃以上时菌丝又恢复生长，发黄的菌落又逐渐变白，当温度上升到28～29℃时，这两个品种的菌丝生长速度又减慢。子实体发育温度在5～25℃，适温为12～17℃，以15℃左右为最好。子实体的形状、颜色、质量和生长速度与温度有密切的关系。在子实体分化期，10℃以上温差，会大大促进子实体的发生。20～23℃的高温下香菇生长迅速、朵大、肉薄、柄细长、菌盖易开伞，同时肉质比较粗糙，颜色略白，质量较差，在低温环境中香菇生长缓慢、朵小、肉薄、柄短、且色泽较深，质地致密，而且低温干燥的环境下，易形成花菇，质量亦好。菌株品系的不同，子实体的最适温度也略有差异，低温型品系的香菇原基分化和子实体形成需要较低的温度。而高温型品系的香菇原基的分化和子实体形成最适温度为20～22℃。

3.水分及空气湿度

由菌丝体阶段转入子实体阶段时，对水分及空气湿度的要求也随之增高。在菌丝体阶段，菇木含水量以55%～65%为宜，空气相对湿度约70%；子实体阶段，菇木含水量应增至60%～65%，子实体空气相对湿度应达85%～95%。香菇子实体生长过程中对湿度的要求与气温有密切的联系，低温低湿时，子实体发育慢、朵大、肉厚、不易开伞。高温高湿时则完全相反，故在实际栽培中要根据环境中温度和湿度情况，灵活掌握水分和通风技术，合理调节温度和湿度的关系。

4.光照

香菇为喜光性菌类，香菇原基的形成取有效的光波波长在370～420nm。香菇的菌丝体在完全黑暗的条件下可以正常生长，强光会抑制菌丝的生长，破袋前的菌丝应尽量避免强光照射。但子实体的分化和发育需要一定的散射光的刺激。香菇子实体分化的最小光强为100～150lx，最适光强度为300lx左右。

5.空气

香菇属好气性真菌，栽培香菇的菇棚和菇房要求通风良好。木屑栽培模式中当菌丝长至比接种孔大两倍时，应取去外套袋，以利菌棒内通气，增强菌丝生命力。子实体分化阶段，对氧气需要量略低，但氧气的需要量急剧增加，此时环境中含0.1%以上的CO_2，就会对子实体产生毒害，应适当加强通风换气。

6.酸碱度

香菇菌丝在pH值3～7均能生长，但最适pH值为4～6。原基发育和子实体形成的适宜pH值在3.5～4.5。在配制培养料时PH值可适当高些，一般可控制在6～6.5，培养料经袋装、灭菌后，pH值可降至5～5.6。同时为防止培养基内pH值变化过大，通常加入适量的缓冲剂，如石膏、碳酸钙等。

综上所述，香菇对外界环境条件的要求主要有养料、水分、温度、空气、光线和酸碱度。其中主导因素是温度、湿度和光照。温度是先高后低，湿度是先干后湿，光线是先暗后亮。

二、生产工艺流程

现人工栽培香菇的生产工艺流程包括：培养料搅拌工作、菌带整装、降温冷却、香菇接种、适宜生长环境下的菌丝培养工作、调节色期、菌带与越夏管理、烘干收集。

三、菌种选择

香菇在品种选配方面需要按照季节来分类：包括春季香菇、夏季香菇、秋天和反季香菇等栽种模式[7]。不同的季节，香菇的品种选配不同，以此保证香菇的种植质量[8]。春栽模式下，以生产干花、厚菇为主，主要菌种为晚熟品种，我国香菇栽培多以渭香1号和9608两种菌种为主，二者皆属于中温模式下的品种，实际菌龄大约为120d[9]。夏栽模式下，主要选择耐高温的早熟品种。秋栽模式下主要选择中低温的早熟品种，主要有申香93和武香1号，适宜的中温环境下栽培，具体的发菌期约为90d。

四、栽培时间

春栽开始于每年的3月，截至时间为4月下旬，至此栽培环节结束。在香菇的成长环节，菌丝成长需要历经3个月左右，到达6月时，颜色将会改变，形状逐渐长成。夏天7—8月，香菇停止生长，经历越夏期，直至10月，越夏期结束。直到第2年的2月，香菇生成，即可进行采摘，截至4月，整个生长过程大约14个月。

每年8月，香菇秋栽工作开始，结束期为9月下旬。发菌时间大约70d，经历一段时间的成长，在第二年2月即可进行采摘，整个采摘过程可以分为2个阶段，时间主要为春节前后[10]。从栽培到结束采摘，整个生产过程大约需要8个月。

五、菌种的培养

菌种培养的原料主要为木屑、蔗糖、麦皮和石膏粉等。首先要求原料必须具有新鲜且富含有机物的特征，在材料整合过程中，需要将其进行搅拌，通过引入温水来提升原材料的融合程度。二是将适量的蔗糖放入搅拌好的原材料中，重复搅拌工作，直至菌带大约呈现65%含水量状态，方可停止材料整合工作。三是开始进行装瓶工作。在装瓶过程中，需要进行压实处理，边装材料边进行压实，确定材料充实之后进行封装工作，需要使用的封装材料是牛皮纸和塑料保鲜膜，结束装瓶工作之后，需要用麻绳进行封绑[11]。四是进行灭菌工作。需要将材料瓶放入事先准备好的灭菌锅中，通过加热沸水来进行有效的杀菌，灭菌时间需要4h。当灭菌工作结束后，即可出锅，并在自然状态下使其缓慢冷却。五是进行接种工作。在确定菌瓶实际温度降至30℃左右时，将其进行消毒工作，并将母种放置在接种箱内[12]。六是培养工作。当整个接种项目完成之后，需要将菌瓶放置在培养室，在恒温恒湿状态下进行有效的接栽培种工作。其中，温度需要控制在24℃左右，整体的培养时间大约1个月。

具体的香菇培养工作中，需要根据原种特征进行有效的接种，其中不同的种类可以进行60种左右的接种栽培工作。在菌丝经历生长期之后，就可以进行压块工作。

制作栽培块。就实际的栽培过程中，活动框子的尺寸选择为长30cm、高10cm和宽度为60cm。经过有效的选取之后，开始进行菌料压实工作，过松和过紧都不能满足实际需求。与此同时，栽培块要保持3cm左右的间隔，并将塑料膜平放在其上，为提升通气性和恒温恒湿性奠定良好的基础。

培养管理工作。一是菌丝愈合工作。通过有效的进行温度与湿度控制，香菇菌丝会呈现良好的生长状态，其中温度需要控制在20℃左右。在生长过程中，需要进行菌丝牢固工作，并保证菌丝能够处于正常生长状态[13]。二是需要积极做好揭膜换气工作，此项工作要结合实际的气候特征，保证适度与适量。三是转色管理工作。随着菌丝不断地成长，其颜色将会发生转变，由最初的白色变为红棕色，标志着其已经达到成熟阶段。在此阶段，需密切关注是否存在黄色水珠现象，当确定产生此类情况时，需要进行吸干工作，防止其进入栽培区域，造成不必要的污染与浪费。四是切勿进行移动，避免杂菌感染问题产生。如果因操作不慎而造成杂菌问题，则需要进行石灰水清理工作，并将污染部分进行合理的冲洗与填充，切实提升愈合程度。五是促菇工作。通过有效的温度变换工作（如冷热水刺激[14]、换气、合理的昼夜温差管控等方式）优化生长效率。

出菇工作。在此阶段，需要提升温度、湿度、水分与光线的管理与控制工作，优化生长环境。除此之外，需要积极做好出菇、菌丝和菌蕾的培养工作，形成良好的培养模式。首先，优化出菇工作。当香菇菌块已经肉眼可见时，需要有序的进行排列工作，保证出菇效率与质量，为健全与完善菇房奠定良好的基础。随着菌块不断生长，并呈现竖立状态时，需要进行提高塑料薄膜工作，即通过固定支撑架来进行菇床位置确定工作，并在此基础上进行薄膜覆盖工作。通过上述工作，良好的生长环境逐渐被确立，并极大程度的优化了通风条件[15]。其次，优化温度和湿度，可全面提升出菇率。

六、栽培方法

1.段木栽培

选择木质坚实、树皮较厚、不含芳香油质的阔叶树种，直径以12～20cm为宜。在深秋至冬初季节砍伐，截成1～1.2m木段，根据树种含水量适当干燥15～30d，使段木含水量达40%左右，即可打孔接种。菇场选择有树荫或搭棚遮阴的条件，郁蔽度掌握在0.7左右，地上先撒一层双二粉和石灰，再铺厚5～7cm的沙石，2月至4月上旬用打孔器或电钻在段木上打出深1.8cm的接种穴，穴距20～25cm，横向距离6～8cm，两排穴"品"字形排列。香菇菌种有木屑菌种与木块菌种，都是用纯菌种通过母种→原种→栽培种三级菌种生产制作。将菌种接入接种穴，用树皮盖后将菇木集中堆叠起来，堆叠的方式很多，常用的为"井"字形，以石头垫底，距地面20cm左右，井字形一层层堆叠，堆高1.5～1.6m。从接种到出菇近1年时间的管理工作非常重要，要创造良好的温、湿、光、空气条件，促进菌丝在菇木中生长。在垛上盖小树枝及塑料薄膜，保持温度在20℃左右，夏季应去膜搭凉棚遮阴，天干喷水，每次要喷1～2h。定植后30～50d开始翻垛，将菇木上下、左右、内外掉换位置，雨水多的季节，每10～15d就应翻垛1次，降低湿度和温度，防止污染杂菌。当气温开始下降时，拆堆架木，将菇木浸水后刺激出菇，然后排成"人"字形或覆瓦式架，菇木间相隔10cm，春秋气温在18℃以下，相对湿度80%～90%时可出菇，一般1年可采两季菇，夏季高温季节，菇木越夏养菌很少出菇，秋菇采收后，将菇木堆放到避风向阳处，适当覆盖保温保湿培养菌丝，为翌年香菇高产创造条件，可连续采2～3年菇。

2.代料栽培

可用木屑、玉米蕊、甘蔗渣、棉子壳等配制培养基，如棉子壳培养基配方[16]为棉子壳78%，麦麸20%，石膏粉1%，加水后拌匀，装入直径10cm、长40～60cm的塑料袋，旁开4～5个接种孔用胶布贴好，高压或常压灭菌后接入原种，放进25～28℃的培菌室，3～4d后移至23～25℃的菇房，空气相对湿度提高到80%，菌丝长满后可脱去袋，室温降到18～20℃，相对湿度90%，并加强通风，10d左右即可出蕾，从9月底接种，到11月底可采收第一批香菇，然后加大温差，翌年1—2月收二潮菇，此期菌筒已失水干燥，可将其泡在15℃以下水中10h，重新搬入菇房再生菌丝，准备采三潮菇。

七、采收加工

一般情况下，在香菇菌盖边缘有向内卷，菌幕刚破裂时采摘最为适宜。宜晴天采收。用硬质容器盛装鲜菇，避免挤压，变形变色。

鲜菇和干菇是香菇的主要商品形式，其采收需要结合成熟度和市场需求来进行。在鲜菇阶段，需要保证其成熟度高于70%，采摘中需要保证菌膜完整，并在此基础上进行合理的采摘。在干菇阶段，需要保证其成熟度高于80%，并根据天气情况进行不同程度的采摘，避免发霉。

香菇的干制方法分为自然干燥和人工干燥。单一的自然干燥往往难于保证商品质量，实际操作常将二者结合起来进行，即将刚采下的鲜菇先摊晒一天，傍晚再置隔火式烘房或电热干燥箱内烘烤。烘烤起始温度为35～40℃，每小时升温1～2℃，最高温度不超过65℃。烘烤时间为12～24h。干燥成品的含水率约13%。

八、病虫害防治

在整个栽培周期中，始终需创造良好的环境条件，促进菌丝体及子实休的生长发育，在此基础上，配合化学防治、物理防治和生物防治减少病、虫为害。侵染香菇为害菌丝体或子实体的病原菌很多，但是，为害严重而普遍的是通过争夺养料、分泌毒素影响香菇生长发育的各种杂菌。为害菇木的杂菌，除兼性寄生的木霉外，主要有：杂色云芝、裂褶菌、朱红栓菌、毛韧革菌、炭团菌等。为害草菌种及栽培块的杂菌，除木霉外，主要有毛霉、根霉、曲霉、青霉及脉孢菌等。香菇栽培期间的害虫有烟蓟马、凹赤菌甲、黄胸散白蚁、野蛞蝓及多种螨类，仓库害虫有欧洲谷蛾等。常用的杀真菌剂有苯来特、多菌灵、托布津、代森锌等，杀虫剂有乐果、敌百虫、敌敌畏、甲萘威、溴氰菊酯、鱼藤精等。

第四节　化学成分

　　香菇所含的主要化学成分有香菇多糖、香菇嘌呤、多酚、三萜、甾醇等成分。营养成分主要为碳水化合物、蛋白质及氨基酸类、酶类、核酸、多种微量矿质元素和维生素等[17-21]。子实体含大量的维生素D原（麦角甾醇）、维生素B_2（核黄素）、维生素C（抗坏血酸）、腺嘌呤、香菇精等。具体的化学成分有：含1-辛烯-3-醇（1-octen-3-ol），2-辛烯-1-醇（2-octen-1-ol）等挥发性物质，γ-谷氨酰基烟草香素（γ-glutamylnicotianine）、酵母氨酸（saccharopine）等肽类化合物及氨基酸，香菇嘌呤（eritadenine），三磷酸腺苷（adenosine triphos-phate），二磷酸腺苷（adenosine diphosphate），5′-磷酸腺苷（5′-adenosine monophosphate）等核苷酸类化合物，麦角甾醇（er-gosterol），5，7-麦角甾二烯-3β-醇，香菇多糖（lentinan），前维生素D_2，牛磺酸，甲醛，2，3-二羟基-4-（9-腺嘌呤基）丁酸，2-羟基-4-（9-腺嘌呤基）丁酸，葡聚糖，水溶性杂半乳聚糖。还含多酚氧化酶，葡萄糖甙酶，葡萄糖淀粉酶。

　　香菇含丰富的碳水化合物，包括纤维素、多糖、海藻糖、葡萄糖、糖原、戊聚糖和甘露醇等，在干品中含量高达50%。纤维素分为水溶性和水不溶性2种。郑建仙等[22]将提取的纯净纤维素分级成不同组分的多糖，并对多糖的化学本质进行了剖析，建立了结构模型，结果表明这些多糖大多是β-葡聚糖或由β-葡聚糖与葡糖醛酸木糖甘露聚糖组成的复合多糖。香菇多糖则是分子量为百万级的白色或微黄色粉末状物质，呈酸性，易溶于水和稀碱，且在热水中溶解度增加，通常不溶于乙醇、丙酮、乙酸乙酯、乙醚等有机溶剂，其水溶液呈透明黏稠状[23]。发挥重要生物活性的香菇多糖为带有分支的β-（1-3）-D-葡聚糖，主链由β-（1-3）-D-

葡萄糖连接的葡糖糖基组成，支链则由 β-（1-6）-D-葡糖糖连接的葡萄糖基组成。活性较高的香菇多糖相对分子质量分布范围在 $4 \times 10^5 \sim 8 \times 10^5$ [24]。

香菇中核苷类的代表成分是香菇嘌呤（也称赤酮嘌呤、香菇素或香菇太生），它在热水中为无色针状结晶，分子式为 $C_9H_{11}N_5O_4$，相对分子质量为253.22，化学名2，3-二羟基-4-（-9腺嘌呤）丁酸，有4种空间异构体[25]。

香菇蛋白主要为白蛋白、谷蛋白和醇溶蛋白，这3种蛋白质的比例为100：63：2。李波等[26]采用碱提法制备香菇蛋白，测得得率13.1%，凯氏定氮法测得其蛋白含量47.5%，主要相对分子质量分布在20 000～40 000，且其主要二级结构为 α 螺旋和无规卷曲。郝瑞芳等[27]对香菇进行加热处理，发现香菇蛋白具有一定的热不稳定性。香菇中的氨基酸包括组成蛋白的氨基酸和游离氨基酸。香菇盖与香菇柄中氨基酸种类为18种，缺少谷氨酰胺和天冬酰胺，其中氨基酸含量最高的是谷氨酸（香菇柄为11.03mg/g，香菇盖为12.57mg/g）。香菇盖与香菇柄中含必需氨基酸与非必需氨基酸10种，必需氨基酸的含量与非必需氨基酸的含量相近（比例为1.00：1.04）。

到目前为止，国内对香菇酚类的提取常用微波辅助提取法、超声波提取法和酶法等提取方法。刁小琴等[28]优化酶法辅助提取香菇多酚，研究发现香菇多酚类物质含量为（49.13 ± 3.52）mg/g。缪彬彬等[29]比较了不同大孔树脂对香菇柄中多酚的吸附率和解析率，把NKA-9型大孔树脂作为最佳树脂，优化纯化工艺，纯化的香菇柄中多酚得率为51.71% ± 0.95%，纯度也较未纯化时提高了3.71倍。杨萌等[30, 31]利用超声波辅助酶法对香菇柄中黄酮提取、纯化工艺进行优化，得到最优提取条件为乙醇体积分数75%，超声时间20min，超声功率280W，酶用量0.012mg，最优纯化条件为洗脱剂体积分数65%，树脂质量1.5g，洗脱剂体积25mL，在该最优提取条件下黄酮提取率为1.673mg/g，最优纯化条件下黄酮回收率为65.61%±0.24%，纯化后回收液中黄酮纯度为75.60%，是纯化前粗提液纯度的3.58倍。

香菇中的脂肪主要由不饱和脂肪酸组成，含量为干质量的2%~4%。徐金森等[32]对香菇进行脂类研究，发现香菇中有4种脂肪酸，棕榈酸、硬脂酸、油酸和亚油酸等占绝大部分，其余的脂肪酸含量则相对较少。

香菇含丰富的维生素，其中维生素B_1的含量大约为0.07mg/100g，维生素B_2为1.13mg/100g，尼克酸约18.9mg/100g，维生素C的含量较少。除此之外，香菇中维生素D含量较少，但是香菇中含有一般蔬菜中缺少的麦角甾醇（即维生素D原），经阳光或紫外线照射后，能够产生丰富的维生素D。

香菇中含有人体所必需的钙、铁、镁、锌、铜、锰、钾等7种矿物质。张文等[33]用原子吸收分光光度法对香菇中的Fe，Cu，Zn，Mn，Cd，Pb，Se 7种矿物质含量进行测定。测得其中铁离子含量最高，锌离子次之。

丁兴杰等[34]采用大孔树脂、MPLC、硅胶柱层析、Sephadex LH-20凝胶柱、半制备高效液相色谱等方法对香菇化学成分进行了分离纯化，并通过NMR和MS等波谱方法结合文献数据对比对分离所得单体成分进行了分析鉴定，从香菇70%乙醇提取物的正丁醇萃取部位中分离鉴定了12个化合物，分别为：腺苷（1）、尿苷（2）、尿嘧啶（3）、（3S）-1，2，3，4-tetrahydro-β-carboline-3-carboxylicacid（4）、（9H-pyrido[3.4-b]indole（5）、烟酰胺（6）、L-苯丙氨酸（7）、β-谷甾醇（8）、β-豆甾醇（9）、麦角甾-7，22-二烯-3-醇（10）、ganodermanontriol（11）、9-十八烯酸乙酯（12），其中化合物4、5、6、11为首次从香菇属植物子实体中分离得到。

此外，形成香菇特殊风味物质的种类包括以游离氨基酸为代表的主要非挥发性风味成分和以八碳化合物和含硫化合物为代表的挥发性风味成分。在香菇中天冬氨酸的含量极为丰富，且其鲜味强度值最高[35, 36]。5′-核苷酸是使香菇呈现浓烈鲜味的另一类重要贡献者，与其他种类的食用菌相比，其在香菇中含量最高，特别是5′-鸟苷酸、5′-肌苷酸、5′-黄苷酸和5′-腺苷酸，其中5′-鸟苷酸是干香菇强鲜味特性的主要贡献者[37]。八碳化合物是香菇中一类主要的挥发性香气成分，尤以辛醇类、辛酮类风味物质为主[38]。其中，1-辛烯-3-醇又被称为"蘑菇醇"，具有浓烈的蘑菇香，但其热稳定性较差，故对干香菇风味的贡献不如对鲜香菇风味的贡献大[39]。此外，在鲜香菇的八碳挥发性风味物质中，主体成分还有3-辛酮、3-辛醇等[40]。含硫化合物作为典型的芳香性化学物质[41]，也是影响香菇特征风味的关键组分。在香菇的挥发性风味成分中，这类风味物质的相对含量最高，占挥发性风味成分总量的一半以上，其中又以1，2，4-三硫杂环戊烷含量最高，占含硫化合物总量的84%～91%[42]。此外，1，2，3，5，6-五硫杂环庚烷（又名香菇精、香菇素[43]）、二甲基二硫醚和二甲基三硫醚也是香菇的重要含硫风味物质[44]，它们均对香菇的整体香气有极大贡献。

第五节　药理与毒理

香菇是我国著名的药食两用的真菌[45]，被人们誉为"菇中皇后"，在民间素有"山珍"之称，深受人们的喜爱，是不可多得的理想保健食品。作为食品而言，香菇是一种具有高蛋白、低脂肪、多糖、多种氨基酸和多种维生素的菌类食物。人体所必需的8种氨基酸中，香菇就含有7种，是纠正人体酶缺乏症和补充氨基酸的首选食物。香菇干品脂肪含量在3%左右，不饱和脂肪酸含量丰富，其中亚油酸、油酸含量高达90%，富含人体必需的脂肪酸，可预防和治疗动脉粥样硬化。香菇干品中矿物质含量丰富，其中钙为124mg/kg，磷415mg/kg，铁26mg/kg，可作为补钙、补铁、补磷的良好来源。香菇含有麦角甾醇和菌甾醇，前者在阳光下可转变为维生素D，是抗佝偻病的重要食物之一。此外，香菇还含有锰、锌、铜、镁、硒等微量元素，除了可以增加营养物质外，还可以提高免疫力，并对某些矿物质缺乏地区儿童的生长发育具有良好的预防和治疗作用。

另一方面，现代药理研究表明香菇在抗肿瘤、抗病毒、降血压、降血脂、抗炎及抗氧化等方面均具有活性[21, 46]。

1.抗氧化

香菇中含有多种抗氧化活性成分，其中研究最为广泛的就是香菇多糖。国内外相关研究证明，香菇多糖的含量与其抗氧化能力呈正相关，香菇多糖能有效清除$O_2^{-}·$，$·OH$，DPPH和ABTS，并具有Fe^{+}螯合能力[47, 48]。钟耀广等[49]发现，香菇多糖清除自由基的能力随着多糖分离纯化的步骤增多而减弱，清除自由基能力由强到弱依次为粗多糖、脱蛋白后的多糖和纯化后的多糖单体。Zhu H等[50]发现香菇柄中提取的多糖对DPPH·，ABTS·和$O_2^{-}·$的清除能力都显著低于冻干香菇多糖。王丽芹[51]在体外抗氧化实验中发现，香菇多糖提取物及其降解产物能够清除羟基自由基和1，1-二苯基-2-三硝基苯肼（DPPH）自由基，且降解后产物的抗氧化能力提高；体内实验证实香菇多糖降解产物能够明显提高模型小鼠组织中的总抗氧化能力（T-AOC）、谷胱甘肽过氧化物酶（GSH-Px）和SOD活性，减少组织中丙二醛（MDA）的含量，由此具有显著的抗衰老活性。杨岚等[52]研究发现，香菇多糖在小鼠体内能不同程度地提高血清和肝脏组织中SOD及GSH-Px活性，可减少MDA的含量，提高心脏过氧化物酶（POD）活性，以及降低全脑单胺氧化酶（MAO）活性，从而进一步证实了香菇多糖的抗氧化能力。

王凤舞等[53]研究发现，大枣多糖和三七皂苷对香菇多糖的抗氧化能力有协同增效作用。高桂凤[54]研究还发现，香菇茯苓混合多糖的抗氧化作用强于单一的香菇多糖或茯苓多糖。由此可见，香菇多糖的抗氧化和抗衰老作用已被证实，目前有许多相关药物制剂及其他功能产品（如化妆品[55]等）已经处于研发阶段。

香菇中黄酮类化合物对O2-·，·OH的清除也有一定的作用，黄酮类在清除O2-·和·OH的反应中起着氢供体的作用，使具有高度氧化性的自由基还原，从而达到清除的目的。且黄酮类化合物的添加量在试验范围内与其抗氧化性呈正相关。马洪娟[56]发现，香菇酚类提取液对3种自由基都有明显的清除能力，其中对DPPH·清除能力较强，对O2-·和·OH清除能力较弱，抑制氧化作用。

2.抗肿瘤

王俊[57]研究了香菇多糖对小鼠肝癌细胞H22、小鼠肛门纤维肉瘤细胞S180和人肝癌细胞HepG2的抑制作用，发现其表现出良好的量效依赖关系，但同时发现人慢性髓原白血病细胞K562对香菇多糖并不敏感，提示不同种类多糖抑制能力和抑制的肿瘤细胞种类不同。将纯化出的多糖对s-180荷瘤小鼠进行体内抗肿瘤研究，结果表明香菇多糖对s-180细胞具有较强的抗肿瘤活性，对s-180细胞的抑制率高达95%左右[58-60]。Suga Y等[61]研究发现，香菇多糖与替吉奥口服剂联用于BALB/c小鼠结肠癌模型中，能够使回肠隐窝中的凋亡小体数量减少，明显减轻替吉奥口服剂的毒副作用。戴尔珣等[62]进行的体外研究发现，香菇多糖注射液可提高细胞因子诱导的杀伤细胞对人非小细胞肺癌细胞A549的杀伤率。田汝华等[63]研究发现香菇多糖注射液与紫杉醇联用能明显抑制人口腔上皮癌细胞株κB-3-1、人宫颈癌细胞株HeLa的增殖。景岳[64]对卵巢癌腹腔积液患者使用顺铂联合香菇多糖注射液腹腔灌注治疗，治疗组有效率显著高于对照组。王新涛[65]开展了香菇多糖注射液联合XELOX化疗方案（奥沙利铂+卡培他滨）治疗晚期胃癌的临床研究，治疗组有效率显著高于对照组，并可明显改善患者的生存质量。由此可见，香菇多糖在肝癌、宫颈癌、卵巢癌、肺癌、纤维肉瘤、胃癌等多种癌症的研究中都表现出了抗肿瘤作用，故可考虑作为化疗方案的辅助用药联合使用。

3. 抗菌和抗病毒作用

侯爱萍等[66]对香菇多糖提取物抗菌和抗病毒作用进行了普适性研究。该研究中香菇多糖对所选择的9种细菌（溶血性链球菌、金黄色葡糖球菌、鼠伤寒沙门氏菌、枯草芽孢杆菌、大肠杆菌、多杀性巴氏杆菌、痢疾志贺氏菌、伤寒杆菌、甲型副伤寒杆菌）和7种病毒（流感病毒、呼吸道合胞病毒、腺病毒、柯萨奇病毒A、单纯疱疹病毒1型、轮状病毒、埃可病毒2型）都有抑制作用，但只对所选择的7种真菌（白色念珠菌、啤酒酵母、红色毛癣菌、青霉、绿色木霉、黑根霉、烟曲霉）中的3种（白色念珠菌、啤酒酵母、红色毛癣菌）有微弱抑制作用。可见，香菇多糖对细菌和病毒具有普遍抑制作用，而对真菌无普遍抑制作用。目前香菇多糖的抗菌和抗病毒作用机制几乎没有报道。

4. 抗寄生虫作用

陈代雄等[67]研究发现，香菇多糖可引起卡氏肺孢子虫包囊形态的变化，对模型大鼠的卡氏肺孢子虫肺炎发生有一定的预防和保护作用。陈光等[68]采用香菇多糖提取物对急性弓形虫感染BALB/c小鼠模型开展研究，发现香菇多糖提取物具有免疫调节作用，能有效激发Th1/Th2型免疫应答抵抗弓形虫感染，提高模型小鼠的抗寄生虫能力。代巧妹等[69]通过动物实验对香菇多糖标准品抗急性弓形虫感染的机制进行深入研究，发现香菇多糖可通过对调节性T细胞的数量和功能的影响，调控Th1/Th2之间的动态平衡，从而发挥抗弓形虫的作用。谢荣华等[70]研究发现，黄芪多糖、香菇多糖（注射液）可促进弓形虫wx2b4a表位疫苗产生免疫应答，提高机体抗寄生虫能力。印度学者Shivahare R等[71]研究了香菇多糖注射液结合低剂量米替福新对利什曼虫感染的模型小鼠J-774A细胞的作用，发现药物联用可以显著诱导巨噬细胞的吞噬作用，从而调节免疫系统。

5.神经系统保护和抗抑郁作用

逯爱梅等[72]就香菇多糖提取物对谷氨酸损伤原代培养大鼠神经细胞的作用进行了研究，发现其能显著提高谷氨酸损伤神经细胞的生存率，降低乳酸脱氢酶（LDH）的漏出量，降低一氧化氮（NO）含量及减少丙二醛（MDA）的生成，提高超氧化物歧化酶（SOD）的活性。该课题组还通过研究香菇多糖提取物对过氧化氢（H_2O_2）损伤神经细胞的作用，发现其具有显著的神经细胞保护作用，并推测相关机制可能与其抗氧化作用有关[73]。刘会芳等[74]研究发现，香菇多糖注射液联合依地酸钙钠能改善铅中毒小鼠的学习记忆功能，其作用机制可能与降低总胆碱酯酶（TChE）活性、提高胆碱乙酰转移酶（ChAT）活性、增强中枢胆碱能神经系统功能有关。上述几项研究初步证实了香菇多糖的神经系统保护作用。蒲艳[75]研究了香菇多糖注射液对慢性应激模型小鼠的抗抑郁作用，发现其能显著抵抗模型小鼠的抑郁症状，增加模型小鼠的自主活动时间。马倩等[76]对慢性应激抑郁模型小鼠进行了香菇多糖注射液干预研究，发现其能够显著缩短模型小鼠在陌生环境中的摄食潜伏期，显著缩短模型小鼠在水中强迫游泳应激实验中的不动时间，使模型小鼠5-羟色胺1A受体表达增强，SOD水平升高，MDA含量减少，血清中TNF-α和IL-6水平明显下降，从而显著缓解模型小鼠的抑郁症状，增加模型小鼠的自主活动时间，提示其具有显著的抗抑郁作用。孙丽娟[77]研究发现，香菇多糖提取物通过增强模型小鼠大脑前额叶（PFC）谷氨酸AMPA受体突触的可塑性，而在抑郁模型小鼠中表现出抗抑郁作用。

6.抗疲劳作用

香菇多糖也具有明显的抗疲劳作用。李其久等[78]就香菇多糖口服液缓解模型小鼠体力疲劳的作用进行了研究，发现其能够显著延长模型小鼠的负重游泳时间，增加肝糖原的储备量，降低血乳酸水平，并降低运动后血清尿素氮的增量，从而进一步证实了香菇多糖的抗疲劳作用。

7.抗辐射作用

宋秀玲等[79]研究发现，香菇多糖提取物对电离辐射所致的模型小鼠损伤有明显的保护作用。任明[80]制备了由松茸多糖、香菇多糖和人参多糖组成的复合多糖，通过辐射模型小鼠研究发现其可以增强机体免疫功能、保护造血系统和调节氧化-还原平衡系统三方面来拮抗辐射对机体的损伤。

8.其他作用

早在20世纪80年代，已有学者研究发现云芝多糖、灵芝多糖、酵母多糖、香菇多糖等真菌多糖具有肝损伤保护作用。随后有研究发现，香菇多糖冲剂不仅对慢性肝炎肝损伤有保护作用，对四氯化碳所致的急性肝损伤也具有一定程度的保护作用。柳冬月[81]对糖尿病模型小鼠的研究发现，香菇多糖具有显著的降糖作用。同时研究发现，香菇多糖注射液能降低糖尿病模型大鼠脑组织损伤和发挥对膈肌线粒体的保护作用[82, 83]。胡爱明等[84]发现，联合香菇多糖注射液能够提高对糖尿病合并肺结核患者化疗的疗效。还有动物实验研究发现，香菇多糖对视神经损伤视网膜神经节细胞[85]、辐射导致的脾脏损伤[86]、心肌缺血再灌注损伤均有保护作用[87]，并且对脓毒血症损害有修复和保护作用[88]。

毒理

小鼠口服KS-2急性毒性半数致死量>12 500mg/kg。以香菇多糖注射液人用剂量50及100倍分别给犬和大鼠肌内注射，每日1次，连续6个月。运动外观、体重、肝肾功能、血常规、病理检查。电镜观察等均无异常发现。大鼠用药达人用剂量400倍时，肝脏出现轻度损害，犬和大鼠用药分别增至人用剂量800和1 600倍时，肝脏都出现明显损害。中、高剂量组大鼠肝脏损害，分别于停药后4星期和9星期，经病理及电镜观察证实已恢复正常。说明香菇多糖长期应用，在临床治疗范围内是相当安全的。

第六节　质量体系

一、标准收载情况

目前，香菇收载于《全国中草药汇编》《中华本草》和《食物疗法》中。

二、药材性状

菌盖半肉质，宽5～12cm，扁半球形，后渐平展，菱色至深肉桂色，上有淡色鳞片。菌肉厚，白色，味美。菌褶白色，稠密，弯生。柄中生至偏生，白色，内实，常弯曲，长3～5cm，粗5～9mm，菌环以下部分往往覆有鳞片，菌环窄而易消失。孢子无色，光滑，椭圆形，（4.5～5）μm×（2～2.5）μm。

三、炮制

子实体长到六七分成熟、边缘仍向内卷曲、菌盖尚未全展开时采收，野生者都于秋、冬及春季采收，晒干备用。取原药材，除去杂质，筛去泥土。用火烤、电烤或日晒干燥。贮干燥容器内，密闭，置阴凉干燥处。防霉，防蛀。

四、饮片性状

菌盖半肉质，扁半球形，或平展，直径4～12cm。表面褐色或紫褐色，有淡褐色或褐色鳞片，具不规则裂纹。菌肉类白色或淡棕色。菌褶类白色或浅棕色。菌柄中生或偏生，近圆柱形或稍扁，弯生或直生，常有鳞片，上部白色，下部白至褐色，内实。柄基部较膨大。气微香，味淡。

五、有效性、安全性的质量控制

浙江省林业科学研究院曾对香菇中有毒有害物质的残留进行分析研究认为，影响香菇质量安全的主要有毒有害物质是有害重金属镉和二氧化硫残留量超标。

由于香菇栽培的特殊性，其重金属含量明显高于一般蔬菜，因此在浙江省内作为食用菌其安全质量评价执行的标准为食用菌的有关安全质量的国家和行业标准：《GB 2762—2005食品中污染物限量》、《GB 19087—2003原产地域产品庆元香菇》和《NY 5095—2006无公害食品食用菌》等。其中鲜香菇的重金属限量标准为铅≤1.0mg/kg、镉≤0.5mg/kg、砷≤0.5mg/kg、汞≤0.1mg/kg。

我国食品安全国家标准-食品添加剂使用标准（GB 2760—2014）对干制食用菌二氧化硫的允许残留量为50mg/kg。日本"肯定列表"制度对干香菇的二氧化硫最高限量标准为30mg/kg[11]。庆元香菇标准（GB/T 19087—2008）中对干制食用菌二氧化硫的允许残留量为200mg/kg。目前我国香菇二氧化硫检测方法通常采用GB/T 5009.34—2016食品中亚硫酸盐的测定方法。

王北洪等[89]检测出某地的食用菌香菇中镉Cd含量约为金针菇、黑木耳、平菇的2～27倍。刘哲等[90]依据靶标危害系数方法（THQ）评价了香菇通过膳食途径摄入4种重金属镉（Cd）、砷（As）、汞（Hg）、铅（Pb）的人体健康风险，发现香菇子实体与栽培基质的重金属含量存在极显著相关性，栽培基质重金属含量的高低影响着食用菌中重金属的含量。且干食香菇和鲜食香菇重金属含量基本一致。香菇对Cd表现出较高的富集能力，分别是As、Hg、Pb的3.70、5.67、1.63倍；香菇4种重金属的THQ均未超过安全阈值，儿童经香菇途径摄入As的THQ值相对较高，需引起注意。严伟等[91]对市售干制香菇进行质量评估发现，干香菇中农药残留检出种类有11种，多为未登记农药，主要检出的是多菌灵和克螨特，但检出值普遍偏低，参照相关限量值判定均未超标。6个香菇样品中二氧化硫含量超标，超标率为5.2%，检出最大值为53mg/kg。通过点评估方法对人群食用香菇二氧化硫的膳食暴露量进行评估，结果表明，人群食用香菇二氧化硫的月摄入量处于安全水平内，风险较小，市售干香菇质量安全风险较小。

六、质量评价

香菇依菌盖大小可分为大型种（10cm以上）、中型种（6~10cm）、小型种（6cm以下）。依菌肉厚度分为厚肉种（12mm以上）、中肉种（7~12mm）、薄肉种（7mm以下）。

干制品香菇依菌盖大小、厚薄、颜色、花纹有无、杂质多少等分成花菇、厚菇、薄菇三等，其中，花菇菌盖厚实，全部或大部龟裂成菊花瓣状，菌褶乳白色或淡黄色，香气浓郁，为香菇之上品。

第七节　临床应用指南

一、性味与归经

性平、味甘，入肝、胃经。

二、功能主治

扶正补虚，健脾开胃，祛风透疹，化痰理气，解毒，抗癌。主正气衰弱，神倦乏力，纳呆，消化不良，贫血，佝偻病，高血压，高脂血症，慢性肝炎，盗汗，小便不禁，水肿，麻疹透发不畅，荨麻疹，毒菇中毒，肿瘤。

三、用法用量

内服：煎汤，6～9g，鲜品15～30g。

四、注意事项

一般人群均可食用。贫血者、抵抗力低下者、高血脂患者、高血压患者、动脉硬化患者、糖尿病患者、癌症患者宜食用。《本草求真》："（香蕈）性极滞濡，中虚服之有益，中寒与滞，食之不无滋害。"《随息居饮食谱》："痧痘后、产后、病后忌之，性能动风故也。"故脾胃寒湿气滞或皮肤骚痒病、严重肾功能不全及尿毒症患者忌食。特别大的鲜香菇多为用激素催肥，慎食。

五、附方

1.香云肝泰片

香菇干膏细粉，云芝干膏细粉（3：2）适量（相当于蛋白多糖16g）。功能滋补强壮，扶正固本，益胃增食。用于黄疸胁痛，积聚症瘕，体质虚弱，倦怠乏力，面色不华，大便不实，舌质淡，脉细弱者，慢性迁延性肝炎，慢性活动性肝炎及肿瘤的综合治疗。口服，每次5片，每日3次。

2.宋代医家经验方

十全大补汤。香菇12朵切片，红萝卜1条切块，白木耳半碗左右，加麻油煮汤。做法：麻油下锅待油热后，放香菇炒几下，再放红萝卜，炒10min左右，放适量水，待滚后再放白木耳，煮到红萝卜熟软时可添些味素及盐。此汤不可连续服用十天，这是大补品，用后身体健壮，气血充足。（《太平惠民和剂局方》）

3.食疗验方

（1）香菇炖鸡，香菇250g，黑木耳100g，母鸡500g，配以适量的调料，煮熟皆可食用，每隔3～5d服食1剂，具有健脾补胃的功效。

（2）香菇冬瓜汤，香菇150g，冬瓜350g，配以食盐、葱少许调味，加水煮熟食用，用于年老体虚、久病气虚、冠心病、动脉粥样硬化及糖尿病水肿。

（3）牛奶炖香菇，干香菇几个，发开，切片，放入牛奶中，隔水煮沸，即可食用，治疗鼻炎。

（4）鲜蘑菇或香菇（干品减半）30g，每日煮食一次可防治胃癌及妇女子宫颈癌等症。

（5）香菇6～9g，鲜鲫鱼1尾，清炖喝汤，治疗小儿麻疹透发不畅。

（6）香菇50g，大枣7～8枚，共煮汤食治疗冠心病。

（7）香菇焙干研末，每次3g，温开水送下，每日2次，治疗痔疮出血。

（8）香菇煮酒，食之治头痛，头晕。

（9）鲜香菇90g，切片。水煎服，治胃肠不适的腹痛。

（10）香菇（干品）16g，鹿衔草，金樱子根各30g。水煎服，每日2次，治水肿。

第八节　丽水资源利用与开发

一、资源蕴藏情况

香菇栽培范围广泛，分布于我国浙江、福建、台湾、安徽、湖南、湖北、江西、四川、广东、广西、海南、贵州等地区。"龙泉香菇"被评为"浙江十大名菇"，质地优厚，菇形园整、色泽纯正、香气浓郁，味道鲜美。丽水市庆元县为香菇之源，全市食用菌产业在全国范围内占有一定技术优势和市场竞争力。产业结构以香菇生产为主导，以出菇鲜销为特色，莲都区食用菌产业以本地干菇生产为主，同时开展赴外鲜菇生产。全市的食用菌传统产区为庆元、龙泉、景宁、云和。莲都区的生产基地主要分布在仙渡、西溪、泄川、双溪、老竹、丽新、巨溪、高溪、碧湖、大港头、峰源、郑地12个乡镇。

二、基地建设情况

丽水市莲都区碧湖镇白口村下圳村（省级农业科技创业园），建有国家食用菌产业技术体系莲都基地占地80多亩。本基地由浙江桑泥食用菌科技有限公司建设，出菇车间面积500m²，培菌大棚4 000m²。通过香菇定向出菇技术和节能高效温控技术，以及氧气调节等系列关键技术，有效解决香菇工厂化栽培中的温度，湿度，光照和空气等系列生长因子调控难题，通过技术集成，实现香菇工厂化栽培。

三、研究机构及专利申报

我国香菇栽培技术经过早期个体栽培、中期工厂化栽培，后期逐步向优选菌种培养、有机无公害栽培、环保栽培、废弃资源利用栽培、富含特种营养栽培等多种多元化栽培技术改进方向发展。已经申报的专利内容除了传统的接种、装料、打孔、喷水等工序进行优化或设备自动化外，还包括新菌种研发、培养料资源替代、无公害有机栽培、富营养栽培及立体栽培等。新菌种的研发可以降低栽培设备成本，实现反季节栽培，栽培周期缩短和抗逆性提高。培养料资源替代研发不仅可以降低对传统棉籽壳、木屑等原料的依赖，且通过农业废弃物资源再利用，还可以达到环境保护和降低香菇栽培成本的技术效果。无公害有机栽培、富营养栽培则是进一步提升香菇品质，并保证香菇的食品安全性。香菇立体栽培则更是为立体化农业栽培提供了一条新思路，且可以进一步降低栽培成本。在香菇栽培的各环节均已经产生相应的专利技术，我国香菇栽培专利技术已经实现了多元化的发展，且随着各环节的多样延伸和技术问题的不断产生，还将会衍生出更多的相关专利技术，香菇栽培技术还在持续发展中。

四、产品开发

（一）中成药

香菇多糖作为一种较好的生物反应调节剂，结合抗肿瘤药物，可用于胃癌、肝癌、肺癌以及血液系统肿瘤的治疗，目前从香菇中开发出来的中成药主要有：香菇菌多糖片、香菇多糖片、香菇多糖胶囊、香云肝泰片、香云肝泰（均可益气健脾，补虚扶正。用于慢性乙型迁延性肝炎及消化道肿瘤的放、化疗辅助药）；注射用香菇多糖（用于恶性肿瘤的辅助治疗）。

（二）保健品

香菇除了具有较好的治疗肝病和癌症的功能以外，它还可有效地降低血脂，增强人体免疫力；从而有效地提高人的体质，因此，它被医学界推崇为"保健食品"，也有人将其称为"功能性食品"。目前市场上利用香菇开发出来的保健品有香菇多糖口服液、香菇海藻糖、香菇营养液等。

（三）传统加工产品

干香菇是传统的香菇加工品，与香菇鲜品相比，既方便贮藏运输，又不降低营养价值。罐头是香菇另外一种传统加工产品，罐藏可保持其色、形、味及营养价值，也方便食用。此外，采用特定工艺对新鲜香菇进行脱水制成香菇脆片也是近年来发展较快的一种香菇加工模式。

香菇食品主要有香菇松、香菇肉松、调味香菇丝、香菇酱、香菇肉干、香菇蜜饯、香菇奶糖、香菇脯、香菇速溶冲剂、香菇粉、香菇高蛋白膨化食品、香菇高钙儿童营养肠等。还可用香菇速溶冲剂和香菇粉作为原料加工成香菇面条、香菇饼干、香菇方便面、香菇糕点等方便食品。

（四）化妆品

在药理研究中，香菇多糖的抗氧化和抗衰老作用早已被证实。在表皮细胞培养中，香菇提取物对细胞有激活作用，对纤聚蛋白的产生有促进作用，纤聚蛋白包含了胶原蛋白纤维和弹性蛋白纤维，有助于减少皱纹，对层粘连蛋白和腺嘌呤核苷三磷酸生成的促进都反映其活肤作用，可用于抗衰、防皱、紧肤化妆品。同时对黑色素细胞的活性也有一定的抑制作用，有美白功效。以香菇提取物为原料制成的化妆品已在市场推广使用。

（五）香菇特色食品

香菇通过浸提处理可以得到营养丰富的香菇汁，将其与不同的食品原材料按一定的比例配合可以得到各种口味的香菇饮料，如香菇茶、复合香菇果汁饮料等，还可加工成香菇酸奶、香菇冰淇淋等。

（六）香菇发酵食品

主要有香菇保健醋、香菇酱油、香菇酸乳、香菇奶粉、香菇营养液、香菇发酵饮料和香菇酒等。利用香菇深层发酵滤液，制成了营养丰富、风味独特的香菇酸乳、香菇发酵饮料和香菇茶等，因其含有香菇多糖等成分，能增强机体免疫功能，具有抗癌、降低胆固醇、预防肝硬化和动脉硬化等功效，十分具有保健价值，是其他同类产品所无法比拟和替代的。同时这些发酵产品生产工艺简单，值得进一步在市场上推广扩大。

（七）超细粉

香菇经干燥制成超细粉，即香菇粉，具有抑制炎症发生、抗过敏、抗动脉粥样硬化、抗肿瘤的功能。既可以直接食用，也可做为调味品进行提鲜。

第九节　总结与展望

　　我国是世界上栽培香菇最早的国家，丽水庆元又是中国的香菇之城，人们很早就认识到香菇的食用、药用价值。关于香菇的历史，丽水庆元与龙泉均建有香菇博物馆帮助人们追溯。庆元香菇博物馆中展示着香菇栽培程序与方式、香菇栽培历史文化、香菇生物学、食用菌科技、蕈菌标本、真菌邮票、香菇之城——庆元等15组陈列内容；还仿制了古代"砍花法"制菇的菇山场景造型和菇民生活居住的菇寮，并集中了具有很高历史价值的香菇史料。香菇博物馆现已成为展示丽水庆元、龙泉形象的一个特殊窗口，将为推动产业转型升级、彰显庆元、龙泉品牌特色、提升庆元、龙泉等地的综合竞争力发挥积极作用。

　　随着经济的快速发展，人们生活水平的不断提高，香菇的国际国内市场将会日益扩大，对香菇及其加工品、保健品的需求量迅速增加，菇制品前景诱人。从一开始的家庭小作坊，到后来的专业化生产、设施化制棒、生态化出菇，中国香菇栽培模式逐渐趋向于工厂化生产。菌棒出菇仍是目前最佳栽培方式，如何研发新型的栽培技术去适应工厂化生产是香菇发展的突破口。

　　香菇具有优异的营养价值及药用功效，其精深加工具有巨大的前景和市场。目前，香菇加工产品总体还处于比较粗放的水平，香菇的开发利用中鲜菇保鲜和干制品的初加工产品占市场份额较大，精加工和深加工产品相对市场份额比较少，研究水平偏低。加强香菇加工产品的研发力度，加强行业标准和质量管理，加强品牌推广，将会使香菇加工产品占领更加广泛的市场，为消费者提供形式多样的服务产品，更大地提高香菇加工产品的产能。

　　同时，香菇作为丽水地区唯一可生产中药注射剂的特色药食两用中药材，加强对香菇有效生物活性成分（香菇多糖、香菇蛋白、香菇嘌呤、香菇游离氨基酸及含氮物质）的开发利用进而生产相关的药品与保健品，也是香菇产品开发的一大重点研发方向。

另一方面，食用菌也是食品，在追求食用安全的过程中探索未来环保栽培办法，探索原料的安全性和规模化，加强对栽培环境安全的研究也是重中之重。

当前香菇等食用菌的市场竞争非常激烈，建议引导和建立香菇生产集聚地，摸索规模化的食用菌标准化生产模式，进行鲜菇保鲜技术和小包装技术的攻关，用技术的开发解决鲜菇生产的保鲜问题，从香菇的生产、加工、分级、包装、运输全流程创建莲都特色品牌，从而提升莲都区香菇产业的整体竞争力，引领香菇产业更好的发展，从而获得更高的经济效益。另外，香菇虽有中成药，但尚无药材和饮片标准，属标准倒挂品种，亟需建立中药材标准和炮制规范。

参考文献

[1] 张寿橙. 中国香菇栽培史[M]. 杭州：西泠印社出版社，2013.

[2] 陶名熏. 香菇的药效和食品开发[J]. 食品科学，1986，7（11）：11-13.

[3] 杨铭铎，龙志芳，李健. 香菇风味成分的研究[J]. 食品科学，2006，27（5）：223-226.

[4] 余绪. 香菇之源[M]. 杭州：浙江人民出版社，1994.

[5] 刘春如. 香菇的分布概况及生物学特性[J]. 中国林副特产，2001（4）：32-34.

[6] 刘辉，黄春萍，王玲莉. 杭州地区居民膳食营养状况调查[J]. 浙江预防医学，2015（12）：1 221-1 225.

[7] 武绍启，田云霞，李珂，等. 昆明香菇夏秋季栽培品种筛选及配套技术集成推广应用[J]. 中国食用菌，2018，37（1）：34-37，41.

[8] 朱华玲，班立桐，黄亮，等. 香菇栽培的主要模式及管理新技术[J]. 园艺与种苗，2017（11）：22-24.

[9] 张巍. 大棚香菇栽培技术研究[J]. 绿色科技，2019（7）：244-245.

[10] 齐晓娟. 香菇栽培模式与品种选配要点[J]. 种子科技，2019，37（2）：88.

[11] 程林林，薛菁菁，赵明. 优质香菇高产栽培技术[J]. 河北农业，2019（1）：22-24.

[12] 王健，张晓妮. 香菇栽培技术[J]. 江西农业，2018（10）：10.

[13] 贾身茂. 中国食药用菌栽培的菌种技术沿革述评（二）[J]. 食药用菌，2011（3）：54-57.

[14] 罗信昌，陈士瑜. 中国菇业大典[M]. 北京：清华大学出版社，2010.

[15] 裘维蕃. 中国食菌及其栽培[M]. 上海：中华书局，1952.

[16] 张江丽，杜帆，陈琳，等. 香菇栽培配方优选试验[J]. 廊坊师范学院学报（自然科学版），2018，18（1）：54-57.

[17] Sudheep Naga M, Sridhar Kandikere R. Nutritional composition of two wild mushrooms consumed by the tribals of the Western Ghats of India.[J]. Mycology，2014，5（2）.

[18] 陈宝田，张萍. 香菇化学成分及药理作用的研究进展[J]. 中外健康文摘，2009，6（5）：197-198.

[19] Vane Christopher H，Drage Trevor C，Snape Colin E. Biodegradation of oak（Quercus alba）wood during growth of the shiitake mushroom（Lentinula edodes）：a molecular approach.[J]. Journal of agricultural and food chemistry，2003，51（4）.

[20] 张宁. 香菇中的化学成分及相关应用的基础研究[D]. 天津：天津大学，2013.

[21] K. M. J. de Mattos-Shipley，K. L. Ford，F. Alberti，A. M. Banks，A. M. Bailey，G. D. Foster. The good，the bad and the tasty：The many roles of mushrooms[J]. Studies in Mycology，2016，85.

[22] 刘存芳，田光辉，赖普辉. 香菇柄中营养成分的开发与利用综述[J]. 科技信息（科学·教研），2008（1）：14，35.

[23] 金利泰. 天然药物提取分离工艺学[M]. 杭州：浙江大学出版社，2011.

[24] 李石军，王凯平，汪柳，等. 香菇多糖LNT2的提取分离纯化、结构

及体外抗肿瘤活性研究[J]. 中草药，2014，45（9）：1 232-1 237.

[25] 蒋敏，陈若冰，陈涛. 香菇活性成分提取工艺研究及药理学研究进展[J]. 生命的化学，2018，38（6）：797-802.

[26] 李波，芦菲，田燕，等. 香菇蛋白的分级纯化和结构分析[J]. 天然产物研究与开发，2010，22（2）：257-260.

[27] 郝瑞芳，景浩. 加热处理对香菇中糖和蛋白的影响[J]. 食品科技，2009，34（9）：90-93，97.

[28] 刁小琴，关海宁，马松艳. 中心组合设计优化酶法辅助提取香菇多酚及其抑菌活性研究[J]. 食品工业科技，2012，33（21）：269-272.

[29] 缪彬彬，徐艳阳，王一迪，等. 大孔树脂法纯化香菇中多酚的工艺优化[J]. 食品安全质量检测学报，2016，7（6）：2 451-2 458.

[30] 杨萌，徐艳阳，杨光，等. 超声波辅助酶法提取香菇柄中总黄酮的工艺优化[J]. 食品安全质量检测学报，2017，8（1）：202-209.

[31] 杨萌，徐艳阳，刘春梅，等. 大孔树脂法纯化香菇柄中黄酮类化合物的工艺优化[J]. 食品安全质量检测学报，2017，8（7）：2 627-2 634.

[32] 徐金森，沈明山，刘扬，等. 厦门及周边地区产10种食用菌的脂类研究[J]. 厦门大学学报（自然科学版），2003，42（3）：396-400.

[33] 张文，张金莲. 食用香菇中微量元素含量分析[J]. 微量元素与健康研究，2004，21（4）：36-37.

[34] 丁兴杰，周勤梅，叶强，等. 香菇的化学成分研究[J]. 中药材，2018，41（11）：2 583-2 585.

[35] 陈惜燕，蒲鹏，康靖全，等. 8种食用菌游离氨基酸的组成及含量比较[J]. 西北农林科技大学学报（自然科学版），2017，45（5）：183-190.

[36] 王文亮，宋莎莎，宋康，等. 食用菌呈鲜呈味物质提取工艺研究进展[J]. 食品工业，2015，36（7）：237-240.

[37] Dermiki Maria, Phanphensophon Natalie, Mottram Donald S, Methven Lisa. Contributions of non-volatile and volatile compounds to the umami taste and overall flavour of shiitake mushroom extracts and their application

as flavour enhancers in cooked minced meat.[J]. Food chemistry，2013，141（1）.

[38] Zipora Tietel，Segula Masaphy. True morels（Morchella）—nutritional and phytochemical composition，health benefits and flavor：A review[J]. Critical Reviews in Food Science and Nutrition，2018，58（11）.

[39] 李小林，陈诚，黄羽佳，等. 顶空固相微萃取–气质联用分析4种野生食用菌干品的挥发性香气成分[J]. 食品与发酵工业，2015，41（9）：174–180.

[40] 殷朝敏，范秀芝，史德芳，等. HS–SPME–GC–MS结合HPLC分析5种食用菌鲜品中的风味成分[J]. 食品工业科技，2019，40（3）：254–260.

[41] 程玉娇，李贵节，翟雨淋，等. 食品中挥发性硫化物的研究进展[J]. 食品与发酵工业，2019，45（4）：229–235.

[42] 李文，陈万超，杨焱，等. 香菇生长过程中挥发性风味成分组成及其风味评价[J]. 核农学报，2018，32（2）：325–334.

[43] Hiraide，M.，Kato，A. & Nakashima，T. The smell and odorous components of dried shiitake mushroom，Lentinula edodes V：changes in lenthionine and lentinic acid contents during the drying process.[J]. Wood Sci 2010，56（6）：477–482.

[44] 周佳欣，白冰，周昌艳，等. 气相色谱–质谱联用法检测香菇中香菇素的含量[J]. 食品科学，2015，36（6）：151–154.

[45] 孟庆国，田浩. 香菇的营养保健作用和食用保存方法[J]. 山东蔬菜，2008（1）：47–48.

[46] 张茜，李超，崔珏，等. 香菇及香菇柄的研究进展[J]. 农产品加工（上半月），2018（11）：53–56.

[47] 郑婷婷，范江平，谷大海，等. 四种食用野生菌多糖成分及活性机理研究进展[J]. 农产品加工（上半月），2017（4）：51–56，59.

[48] Yin Chaomin，Fan Xiuzhi，Fan Zhe，Shi Defang，Gao Hong. Optimization of enzymes–microwave–ultrasound assisted extraction of

Lentinus edodes polysaccharides and determination of its antioxidant activity.
[J]. International journal of biological macromolecules, 2018, 111.

[49] 钟耀广, 林楠, 王淑琴, 等. 香菇多糖的抗氧化性能与抑菌作用研究
[J]. 食品科技, 2007 (7): 141-144.

[50] Zhu Hongji, Tian Li, Zhang Lei, Bi Jingxiu, Song Qianqian, Yang
Hui, Qiao Jianjun. Preparation, characterization and antioxidant activity
of polysaccharide from spent Lentinus edodes substrate.[J]. International
journal of biological macromolecules, 2018, 112.

[51] 王丽芹. 香菇SD-08菌株多糖及其降解产物的提取、结构及抗氧化抗
衰老活性研究[D]. 泰安: 山东农业大学, 2015.

[52] 杨岚, 邱树毅, 卢卫红. 真菌多糖的抗氧化活性研究[J]. 贵州师范大
学学报 (自然科学版), 2017, 35 (4): 95-99, 119.

[53] 王凤舞, 沈心荷, 任嘉玮, 等. 香菇多糖抗氧化增效剂的研究[J]. 食
品科技, 2014, 39 (6): 193-198.

[54] 高桂凤. 香菇茯苓混合多糖的抗氧化性及抑菌性[J]. 贵州农业科学,
2017, 45 (1): 31-34.

[55] 周鸿立, 孙亚萍, 常丹. 菌类多糖保湿凝胶剂的制备工艺研究[J]. 食
品工业, 2015, 36 (7): 143-145.

[56] 马洪娟. 香菇多酚含量的测定及抗氧化活性研究[J]. 黑龙江农业科
学, 2013 (7): 116-119.

[57] 王俊. 香菇多糖的结构与抗肿瘤活性的关系研究[D]. 武汉: 华中科技
大学, 2012.

[58] Zhao Yong-Ming, Wang Jin, Wu Zhi-Gang, Yang Jian-Ming,
Li Wei, Shen Li-Xia. Extraction, purification and anti-proliferative
activities of polysaccharides from Lentinus edodes.[J]. International journal
of biological macromolecules, 2016, 93 (Pt A).

[59] Jeff Iteku B, Li Shanshan, Peng Xiaoxia, Kassim Rajab M R, Liu
Baofeng, Zhou Yifa. Purification, structural elucidation and antitumor
activity of a novel mannogalactoglucan from the fruiting bodies of Lentinus

edodes.[J]. Fitoterapia，2013，84.

[60] Yu Zhang，Qiang Li，Yamin Shu，Hongjing Wang，Ziming Zheng，Jinglin Wang，Kaiping Wang. Induction of apoptosis in S180 tumour bearing mice by polysaccharide from Lentinus edodes via mitochondria apoptotic pathway[J]. Journal of Functional Foods，2015，15.

[61] Yasuyo Suga，Kenji Takehana. Lentinan diminishes apoptotic bodies in the ileal crypts associated with S-1 administration[J]. International Immunopharmacology，2017，50.

[62] 戴尔珣，汪步海，戴金梁，等. 香菇多糖诱导CIK细胞对肺癌A549细胞杀伤作用的研究[J]. 江苏中医药，2016，48（6）：71-74.

[63] 田汝华，沈小玲，周娟，等. 喘可治和香菇多糖注射液在细胞和荷瘤裸鼠水平增效紫杉醇的抗肿瘤作用研究[J]. 中南药学，2017，15（6）：750-754.

[64] 景岳. 顺铂联合香菇多糖腹腔灌注治疗卵巢癌腹腔积液27例的效果观察[J]. 临床医学研究与实践，2017，2（1）：44，46.

[65] 王新涛. 香菇多糖增强XELOX方案治疗晚期胃癌疗效研究[J]. 现代诊断与治疗，2017，28（11）：2 029-2 030.

[66] 侯爱萍，张树梅. 香菇多糖抗菌抗病毒普适性研究[J]. 药学研究，2015（4）：199-201.

[67] 陈代雄，谢瑾灼. 香菇多糖对卡氏肺孢子虫肺炎预防作用的实验研究[J]. 中国公共卫生，2001，17（10）：899-900.

[68] 陈光，蔡连顺，刘蕾，等. 香菇多糖对急性弓形虫感染小鼠Th应答调节作用的实验研究[J]. 中国微生态学杂志，2012，24（12）：1 064-1 066，1 070.

[69] 代巧妹，刘蕾，蔡连顺，等. 香菇多糖对急性弓形虫感染过程中CD4+CD25+Foxp3+调节性T细胞的调节作用研究[J]. 中国微生态学杂志，2013，25（5）：524-527.

[70] 谢荣华，范久波，舒衡平. 黄芪多糖、香菇多糖增强弓形虫wx2b4a表位疫苗免疫小鼠的保护作用[J]. 中国人兽共患病学报，2015，31

（8）：724-727.

[71] Shivahare，R.，Ali，W.，Singh，U. S.，et al. Immunoprotective effect of lentinan in combination with miltefosine on Leishmania-infected J-774A. 1 macrophages[J]. Parasite Immunology，2016，38（10）：618-627.

[72] 逯爱梅，于天贵. 香菇多糖对谷氨酸损伤原代培养大鼠神经细胞保护作用的研究[J]. 中国老年学杂志，2008，28（4）：337-339.

[73] 逯爱梅，于天贵. 香菇多糖对H_2O_2损伤神经细胞保护作用的研究[J]. 中国现代应用药学，2008，25（5）：393-396.

[74] 刘会芳，问慧娟，李玉巧，等. 香菇多糖联合依地酸钙钠对铅中毒小鼠学习记忆功能及胆碱能神经功能的影响[J]. 中国实验方剂学杂志，2012，18（10）：211-214.

[75] 蒲艳. 香菇多糖对慢性应激模型小鼠的抗抑郁作用机制研究[D]. 新乡医学院，2014.

[76] 马倩，蒲燕，袁文清，等. 香菇多糖对慢性应激抑郁模型小鼠的抗抑郁作用及可能机制研究[J]. 中国免疫学杂志，2015（3）：329-333.

[77] 孙丽娟. 香菇多糖的抗抑郁作用及其对谷氨酸AMPA受体功能的影响[D]. 昆明：云南大学，2016.

[78] 李其久，潘吉川，崔剑，等. 香菇多糖口服液缓解小鼠体力疲劳的功能检测[J]. 辽宁大学学报（自然科学版），2009，36（4）：356-359.

[79] 宋秀玲，王宏芳，齐燕飞，等. 香菇多糖对电离辐射所致小鼠损伤的保护作用[J]. 吉林大学学报（医学版），2010，36（3）：473-476.

[80] 任明. 复合多糖抗辐射和抗肿瘤作用及其机制研究[D]. 长春：吉林大学，2014.

[81] 柳冬月. 香菇对糖尿病小鼠降血糖作用的研究[D]. 武汉：湖北中医药大学，2010.

[82] 吴步猛，陈锡文，李旭升，等. 香菇多糖对糖尿病大鼠脑组织损伤的影响[J]. 中国比较医学杂志，2005，15（3）：136-138，彩插3.

[83] 徐敏，王芳，李旭升，等. 香菇多糖对糖尿病大鼠膈肌线粒体的保护

作用[J]. 中国应用生理学杂志，2006，22（2）：240-242.

[84] 胡爱明，童轶，何卫. 香菇多糖对糖尿病合并肺结核化学治疗疗效的影响[J]. 临床肺科杂志，2013，18（8）：1 526-1 527.

[85] 邢达勇，郝晶，李利艳，等. 香菇多糖对视神经损伤视网膜节细胞保护作用的实验研究[J]. 中国煤炭工业医学杂志，2007，10（6）：707-708.

[86] 付青姐，李明春，柳迎华. 辐射对小鼠脾脏损伤及香菇多糖的保护作用[J]. 中国现代应用药学，2013，30（6）：606-609.

[87] 陈洁. 香菇多糖对大鼠心肌缺血再灌注损伤的保护与抗氧化作用[J]. 数理医药学杂志，2014（2）：141-142，143.

[88] 陈伟，左小淑，侯果. 香菇多糖对脓毒血症大鼠的修复和保护作用[J]. 药物生物技术，2017，24（1）：43-45.

[89] 王北洪，刘静，姚真真，等. 栽培食用菌重金属含量的测定及健康风险评价[J]. 食品安全质量检测学报，2016，7（2）：490-496.

[90] 刘哲，王康，穆虹宇，等. 香菇中重金属含量风险分析及栽培基质对重金属累积的作用[J]. 农业环境科学学报，2019，38（6）：1 226-1 232.

[91] 严伟，夏珍珍，彭西甜，等. 市售干制香菇质量安全状况调查与分析[J]. 农产品质量与安全，2019（3）：20-24.

附图之三叶青
——时下最热抗菌抗肿瘤植物药

浙江汉邦生物科技有限公司黄坑口
三叶青林下种植基地

浙江汉邦生物科技有限公司
三叶青大棚种植基地

三叶青植株（叶及果实）

三叶青块根
（丽水产野生鲜品）

三叶青伪品土圞儿
（鲜品）

三叶青饮片

浙江汉邦生物科技
有限公司研发的仲
草堂牌三叶青牙膏

浙江汉邦生物科技有限
公司研发的仲草堂牌
三叶青祛痘皂

附图之铁皮石斛
——最受百姓青睐的民间仙草

铁皮石斛花　　　　　铁皮石斛饮片（铁皮枫斗）　　　　浙江龙泉唯珍堂生产的
　　　　　　　　　　　　　　　　　　　　　　　　铁皮石斛古方玉容皂

浙江龙泉唯珍堂铁皮石斛啤酒　　　　浙江龙泉唯珍堂铁皮石斛露酒

浙江龙泉唯珍堂铁皮石斛基地　　　浙江龙泉唯珍堂梨树上生长的铁皮石斛

附图之菊米
——最具遂昌特色天然饮品

遂昌石练菊米标准化生产基地

遂昌华昊特产有限公司生产的遂昌菊米

菊米原植物

遂昌华昊基地,工人正在采收菊米

▊附图之青钱柳
——最具开发潜质的降血糖植物

遂昌石练青钱柳基地

青钱柳植株

青钱柳干叶片

青钱柳果实

遂昌县维尔康青钱柳专业合作社
生产的青钱柳细粉

遂昌县维尔康青钱柳专业合作社
生产的青钱柳原叶茶

浙江远扬农业发展有限公司
生产的青钱柳饮料

附图之覆盆子
——补肝益肾药食两用仙果

丽水莲都本润覆盆子基地

覆盆子成熟的果实

覆盆子药材

搁公扭根药材

本润农业有限公司生产的覆盆子粉

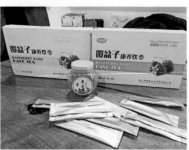

掌覆康公司生产的覆盆子饮品

附图之地稔
——最具抗病毒与消炎止痛的畲药

地稔原植物

地稔原植物（果实）

地稔全草（干品）

地稔饮片

浙江康宁医药有限公司生产的地稔饮片

附图之栀子

——最具观赏添彩的药食两用金果

栀子植株

栀子（果实）

栀子花

栀子饮片

山里黄根药材

浙江遂昌利民药业有限公司提取的栀子色素（左起分别为栀子黄、栀子蓝、栀子红）

附图之白山毛桃根

——抗肿瘤效果最佳的畲药

白山毛桃根叶

白山毛桃根药材

白山毛桃根果实

白山毛桃根花

丽水市莲都区白山毛桃根基地

附图之西红花
——活血功效最佳的黄金花柱

西红花的花

西红花药材

组培西红花

遂昌垵口西红花基地

附图之小香勾
——全市民间药膳使用最广的畲药

小香勾植株（条叶榕）

小香勾药材

小香勾植株（全叶榕）

小香勾药材

▎附图之香菇
——丽水唯一可制作抗癌注射液的香菇

香菇栽培基地　　　　　　　　　　栽培香菇

香菇　　　　　　　　　　香菇（鲜品）

香菇（干品）

浙江方格药业有限公司生产的千菌花固体饮料，
由灰树花、猴头菇、香菇等9种食用菌组成